세계
도서관
기행

오래된 서가에 기대앉아
시대의 지성과 호흡하다

개정증보3판

유종필 지음

웅진 지식하우스

개정증보3판
프롤로그

나의 도서관 기행은 끝나지 않았다

졸저를 펴낸 지 어느덧 8년이 지났다. 그동안 나는 세계의 많은 도서관을 탐방했다. 낯선 도시에 가면 으레 도서관을 찾기도 했지만, 특별히 찾지 않더라도 도심의 상징적 위치에 자리 잡은 도서관과 우연히 마주쳐서 들어간 경우도 많았다. 그만큼 서구에서는 도서관이 위치부터 남달랐다.

'도서관 전도사'를 자임하면서 도서관과 관련한 기고와 인터뷰, 강연도 많이 했다. 내가 의욕적으로 추진해온 '걸어서 10분 거리 작은도서관' 사업은 전국에 영향을 미쳤고, '지식도시락(책)' 배달 사업은 본궤도에 올랐다. 졸저가 대만에 이어 일본에서 번역 출간된 것도 기쁨을 주었다.

이번 수정판에는 의미 있는 도서관 세 곳을 추가했다. 과거 우리에겐 금단의 땅이었던 쿠바의 혁명광장에 당당하게 서 있는 국립도서관에서는 도서관에 얽힌 혁명 지도자 카스트로의 행적을 통해 도서관과 혁명의 관련성을 살펴보고, 이 빈한하지만 낭만적인 땅에 짙게 배인 체 게바라와 헤밍웨이의 흔적을 더듬어보았다. 북유럽의 대표 도서관이자 국가 브랜드이고, '블랙 다이아몬드'라는 애칭으로 불리는 덴마크 왕립도서관에서는 실존철학자 키르케고르와 동화작가 안데르센의 발자취를 따라 거닐며 이 도서관의 독특한 건축 철학을 고찰해보았다. 세계의 경이로운 장소 여덟 곳 중 하나로 꼽히는 오스트리아의 아드몬트수도원도서관에서는 '아름다움이란 과연 무엇인가?' 라는 질문을 스스로 던지고 답을 찾아보았다.

책은 밥이다. 늘 곁에 두고 섭취해야 하는 필수품이다. 삶의 질을 높여주는 매우 실용적인 물건이다. 인류 최고 발명품 중 하나이다.

스티브 잡스는 "소크라테스와 점심식사를 함께할 수 있다면 우리 회사의 모든 기술과 바꿀 용의가 있다"고 말했다. 도서관에는 소크라테스도 있고 플라톤도 있다. 세종대왕도 있고 레오나르도 다 빈치도 있다. 동서고금의 위대한 천재들을 돈 한 푼 들이지 않고 만나서 그들의 뇌 속으로 들어가 교감할 수 있는 곳이 도서관이다. 도서관은 진정한 삶이 시작되는 곳이다.

나는 영혼이 이끄는 대로 도서관 여행을 했고, 이제 도서관이 나를 이끌어간다. 나의 도서관 기행은 끝나지 않았다.

'용꿈 꾸는 작은도서관' 에서

유 종 필

인간 지성의 위대함을 만나다

도서관의 입장에서 보면 나는 '창밖의 남자' 였다. 창밖의 남자가 어느 날 갑자기 안으로 들어왔다. 도서관이라고 하는 집의 구조와 살림살이, 그 안에 사는 사람들, 그 집이 돌아가는 원리와 규범, 이런 것들을 대강 알고 나니 바다 건너 남의 집은 어떻게 살고 있는지 궁금해지기 시작했다. 기자 출신으로서 특유의 직업병이 도진 것이다. 묻는 자는 답을 얻고 끄떡이는 자는 발전이 없는 법. 갈고리처럼 생긴 의문부호(?)를 호주머니에 담고 세계 도서관 기행에 나섰다.

세계 유수의 도서관 70여 곳을 여행하면서 나는 인간 지성의 위대함과 호흡할 수 있었다. 도서관은 인류의 영혼이 숨 쉬고 있는 곳이다. 이 오래된 공간을 거닐며, 훌륭한 도서관엔 예외 없이 족적을 남긴 위대한 지도자와 학자, 문인과 사상가 들의 선견과 지혜에 감복했다. 그 감동은 아직도 생생하다. 글을 써나가면서 종종 매혹적인 도서관의 자태가 아른거렸고, 천년을 버텨온 진귀한 서적의 냄새가 코끝을 맴돌았다.

나의 도서관 기행은 '도서관 공화국' 이라 할 수 있는 미국에서 시작되었다(책의 순서는 내용을 고려해 재배치한 것이다). 국회도서관과 가장 밀접한 관계가 있는 세계 최대 규모의 도서관인 의회도서관 때문이었다. 또한 세계적 명성을 자랑하는 공공도서관인 뉴욕공공도서관, 하버드 로스쿨도서관과 옌칭도서관을 비롯하여 의미 있는 도서관들을 둘러보았다. 미국 도서관의 규모와 역사, 시민의 삶과 밀착된 도서관의 모습을 보고 신선한 충격을 받기도 했다. 돌아오는 길에 방문한 일본의 도서관에서는 불법으로 반출된 우리의 소중한 고서적들 생각에 마음이 착잡했다.

세계 최초의 도서관인 이집트 알렉산드리아도서관에서 시작한 두 번째 여정은 이탈리아, 독일, 영국을 거쳐 프랑스에서 마무리했다. 환상적이고 고혹적인 아름다움을 지닌 알렉산드리아도서관은 2천여 년 전 클레오파트라와 아르키메데스, 유클리드의 숨결을 간직하고 있었다. 유럽의 도서관들은 저마다 자국의 위대한 역사와 문화를 품고 자존감을 뽐내고 있었다. 그사이에 국내의 의미 있는 도서관을 돌아보았다.

도서관 기행을 웬만큼 하고 나니, 보고 듣고 생각한 것들에 대해 이야기를 하고 싶어졌다. 나는 외람되게도 '도서관 홍보대사'를 자임하면서 신문에 칼럼을 기고하고, 여기저기 강연을 다녔다. '역사와 철학이 숨 쉬는 도서관' 또는 '리더reader가 리더leader가 된다'라는 제목의 강의는 제법 호응이 있었다. 그러나 칼럼 기고와 강연이 계속되면서 왠지 허전하고 불안한 느낌이 들기 시작했다. 과거 사회주의 국가들의 도서관은 과연 어떤 모습인지 알지 못했기 때문이었다. 그들은 서방세계와 어떻게 다를까? 러시아와 중국은 문화 예술이 발달한 나라들이라 분명히 도서관도 발달했을 것이다. 이런 고뇌를 거듭한 끝에 결국 나는 러시아에 당도했다.

러시아의 도서관은 과연 세계 어느 나라보다도 독특하고 흥미로운 내용으로 가득 차 있는 보물 창고와도 같았다. 지구상 최북단 문화 예술의 도시 상트페테르부르크에서 발원된 러시아 도서관에는 러시아의 숨 가쁜 근현대사가 농축되어 있었다. 러시아의 도서관에서 마주했던 도스토옙스키, 톨스토이를 비롯한 대문호들의 손때 묻은 고서들은 지금도 내 가슴을 뛰게 한다.

중국의 도서관 열풍 역시 대단했다. 그들은 세계 4대 문명의 발상지다운 면모를 과시하고 있었다. 종래의 하드 파워에서 소프트 파워로 전환하는 국가 전략의 한 단면을 도서관 진흥 정책에서 엿볼 수 있었다.

러시아와 중국의 도서관을 돌아보면서, 이제까지의 도서관 기행은 반쪽에 불과했음을 깨달았다. 서방세계만 가지고 세계를 논하는 흔히 범하기 쉬운 오류에 나 역시 자유롭지 못했다. 이 책은 사실상 국내 최초로 러시아 도서관을 조명했다는 점에 나름의 의미가 있을 것이다. 여기에 2005년 방문했던 북한의 인민대학습당도 소개하기로 했다. '도서관 속 남자'가 되기 전 방문했던 이 도서관은 도서관이라기보다 거대한 궁전을 연상케 할 정도의 웅장한 모습을 자랑했다. 독서와 학습의 중요성을 일찌감치 간파한 김일성 주석의 의지와 대면하는 순간이었다. 북한을 포함한 16개국의 도서관 순례는 이렇게 이루어졌다.

도서관이란 무엇인가. 도서관은 대지大地다. 땅이다. 땀 흘린 만큼 인간에게 돌려주는 곳이다. 자주 찾고 갈고 닦은 만큼 돌려주는 정직한 곳이다. 땅이 육신의 양식을 주는 것처럼 도서관은 마음의 양식을 제공한다. 우리는 도서관에서 네잎 클로버의 특별한 '행운'을 찾지 말고 세잎 클로버의 일상적 '행복'을 찾아야 한다. 도서관은 학문과 사상의 자유를 넘어 상상과 공상의 자유가 있는 공간이다. '책 속에 길이 있다'라는 말이 있듯이, 도서관에는 셀 수 없는 길이 있다. 산책길도 있고 고속도로도 있다. 쉬어가는 길도 있고 뛰어가는 길도 있다. 무엇보다도 인생 성공의 길이 있고, 행복의 길이 있다.

세계의 가장 훌륭한 도서관들을 돌아본 것은 나의 오랜 로망을 이룬 커다란 행운이었다. 인간이 이룩한 위대한 지식의 탑을 수십 개나 탐방한 것은 무엇과도 견줄 수 없는 행복감과 감동을 안겨주었다. 이 깊은 감동을 혼자서만 누리는 것은 은밀한 행복은 될지언정 최대다수의 최대행복은 아니다. 많은 이들과 나누고 싶어 이 책을 쓰게 되었다. 때로는 점심도 거르면서 쉬지 않고 도서관을 탐방했고, 러시아에서 귀국하는 날 도서관에 취해 비행기를 놓칠 뻔했던 일도 모두 추억이 되었다. 이 모든 경험과 감동을 좀 더 생생하게 전달하기 위해 도서관 관계자와 나눈 대담과 여정의 전 과정을 녹음했고, 사진 촬영에도 온 힘을 쏟았다.

무엇보다도 쉽고 재미있는 기행서를 쓰고 싶었다. 아무리 영양가가 좋아도 맛이 없다면 그 음식을 누가 먹겠는가. 단순한 도서관 소개가 아니라 도서관에 담겨 있는 역사와 철학, 사람의 이야기를 담으려고 애썼다. 그런 면에서 비록 졸작이지만 역작力作은 된다.

이 책은 많은 분들의 도움으로 이루어졌다. 먼저 국회도서관 러시아 전문가 김록양 선생과 상트페테르부르크대학교 경제학부 박종수 교수의 친절한 가르침과 감수에 특히 감사드린다. 방문했던 나라들의 한국 대사와 총영사를 비롯한 대사관 관계자 여러분, 국회 파견 입법관들, 국회도서관의 유능한 사서들의 도움에 감사드린다. 웅진씽크빅 최봉수 대표와 편집자들께 감사드린다. 집에서 이따금씩 나를 '관장님'이라 부르는 사서 출신 아내에게 이 책을 바친다.

여의도 국회도서관에서

유 종 필

차례

세계
도서관
지도
런던
대영도서관 영국 하원도서관
상트페테르부르크
러시아 과학아카데미도서관 상트페테르부르크대학도서관
러시아 국립도서관 옐친대통령도서관
코펜하겐
덴마크 왕립도서관
베를린
베를린국립도서관
독일 하원도서관
모스크바
러시아 국가도서관 모스크바대학도서관
국립예술도서관 성 알렉시 2세 도서관
사회과학연구소도서관 러시아 의회도서관
파리
미테랑국립도서관
리슐리외국립도서관
아드몬트
아드몬트수도원도서관
로마
안젤리카수도원도서관
평양
인민대학습당
북경
중국 국가도서관
북경대학도서관
청화대학도서관
알렉산드리아
알렉산드리아도서관
상해
상해도서관
이집트
영국
이탈리아
오스트리아
독일
프랑스
덴마크
러시아
미국
아르헨티나
브라질
우루과이
쿠바
중국
일본
북한
한국

보스턴
보스턴공공도서관
하버드 로스쿨도서관
옌칭도서관
케네디대통령도서관
뉴욕
뉴욕공공도서관
서울
규장각 김대중도서관 LG상남도서관
한국점자도서관 아르코예술정보관
종달새전화도서관 국립중앙도서관
국회도서관
샌프란시스코
샌프란시스코공공도서관
로스앤젤레스
로스앤젤레스공공도서관
워싱턴 D.C.
미국 의회도서관
용인
느티나무도서관
아바나
호세 마르티 국립도서관
제주
한라도서관 우당도서관 바람도서관
도쿄
일본 국회도서관
교토
쿠리치바
지식의 등대
몬테비데오
우루과이국립도서관
부에노스아이레스
아르헨티나국립도서관

알렉산드리아도서관의 현대적인 내부 전경

세계가 축복하는 도서관의 성지

이집트

| EGYPT |

알렉산드리아도서관

아프리카 대륙의 끝자락에 위치한 이집트 알렉산드리아. 지중해의 푸른 물결이 여행자를 반긴다.

알렉산드로스의 땅,
찬란한 여정의 시작

시원始原을 찾아가는 여행은 언제나 옷깃을 여미게 한다. 나의 세계 도서관 기행은 이집트의 알렉산드리아도서관Library of Alexandria에서 첫발을 뗐다. 인류 최초의 도서관으로 공인받는 이곳을 찾는 것은 도서관의 성지순례다.

섭씨 40도에 육박하는 한여름 더운 날씨에 이집트의 수도 카이로에서 북서쪽으로 사막을 뚫고 3시간 가까이 자동차를 타고 달리자 지중해의 검푸른 바다가 눈앞에서 넘실넘실 환영 인사를 한다. 사막 끝에서 만난 바다는 색다른 느낌이다. 긴 터널 끝의 파란 하늘과 비슷하다고나 할까? 해방감, 청량감, 안도감, 뭔가 좋은 일이 있을 것만 같은 기대감, 이런 느낌들이 어우러진 절묘한 분위기가 순간 감돌았다.

아프리카 대륙의 북쪽 끝자락, 유럽 대륙의 건너편에 위치한 알렉산드리아, 그 이름만으로도 역사의 무게와 함께 신비감으로 다가오는 도시! 알렉산드로스Alexandros 대왕이 정복해 자신의 이름을 따서 건설한 여러 도시 중 하나다. 어떤 연유로 이곳에 인류 도서관의 시조始祖가 탄생했을까?

어느 곳이나 해변의 연인은 아름답다.

2002년 재건된 세계 최초의 도서관인 알렉산드리아도서관. 한쪽 외관을 장식한 고대 여신상이 인상적이다.

최초는 영원하다, 알렉산드리아도서관

고대 최대의 항구였던 알렉산드리아는 지중해를 주름잡던 군사적 요충이자 교통과 교역의 중심지였다. 알렉산드로스의 후계자인 프톨레마이오스 1세 Ptolemaeos I 가 기원전 3세기 초에 이곳 지중해변에 설립한 도서관이 바로 세계 최초의 도서관, 알렉산드리아도서관이다.

이 도서관의 탄생은 위대한 철학자 아리스토텔레스 Aristoteles 와 관계가 있다. 아리스토텔레스는 당대의 예술과 과학에 대한 저술을 모아둔 개인 도서관을 가지고 있었는데, 그의 사후 방대한 장서에 영향을 받은 제자 데메트리오스 Demetrios 는 프톨레마이오스 1세에게 도서관 건립을 제안했다. 이에 왕이 측근이자 뛰어난 학자인 데메트리오스에게 도서관 창립을 명함으로써 도서관이 탄생했다. 이 도서관의 출발이 아리스토텔레스에 닿아 있다는 것은 곧 그 역사가 그의 스승 플라톤과, 플라톤의 스승 소크라테스까지 거슬러 올라간다는 뜻이다. 인류 최초의 도서관이 위대한 철학자들에 뿌리를 두고 있다는 것은 결코 우연이 아닐 것이다.

이 도서관은 여러 차례 파괴된 아픈 역사를 간직한 것으로도 유명하다. 지금의 건물은 1990년 무바라크 Mohamed Hosni Mubarak 이집트 대통령이 국제사회에 호소하여 유네스코가 나서고 여러 나라가 참여하여 2002년

지중해를 향해 16도 기울어진 원반형 지붕은 '거대한 해시계'를 형상화한 것이다.

에 재건한 것이다. 없어졌다 살아나고, 또 없어졌다 살아나기를 몇 차례, 소멸된 지 무려 1천6백 년 만에 다시 생명을 얻었으니, 이제 영생을 얻은 것일까?

해변에 한없이 늘어선 비치파라솔을 차창을 통해 내다보면서 드라이브를 즐기던 나는 갑자기 눈이 휘둥그레졌다. 아! 나도 모르게 감탄사가 새어나왔다. 저 건물은 사진으로만 보았던 알렉산드리아도서관이 아닌가. 한눈에 보아도 예사로운 건물이 아니었다. 무조건 압도당하고 무조건 감탄하고도 전혀 억울하지 않을 정도로 아름답고, 경이롭고, 장엄하고, 신비로운 첫인상을 준다.

16도 각도로 기울어져서 지중해를 바라보는 원반형 지붕은 거대한 해시계를 형상화한 것이다. 건물 일부가 물속에 잠기도록 하여 바다에서 태양이 떠오르는 장면을 연출한 것은 '지중해의 영원한 일출'을 상징하는 것이다. 지붕의 마이크로칩 모양의 자연 채광용 창문, 피라미드와 동일한 재질로 짓기 위해 수백 킬로미터 떨어진 아스완에서 가져온 화강암으로 쌓은 원형 성벽, 성벽을 빙 둘러 새겨진 세계 120여 종의 다양한 문자, 커다란 구球에 줄이 새겨진 천체관측관. 이런 유니크한 외관은 이 도서관의 역사와 가치를 모르는 사람이라 할지라도 일단 관심을 갖게 하기에 충분하다.

화강암 벽면에 새겨진 문자는 고대 상형문자에서부터, 설형문자, 갑골문자, 음악 기보법, 컴퓨터와 유전자 코드, 바코드까지 모든 문자가 망라되어 있다. 이는 최초의 도서관으로서의 위엄과 글로벌한 이미지를 상징하기 위함이다. 우리의 자랑스러운 한글도 '세', '월', '강', '름', '의', '관'의 여섯 글자가 당당히 자리 잡고 있다. 특히 '월'은 벽의 맨 왼쪽 중간 부분에 눈에 띄게 새겨져 있는데, '우'와 나머지 부분이 벌어진 모습이 약간 이상하다.

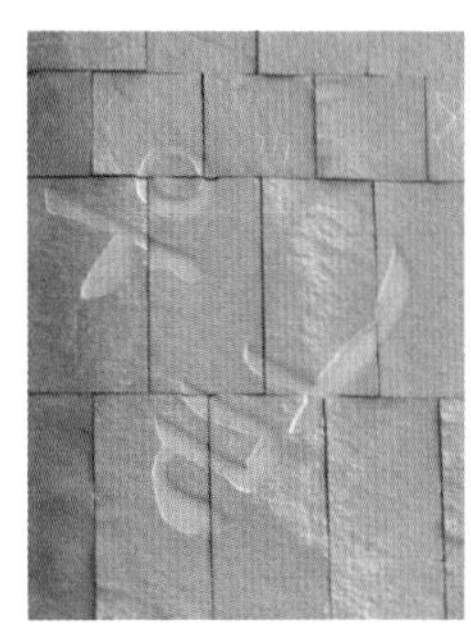
벽면에 새겨진 한글 '월'

별스럽게 생긴 건축물들을 많이 봤지만 이처럼 독특하고 개성적이고 매력적인 건물도 드문 것 같다. 이 도서관이 외관부터 보는 사람을 사로잡도록 되어 있는 것은 '최초'라는 상징적 위상 때문이다. '최고'는 바뀔 수 있지만 '최초'는 영원하다는 자신감의 발로일 것이다. 위엄을 나타내기 위해서는 많은 비용이 지불되는 것 또한 당연하다. 나는 이 도서관의 그런 오만과 사치가 싫지 않았다.

그렇다면 이 대단한 도서관의 내부는 어떻게 생겼을까? 나의 눈동자가

알렉산드리아도서관은 화강암으로 만든 외벽에 세계 120여 개의 문자를 새겨놓았다. 자세히 보면, 우리 한글도 보인다. 물 속에 있는 풀은 고대 종이의 원료로 사용되었던 파피루스다.

또 한 번 급팽창되었다. 지하 16미터, 지상 37미터, 11층인 이 구조물은 바닥부터 천장까지 내부가 완전히 탁 트여 계단식으로 펼쳐져 있다. 소통과 조화를 상징하는 것이다. 옛날과 오늘의 조화, 위와 아래의 소통을 말한다. 원형 지붕의 직경이 160미터이니 둘레가 5백 미터가 넘고, 넓이는 2만 평방미터가 넘는다. 어지간한 운동장보다 넓다면 실감이 날 것이다. 그 넓은 지붕 아래 열람실의 규모도 마찬가지로 널찍하다. 한마디로, 눈이 시원해지는 내부 구조이다. 실내는 백 개가 넘는 흰색 콘크리트 기둥이 바닥에서부터 천장까지 뻗어서 건물을 지탱하고 있다. 연꽃을 받쳐주는 줄기를 형상화했다고 한다. 이 건물은 창문이 없고, 열람실로 들어가는 빛의 양을 조절하기 위해 조정 가능한 사각 반사형 패널로 지붕을 덮어놓았다. 고대에 불에 탄 아픈 기억 때문인지 천장은 열을 차단하는 산화피막처리 알루미늄으로 되어 있다.

고대 알렉산드리아도서관은 도서 수집에 수단 방법을 가리지 않았던 것으로 유명하다. 항구에 정박하는 선박뿐 아니라 심지어 지중해를 항해하는 선박을 검색해 서적을 압수하여 도서관으로 보냈다. 원본에는 원주인의 이름을 적어놓고, 대신 원주인에게는 사본을 만들어 주었다고 전해진다. 일종의 지적 강도라고나 할까. 바다 건너 그리스 등에 귀중본이 있다는 정보를 입수하면 거액의 예치금을 맡기고 빌린 후 예치금을 포기하고 귀중본을 차지하는 등 도서 수집에 열을 올려, 당시로서는 어마어마한 규모인 70만 장서를 보유했는데, 지금의 인쇄본으로 환산하면 10만 권 정도라고 한다.

전성기에는 지중해 일대 당대의 최고 작가와 학자들을 모셔와 최고의

모든 층이 시원스레 트인 알렉산드리아도서관의 내부 모습. 소통을 상징하는 구조다.

대우를 해주면서 연구에 전념케 하는 등 연구센터 역할을 했다. 로마와 아테네가 인문학 중심인 데 반해 이곳은 천문학, 지리학, 물리학, 화학 등 자연과학도 중시했다. 그 유명한 아르키메데스, 에라토스테네스, 유클리드에우클레이데스 등이 이곳 출신이라면 이 도서관의 권위가 얼마나 대단했는지 실감이 날 것이다. 이 도서관으로 인해 알렉산드리아는 지중해의 지적인 수도로 불리었다. 역사학자이기도 한 프톨레마이오스 1세는 수학에 취미가 있어 어느 날 유클리드를 찾아 "당신은 기하학을 잘하는데, 그 비결이 무엇인가? 나도 좀 더 쉽게 기하학을 배울 방법이 없겠는가?"라고 물었다. 이때 유클리드가 남긴 대답은 오늘날까지 불후의 명언으로 전해온다. "학문에는 왕도가 없다.There is no royal road in learning."

역대 도서관장은 시인, 과학자 등 왕의 사부를 겸하는 최고의 지성들이었는데, 쇠퇴기에는 왕실 경호대장이 관장을 겸직하기도 했다. 3대 관장으로 40년간 재임했던 지리학자 에라토스테네스Eratosthenes는 지구가 둥글다는 것을 증명하고 지구 둘레를 계산해냈다. 지금의 계산과 10퍼센트 오차밖에 나지 않는다니 놀라울 따름이다.

이 도서관은 도서관 파괴에 관한 매우 중대한 상징성을 지닌다. 정복전쟁이 빈번했던 옛날 정복자들의 중요한 일 가운데 하나는 도서관을 불태우는 일이었다. 무력으로 영토를 정복하더라도 그 지역의 문화를 말살하고 주민들의 정신을 지배하지 않으면 불완전한 정복이라고 생각했던 것이다. 이 도서관은 정치· 군사적 요충지라는 지정학적 위치로 인해 여러 차례 주인이 바뀌는 기구한 운명을 겪었다. 전쟁의 소용돌이 속에서 정복자인 기독교도와 이슬람교도들에 의해 5차례나 파괴당하는 수난을 당했

알렉산드리아도서관 이집트 전시실에는 수많은 고문서가 전시되어 있다.

다. 어떤 때는 책을 불태워 6개월 동안 대중목욕탕의 연료로 사용했다고 전해진다. 뒤집어보면, 도서관이야말로 그 민족의 문화와 정신세계를 지켜주는 견고한 성곽이라는 말이 된다. 알렉산드리아도서관은 수차례 파괴당하는 자기 희생(?)이라는 위대한 역설을 통하여 도서관의 중요성을 웅변해주는 셈이다.

로마의 카이사르Julius Caesar도 이 도서관을 불태운 사람이라는 불명예스런 이력의 소유자이다. 그는 기원전 48년 폼페이우스를 쫓아 이곳에 상륙하여 이 왕국의 마지막 여왕인 클레오파트라를 만나 결혼하고, 왕국의 복잡한 권력 다툼에 휘말리게 된다. 그는 클레오파트라의 남동생이자 남편이고 정적이 되어버린 프톨레마이오스 13세와의 전투에서 항구에 정박한 수십 척의 배에 불을 질렀는데, 이것이 도서관에 옮겨 붙어 수만 권의 두

루마리가 소실되었다. 엘리자베스 테일러가 주연으로 나오는 영화 〈클레오파트라〉에 이 장면이 나온다.

도서관이 불에 타서 플라톤과 아리스토텔레스의 '책 중의 책'이 소실되었다는 보고를 받은 클레오파트라가 카이사르에게 "감히 나의 위대한 도서관을 불태우다니! 아무리 야만인이라도 인간 지성을 태울 순 없다"라며 격렬히 항의하자, 카이사르는 "일부러 태운 것이 아니라 전투 중 옮겨 붙었다"라며 피해나간다. 절세의 미녀, 팜므파탈로만 알려진 클레오파트라는 어려서부터 이 도서관을 애용했던 '지성과 미모'를 겸비한 재원이었으며 그리스, 로마의 고전을 원전으로 읽었던 당대 최고의 지성인이었다. 그녀의 지혜와 지략, 유려한 언변은 도서관에서 갈고 닦은 내공에서 나온 것이다.

흥미로운 에피소드는 여기서 그치지 않는다. 클레오파트라는 카이사르 사후 안토니우스와 결혼할 때 지상 최고의 결혼 선물을 받았다. 안토니우스는 이 절세미인의 환심을 사기 위해 로마의 정복지인 오늘날 터키 지역에 있던 페르가몬도서관의 20만 장서를 통째로 배에 싣고 와 바쳤다. 화재로 도서관 장서가 손실되어 상심하던 그녀를 위로하기 위한 선물이었던 것이다. 이러한 에피소드는 이곳의 왕국이 알렉산드리아도서관을 얼마나 애지중지했는지 잘 말해준다. 프랑스의 철학자 파스칼은 "클레오파트라의 코가 조금만 낮았다면 세계 역사가 달라졌을 것"이라고 말했다. 이를 원용하여 말하면, "클레오파트라의 코가 조금만 낮았다면 알렉산드리아도서관의 운명이 달라졌을 것"이다.

알렉산드리아도서관 재건 움직임은 지난 1974년에 싹트기 시작하여

도서관 한쪽에서 체스를 두는 이집트 아이들. 역사적인 도서관이 현지의 어린이들에게 일상의 문화 공간으로 뿌리내린 모습이 보기 좋다.

1990년 무바라크 이집트 대통령 부부가 옛 영광을 재현하기 위해 적극 추진함으로써 결실을 보았다. 유네스코 회의에서 18개국 국가원수와 고위 인사들이 서명한 국제 선언이 채택되어 각국 정부와 민간 기구, 학자, 작가 등 전 세계 지성계에 도서관 신축을 돕도록 촉구했다. 그리하여 이라크, 아랍에미리트연합, 사우디아라비아 등 중동 산유국들이 2억 3천만 달러에 이르는 건축비 대부분을 부담했으며 프랑스, 이탈리아, 그리스, 노르웨이, 일본, 중국 등이 물자를 제공하는 등 많은 나라가 참여했다. 그 결과 옛 도서관이 있던 자리 부근 지중해변에서 국제적 축복 속에 재탄생한 것이 오늘의 알렉산드리아도서관이다. 유네스코는 이 도시를 '2002년 세계 책의 수도'로 선정하여 축하해주었다. 2002년 10월 16일 역사적인 개관식에서 무바라크 대통령은 "다가오는 세대에게 희망을 주는 세상, 고대의 영광으로부터 생명을 불어넣은 바로 이 도서관에 구현된 숭고한 가치와 원칙이 되살아나 다시 번성하는 세상을 만들자"라고 말했다.

개관 당시 서가에 맨 처음 배열된 책은 코란[꾸란]과 성경이었다. 인류 역사상 가장 영향력이 큰 책이라는 이유에서였다. 내부에는 6개의 전문 도서관과 3개의 박물관, 천문관, 영화관, 7개의 학문 연구센터, 필사본 저장소, 4개의 아트갤러리, 1천 명을 수용할 수 있는 컨퍼런스센터가 있으며, 9개의 전시회가 늘 열린다.

지하에 위치한 박물관은 이집트의 찬란한 고대 문화를 보여주는 수많은 보물들과 각종 진기한 기록물들이 전시되어 있는데 특별 구역은 VIP에게만 공개된다. 세련된 패션의 히잡으로 얼굴 둘레를 감싼, 아니 얼굴을 치장한 아담한 젊은 여인이 안내를 해주는데, 다소 컴컴한 조명 속에서, 보통 한국 여성의 두 배는 되고 남을 크기의 둥실한 두 눈이 샛별처럼 반짝이면서 고대 유물과 함께 신비로운 느낌을 주었다. 이집트식의 기름기 빠진 영어 발음과 저음, 그리고 웃지 않는 얼굴, 그렇다고 친절하지 않은 것도 아닌 절묘한 표정이 야릇한 매력을 더해주었다.

이 역사적 도서관은 바로 지중해변에 있다. 바다와 도서관 사이에는 왕복 10차선 도로가 있을 뿐이다. 이집트의 도로에는 횡단보도가 거의 없는데 이 도로도 마찬가지다. 따라서 도서관에서 해변으로 가려면 무단횡단을 감행할 수밖에 없다. 더구나 사람이 건너간다고 해도 속도를 늦추는 차는 하나도 없다. 그런데도 히잡을 두른 여성들도 시속 1백 킬로미터로 쌩쌩 달리는 자동차 사이를 요리조리 서커스 하듯 피하면서 잘도 건너다녔다. 삶도 죽음도 모두 신의 뜻이라는 '인샬라' 철학이 있기에 그러는지는 몰라도 이방인의 눈에는 불안하기 짝이 없었다.

고대 알렉산드리아는 이집트와 그리스의 문화가 적당히 섞인 매력적인 퓨전 도시였으며, 이런 분위기는 지금까지도 이어지고 있다. 아프리카와 유럽 대륙, 중동의 교차점이라는 지리적 위치도 이 도시의 매력을 더해주는 요소이다. 특히 여름철에는 중동의 거부들이 몰려오는 피서지로 각광받고 있다. 내가 방문했을 때도 한여름이라서 해변은 마치 인종 전시장처럼 여러 나라 사람들로 북적거렸다. 해변에서 해수욕을 하는 대신 바닷바람만 즐기는 히잡 쓴 젊은 여인들도 눈길을 끌었다. 그들은 패션도 다양할 뿐 아니라 매우 발랄한 몸짓을 하고, 지나가는 이방인에게 미소를 보낸다. 히잡의 억압 속에서 개방의 숨결을 느끼게 하는 대목이다.

알렉산드리아는 로마 지배기의 지하 무덤 카타콤베와 원형극장, 신전

저마다 다양한 색깔의 히잡으로 개성을 표현한 해변의 여인들. 히잡의 억압 속에서도 자유의 숨결이 느껴진다.

등 유적이 풍부하며, 지금도 땅을 파면 문화재가 쏟아져 나올 정도라고 한다. 세계 7대 불가사의로 꼽히는 파로스 등대는 바다 속에 잔해를 남기고 해변에는 그 터만 존재한다.

이 도시를 이야기하면서 빼놓을 수 없는 인물이 있으니 바로 영화 〈닥터 지바고〉의 오마 샤리프다. 히잡 사이로 새까만 눈을 내놓은 이집트 여성들과 하얀 제복 차림에 숯 검댕 눈썹을 붙여놓은 듯한 이집트 남성들을 보면, 마치 신이 잘 구워낸 도자기 작품을 보는 것 같다. 남자나 여자나 모두 피부가 까무잡잡하고, 이목구비가 또렷한데, 특히 눈이 크고 둥실하다. 그중에서도 오마 샤리프는 이집트 최고의 명품남이었다. 얼마나 매력이 있으면 우리나라 담배 이름까지 '오마 샤리프'가 있었겠는가. 이글거리는 눈동자로 세계 뭇 여성들의 가슴을 설레게 했던 그 매력남이 바로

'메이드 인 알렉산드리아' 이다. 덧붙이자면 영국 황태자비 다이애나와 함께 죽은, 그녀의 연인 도디 파예드 역시 이곳 알렉산드리아 출신이다.

보통 이집트 하면 피라미드와 미라를 떠올리는데, 파피루스와 상형문자, 그리고 상형문자가 새겨진 그 유명한 로제타석대영박물관 소장이 발견된 나라답게 위대한 알렉산드리아도서관을 갖고 있는 나라라는 것을 아는 사람은 그다지 많지 않다. 지금도 눈을 감으면 지중해의 철썩이는 파도 소리가 귓가에 아련히 들려오고, 눈앞에는 알렉산드리아도서관의 환상적이고 고혹적인 야경이 아른거린다.

세계의 지식을 담은 위대한 건축물, 알렉산드리아 도서관

알렉산드리아도서관은 세계 77개국 523개의 공모 가운데 선정된 노르웨이 건축가 카펠라Christoph Kapellar가 설계한 것이다. 그는 이 설계에 대해 "이 건물의 원형 구조는 세계의 지식을 상징한다. 우리는 이 건물이 도서를 보존하는 데만 관심이 있는 것이 아니라 외부 세계와 정보를 교환하는 데에도 열심이라는 것을 보여주기 위해 마이크로칩 이미지로 지붕을 만들었다"라고 말했다. 이 훌륭한 건축물은 세계의 위대한 건축물 중 하나로 꼽히고 있으며, 여러 차례 상을 받았다.

이집트 정부는 이 도서관의 국제적 위상을 고려하여 세계은행 부총재 출신인 이스마일 세라젤딘Ismail Serageldin을 관장에 임명했다. 미션은 '지식의 생산과 제공의 탁월한 중심지이자, 세계 문명과 인류의 상호 이해와 대화를 위한 공간'이다. 이 도서관의 역할은 '세계를 향한 이집트의 창, 이집트를 향한 세계의 창, 디지털 시대를 위한 도서관, 학문과 대화의 중심지' 등 4가지로 규정되어 있다. 현재 유네스코와 공동으로 관리하고 있는데, 국제교류재단에서 파견된 한국인 사서 한 명이 일하고 있다. 도서관은 많은 관광객들로 늘 붐비지만 아직 우리나라 사람은 찾아보기 힘들다.

하원의사당의 내부

새천년을 도서관 복원으로 시작하는 나라

영국

| ENGLAND |

대영도서관

영국 하원도서관

세계 3대 박물관으로 손꼽히는 대영박물관. 버지니아 울프는 이 속에 거대한 지성의 세계가 있다고 말했다.

런던에 당도하다

버지니아 울프Virginia Woolf는 일찍이 다음과 같은 말을 남겼다. "대영박물관 안에는 거대한 지성의 세계가 있다. 그것은 혼자서 발휘할 수 있는 힘 너머 저편의 보고寶庫다." 바로 대영박물관British Museum 내에 자리하던 도서관을 두고 한 말이었다. 영국 정부는 박물관 안에 있던 이 도서관을 1997년 현 위치에 새 건물을 지어 독립시키고, 박물관 내 리딩룸reading room 복원을 밀레니엄 기념사업의 일환으로 완성했다. 이때 만든 50펜스 기념주화가 지금도 유통되고 있다. 2000년에 복원하여 지금 사용하는 리딩룸은 1층부터 돔 형 지붕 아래까지를 차지하며, 대영박물관 건물의 맨 중앙 노른자위 자리에 있다. 지나간 천년을 마무리하고 새로운 천년을 여는 밀레니엄 기념사업으로 도서관을 짓는 영국은 참 멋진 나라다.

대영박물관 중앙에 자리한 리딩룸의 내부

새롭게 지어진 대영도서관의 열람실 모습. 이런 고풍스런 공간에서 공부하는 학생들은 얼마나 좋을까.

사상의 인큐베이터,
대영도서관

대영도서관British Library은 런던 시내 중심지 킹스크로스역 가까이 있다. 여기서 유로스타 열차를 타면 해저터널을 통해 유럽대륙은 물론 러시아, 시베리아, 중국을 거쳐 신의주, 평양, (도라산역), 서울까지도 연결된다. 해리 포터도 이 역 '9와 4분의 3' 플랫폼에서 열차를 타고 호그와트마법학교로 떠났다. 이 도서관의 위치는 꿈과 현실, 역사와 현대 문명의 만남을 연상케 하고, 세계와의 소통을 상징하는 것인지 모른다.

이 도서관 마당에 들어서면 맨 먼저 뉴턴Isaac Newton을 만난다. 이 위대한 과학자에게 인사를 하지 않고는 도서관을 이용할 수 없다는 듯이 청동상을 배치해놓았다. 그러나 뉴턴은 수많은 사람들의 시선은 아랑곳없이 컴퍼스로 뭔가를 재면서 연구에 몰두하고 있는 모습이다. 뉴턴의 상은 윌리엄 블레이크William Blake라는 화가의 그림을 청동상으로 옮긴 것인데, 이 화가는 "뉴턴의 법칙이 어떻게 세계에 대한 우리

대영도서관 입구에 자리한 뉴턴의 청동상

의 관점our view of the world을 변화시켰는지를 그렸다"라고 말했다. 세계에 대한 우리의 관점을 바꾸는 것, 이것이 도서관의 중요한 사명이 아닐까?

로비에 들어서니 펼쳐진 책에 족쇄를 채운 모습의 조형물이 눈길을 끈다. 뭐냐고 물어보니 한번 입수된 자료는 절대 유출되지 못하게 한다는 의미라고 한다. 실제로 서양의 도서관 중에는 귀중서를 쇠사슬로 묶어놓은 곳이 많다. 책 도둑 방지용이다.

대영도서관은 우리나라 외규장각 의궤 가운데 한 권을 소장하고 있다. 우리의 방문에 맞춰 보여주기 위해 미리 가져다놓은 세심한 배려가 고마웠다. 이 외규장각 의궤는 《기사진표리진찬의궤己巳進表裏進饌儀軌》이다. 병인양요 때 프랑스군이 약탈해간 것 중 한 권이 영국으로 흘러들어간 것이다. 어떻게 소장하게 되었는지 물어보니 영국의 한 상인이 프랑스인으로부터 10파운드약 2만 원에 사서 기증한 것이라고 설명했다. 내가 "열 배로 살 테니 팔아라"라고 하자 그들은 유쾌하게 웃었다. 나도 함께 웃었지만 속마음은 씁쓸했다. 이 책의 가치를 모르는 프랑스인이 몰래 빼내서 술 한잔 값에 팔아넘긴 것이 아닌지 모르겠다.

이 의궤는 순조가 할머니인 혜경궁 홍씨를 위해 창경궁 경춘전에서 열었던 잔치에 관한 기록이다. '진표리진찬'이란 옷과 음식을 올리는 것을 말한다. 이 의궤의 그림은 잔치의 모습이 매우 자세하고 생생하게 묘사되고 채색도 화려하다. 연주된 악기들의 그림을 따로 그려놓은 것은 성의를 다한 느낌을 주었다.

대영도서관은 원래 대영박물관 안에 있었다. 그 시절 대형 스타급 단골 손님들로 유명하다. 마르크스, 레닌, 버나드 쇼, 토머스 하디, 예이츠, 찰

'한번 이 도서관에 들어온 귀중서는 절대 나갈 수 없다'는 대영도서관의 의지가 엿보이는 조형물. 책에 족쇄를 채워놓았다.

대영도서관이 소장하고 있는 우리나라 외규장각 의궤 《기사진표리진찬의궤》

스 디킨스, 에즈라 파운드, 오스카 와일드, 버지니아 울프, 이사도라 덩컨, 키플링에다 식민지 청년 마하트마 간디에 이르기까지 이루 헤아릴 수 없다. 마르크스는 런던에 머무르던 30년 가까운 세월 동안 거의 매일같이 찾아와서 계급투쟁이론을 갈고 닦았다고 한다. 마르크스는 엥겔스를 만나러 가끔 맨체스터를 찾곤 했는데, 이때도 도서관에서 만나 이야기를 나누었다고 한다. 레닌도 상트페테르부르크에 있는 과학아카데미도서관을 애용했고, 마오쩌둥 또한 북경대도서관 사서 보조로 일하면서 마르크스의 공산주의사상을 터득했다고 하니 도서관이야말로 공산주의사상의 인큐베이터인 셈이다.

대영도서관은 기원전 3세기의 유물을 포함하여 1천4백만 권의 단행본과 92만 종의 저널, 그 밖에 다양한 형태로 된 자료를 1억만 점 이상 소장하고 있으며, 한 해 3백만 점씩 소장 자료가 늘어나고 있는 지식의 보고이다. 이 도서관은 근대 헌법의 토대가 된 마그나 카르타Magna Carta의 1215년 원본 2개를 소장하고 있다. 국가 도서관이라면 으레 정부 기관이라는 우

거대한 위용을 자랑하는 대영도서관의 전경

리의 예상과 달리 대영도서관은 정부의 지원을 받아 운영되는 비정부공공기관인 점이 특징이다.

이 도서관에서 특히 주목할 만한 곳은 '비즈니스&지적재산권 센터'이다. 이곳은 비즈니스와 지적재산권 분야로는 영국 내 최고의 자료를 보유하고 있다. 특허 자료의 경우 40개국 5천만 건이 있다. 이곳은 일반 기업이 도서관의 전 자원을 활용할 수 있도록 도와주고 있다. 또 기업이 다른 기업을 만나 네트워킹을 할 수 있는 장소를 제공하고, 워크숍과 클리닉을 마련하기도 한다. '전문가에게 물어보세요Ask an expert'는 유명한 비즈니스계 인사를 초빙하여 강좌를 열고 일대일 상담 기회를 주는 코너다. 기업의 경제 활동 지원이라는, 도서관의 새로운 역할 개척은 의미 있는 일이다.

점심시간이 되어 직원 식당을 찾았다. 영국인들은 음식이라면 콤플렉스를 가질 정도로 영국은 맛있는 고유 음식이 없는 나라다. 영국인들이 남녀노소 없이 즐긴다는 피시앤드칩스Fish&Chips가 나왔다. 이렇게 좋은 생선으로 이렇게 단조로운 음식을 만드는 것도 기술이라면 기술이겠지. 그래도 맛있게 먹었다. 대영도서관은 마음의 양식은 풍부한 반면 몸의 양식은 빈곤한 곳으로 기억될 것 같다.

상상력만으로 거액을 벌어들인 영국의 효자 상품, '해리 포터'

전 세계적으로 인기를 끌고 있는 영국산 콘텐츠가 있다. 바로 〈해리 포터〉Harry Potter 시리즈다. 책과 영화, 캐릭터 상품 등 〈해리 포터〉 시리즈가 1997년부터 10년간 창출한 부가가치는 무려 3백조 원이 넘는다. 조앤 K. 롤링Joanne K. Rowling이 처음 이 소설을 쓸 때만 해도 그녀는 가난한 싱글맘에 불과했다. 정부 보조금으로는 난방비가 부족하여 아이가 잠들기를 기다려 에든버러 변두리 카페의 구석진 자리에서 눈치 봐가며 쓴 것이 이 소설이다. 이 출판사, 저 출판사를 전전하며 소설을 내밀었으나 퇴짜를 맞다 고작 2천 파운드약 4백만 원에 계약했던 원고가 제1탄 《해리 포터와 마법사의 돌》이다.

현대는 자연, 자본, 노동이라는 전통적 생산의 3요소가 더 이상 통하지 않는다. 이것들이 없이도 오로지 상상력과 창의력만으로 엄청난 부를 창출할 수 있다는 모범적 사례를 〈해리 포터〉는 보여주었다.

템스 강가에 자리한 영국의 국회의사당 건물. 단번에 여행자의 시선을 사로잡는다.

대처를 만나다,
영국 하원도서관

런던의 랜드마크로 불리는 템스 강변의 빅벤이 자리한 곳, 이곳에 영국의 의회가 있다. 의사당 안에 자리 잡고 있는 하원도서관House of Commons Library은 오로지 의회와 의원의 입법 활동을 보좌하는 기구로 1818년에 설치되었다. 190여 명의 직원 가운데는 법률, 통계를 비롯한 다양한 국정 분야의 전문가들이 다수 포진되어 있다. 유럽의 의회도서관은 미국, 일본, 한국과 달리 규모도 작고 일반 국민에 대한 서비스는 하지 않는다.

영국 하원은 1834년 도서관 상임위원회를 설치하여 도서관의 발전을 도모했다. 유력 의원들이 위원으로 참여했으며, 주로 의장이 상임위 회의를 주재했다고 한다. 상임위원 출신 가운데 총리가 5명이나 배출되었다는 사실은 그들이 도서관을 얼마나 중시했는지를 단적으로 말해준다. 수에즈 운하를 영국 소유로 만들고 인도를 여왕에게 바친 제국주의의 선도자 디즈레일리Benjamin Disraeli, 총리를 네 차례나 지낸 글래드스턴William Ewart Gladstone 등이 하원도서관 상임위원으로 활동했다.

이 도서관을 잘 활용했던 사람으로는 대처Margaret Thatcher 전 총리가 꼽힌다. 그녀는 논리는 탄탄한 반

철의 여인 대처 수상의 동상

면 정치가의 중요한 자질의 하나인 유머와 위트가 약했다. 이런 자신의 약점을 보완하기 위해 수험생처럼 도서관에 틀어박혀 연설 준비를 하곤 했다. 그녀는 숫자의 마력을 잘 알고 결정적인 대목에서 몇 개의 숫자를 사용하여 연설의 설득력을 높이는 방법을 썼다. 도서관에서 장시간 준비한 연설을 메모도 없이 함으로써 마치 평소 실력인 것처럼 하여 자신의 가치를 높였다고 한다.

의사당에 늘어선 많은 정치인 동상 가운데 생존 시에 동상이 건립된 사람은 대처가 유일하다. 치마 입은 동상도 혼자이다. 동상 제막식에 대처도 참석했는데, 베일이 걷히고 자신의 청동상이 나타나자 그녀가 했던 한마디. "나는 철의 여인The Iron Lady인데 왜 구리로 만들었지?" 이것도 준비된 멘트일까?

영국 하원의사당은 비좁기 짝이 없다. 이런 좁은 공간에서 어떻게 국정 심의가 가능할까 의문이 들 정도였다. 의석은 책상도 없이 여야 간에 마주 보는 구조인데, 펜싱 검을 차고 다니던 시절 흥분하여 싸우더라도 칼이 맞닿지 않을 정도만 띄워놓도록 설계했다고 한다.

전통과 역사를 자랑하는 영국 하원의사당의 본회의장 모습

책을 훔치는 것도 죄가 되는가

세상에서 가장 많이 도난당하는 책은 성경이라고 한다. 책을 훔치는 것도 범죄가 될까? 물론 범죄다. 성경을 읽기 위해 양초를 훔치는 것 역시 죄가 된다.

도서관과 서점들은 책 도둑을 막기 위해 많은 노력을 기울인다. 그러나 한계가 있다. 미국의 스티븐 블룸버그라는 남자는 도서관을 돌며 무려 2만 3천6백 권의 책을 훔쳤다가 체포되었다. 그것도 닥치는 대로 훔치지 않고 가치 있는 책만 골라서 훔쳤으며, 그저 책이 좋아서 그랬다고 하니 도둑치고는 대단히 지성적이다.

우리나라 어느 대형 서점은 개업 초기에 도난당하는 책이 너무 많아서 골치를 썩이다가 CCTV를 도입해 도난율이 급감한 이후로는 애써 도둑을 잡지 않는다고 한다. 그것도 사회 기여라고 생각한다는 것이다. 경기도 주택가에 있는 어느 도서관도 굳이 바코드를 붙이지 않는다고 한다. 어느 유명한 소설가는 젊은 시절 자신이 상습적인 책 도둑이었다고 자백하는 글을 쓰기도 했다. 성철 스님은 자기 책은 잘 안 빌려준 반면, 남의 책은 빌려다 보고 잘 돌려주지 않는 유별난 취미가 있었다. 모두가 책에 대한 열정 때문이었으리라.

안젤리카수도원도서관의 열람실

암흑의 중세를 구원한 금서의 제국

이탈리아

| ITALY |

안젤리카수도원도서관

많은 인파로 북적이는 로마의 관광 명소, 스페인광장.

로마는 마음의 눈으로 보라

괴테는 이탈리아 기행을 마치고 이렇게 말했다. "로마는 마음의 눈으로 보아야 한다." 맞는 말이다. 그러나 흔히들 육신의 눈으로 콜로세움만 보고 글래디에이터[검투사]만 상상한다. 스페인광장의 계단에 앉아 〈로마의 휴일〉을 떠올리고, 트레비분수 앞에서 동전 던지기에 바쁘다. 마음의 눈에는 무엇이 보이는가.

이탈리아는 예술과 문화가 숨 쉬는 나라다. 또한 지식과 정보의 제국이었다. 원로원에서 불꽃 튀는 논쟁으로 승부가 펼쳐지고, 광장에선 연설로 대중을 설득하는 정치가 이루어졌다면, 그곳에서는 분명 지식과 정보, 그리고 그것들을 정돈하는 논리가 중요한 도구로 작용했을 것이다.

그렇다. 고대 로마는 도서관의 도시였다. 검투사들이 콜로세움에서 생명을 건 게임을 하고, 귀족들이 그것을 유희로 즐긴 이면에는 도서관과 같은 지적 인프라가 존재했다. 바다 건너 알렉산드리아가 최고의 도서관을 중심으로 지중해의 지적 수도 역할을 하고 있을 때 지혜로운 로마가 손 놓고 있지는 않았던 것이다.

당대 최고의 지식인 키케로가 인정한 독서광 카이사르는 알렉산드리아 원정에서 돌아온 뒤 도서관 설립을 추진하다 완성을 보지 못하고 죽었다.

그러나 그의 지시로 많은 그리스어 서적과 라틴어 서적이 수집되었다. 뒤이어 아우구스티누스, 트라야누스를 비롯하여 많은 황제와 귀족들이 앞다투어 도서관을 지은 것으로 전해진다. 그러나 지금은 눈에 보이지 않는다. 마음으로 볼 수밖에 없다.

금서는 부활을 꿈꾸었다,
안젤리카수도원도서관

이탈리아는 수도원도서관으로 유명하다. 성프란체스코수도원도서관 등 중세에 탄생한 것들이 지금도 유지되고 있다. 로마가 멸망한 이후 문화의 쇠퇴에도 불구하고 고전 학문이 보존될 수 있었던 것은 바로 수도원도서관이 있었기 때문이다.

로마 시내에 있는 안젤리카도서관Biblioteca Angelica은 수도원도서관의 하나다. 입구에 들어선 순간부터 역대 고명한 수도사들과 관장들의 초상화와 라틴어 경구가 새겨진 동판, 온갖 고색창연한 서적과 지도 등이 타임머신을 타고 중세로 온 듯한 착각을 불러일으켰다. 17세기 초 처음으로 일반인에게 열람을 허용했던, 이탈리아 최초의 공공도서관이라는 점에서 의미가 있다. 그때나 지금이나 정보와 지식은 공유할 때 가치가 배가 된다.

이탈리아 최초의 공공도서관인 안젤리카수도원도서관의 표지

이곳에서 말로만 듣던 양피지羊皮紙 서적들을 만난 것은 큰 기쁨이었다. 설명이 없었다면 양피지인 줄 알아보기 힘들었을 것이다. 양 한 마리의 가죽에서 전지 한 장이 나왔다고 하니

양가죽으로 만든 양피지 서적

성서 한 질을 만드는 데는 '희생양' 수천 마리가 필요했던 셈이다. 이 도서관은 중세의 필사본 등 고문서 10만 점을 포함하여 20만 점의 장서를 보유하고 있다. 이들 자료들은 종교개혁과 가톨릭 내부의 자기개혁운동 역사의 중요한 기록이라고 한다. 아우구스티누스수도회 수사였던 루터Martin Luther는 "적당한 건물 내에 좋은 도서관을 설치하는 데 필요한 비용과 노고를 아끼지 말아야 한다"라고 말한 것으로 전해진다.

수도원에 도서관이 있었던 이유는 지식이 기반이 될 때 믿음도 더 깊어지고 전도도 용이해진다고 생각했기 때문이다. 그래서 도서관 없는 수도원은 무기고 없는 성채에 비유되기도 한다. 수도원도서관은 중세 암흑기에 교육과 연구의 중심지 역할을 했을 뿐 아니라 고대 문화의 보존과 전승이라는 빛나는 공을 세웠다. 과거와의 문화적 연결이 완전히 끊어질 위기에 직면했을 때도 고대 문화를 간직함으로써 새로운 시대로 진전할 수 있게 해주는 토대를 마련한 것으로 평가된다.

중세 천년 동안 모든 이성적인 것들이 숨을 멈추었을 때 수도원도서관 내 '지옥'으로 불린 금서禁書 구역에는 그리스, 로마, 알렉산드리아의 자유분방한 서적들이 '냉동 보관'되어 훗날의 부활을 꿈꾸고 있었다. 금서 구역이 왜 '지옥'일까? 그곳에 접근하면 지옥으로 떨어지기 때문이다.

내부를 설명해준 도서관의 사서

안젤리카수도원의 열람실 모습. 켜켜이 쌓인 고서적들의 향기가 코끝을 자극한다.
저 사다리를 타고 올라가 오래된 서적을 찾는 모습, 상상만 해도 너무도 멋지지 않은가.

시간의 흔적이 고스란히 남은 고서들

영화로도 제작된 움베르토 에코Umberto Eco의 소설《장미의 이름》에서 묘사된 것처럼 금서에 접근하는 일은 곧 죽음을 뜻할 정도로 금서는 철저하게 봉쇄되었다. 그러나 가지 말라고 선을 그어놓으면 더 가보고 싶고, 보지 말라고 봉해놓으면 더 뜯어보고 싶은 것이 인간의 본성이다. 금단의 열매는 달다. 더 먹고 싶어지는 법이다. 소설에서 아리스토텔레스의《희극론》이 바로 '저주받은 책', 금서이다. 이것을 몰래 가서 본 사람은 어김없이 죽는다. 왜 그런 것인가. 신의 저주를 받기 때문에? 그러나 그것은 인간의 장난에 불과했다. 책장을 넘길 때 손가락에 침을 바르는 습관을 이용해 책장에 미리 독을 발라놓았던 것이다.

종교개혁의 지도자 루터는 교황의 분서焚書에 반대하여 소환을 당했는데, 소환 당해 가는 길에 역시 분서에 저항하는 수많은 인문주의자들이 몰려들어 긴 행렬을 이루었다고 한다. 그는 '분서 반대'라는 커다란 명분을 쥐었기 때문에 많은 지지자를 모을 수 있었고, 결국 종교개혁을 성공적으로 이끌 수 있었다.

동서고금을 통해 금서는 존재해왔다. 주로 신의 존엄성을 해치거나 통치에 방해가 되는 책, 새로운 이론, 자유분방한 표현들이 대상이 되었다. 지동설, 지구원형설, 진화론 등이 그것이다. 루소, 홉스, 보들레르, 랭보, 코페르니쿠스, 갈릴레이, 다윈 등의 위대한 이론과 시대를 앞서 간 표현들이 상당수 '죄 지은 책' 신세로 '책 감옥'에 갇혀 지냈다. 유길준의 《서유견문》도 금서였다. 프랑스 바스티유감옥에는 실제로 사람 감옥뿐 아니라 책 감옥이 있었다고 한다. "프랑스혁명은 통치자에 의해 금서로 지정된, 그러나 민중의 베스트셀러에 의한 밑으로부터의 혁명이었다"라는 로버트 단턴Robert Darnton의 말은 통치자의 금서 지정 이유를 단적으로 말해준다. 이 금서들이 훗날 햇빛을 보아 르네상스의 찬란한 꽃을 피웠다. 비록 금서라는 반문화적 형태였지만, 사형(분서)에 처하지 않고 무기징역(금서)으로 생명을 유지시켰던 것은 큰 공로라 해도 무방할 것이다.

도서관을 사랑한 남자,
카사노바

그 이름도 유명한 카사노바Giacomo Casanova는 화려한 여성 편력의 대명사로만 알려져 있다. 그러나 이탈리아 베네치아 출신의 이 잘생긴 남자는 외교관, 종교철학자, 성직자, 탐험가, 스파이, 바이올리니스트 등 다양한 이력의 소유자였다. 특히 만년에는 방황 끝에 어느 백작의 성에서 사서로 일하면서 집필에 몰두하여 유명한 회상록 《내 생의 역사》를 비롯한 40여 편의 작품을 남겼다.

보통의 여자뿐 아니라 귀족의 부인네들, 심지어 수녀까지도 그에게 마음을 빼앗긴 것은 수려한 외모 때문만은 아니었다. 중요한 요인은 그의 타고난 재치와 폭넓은 교양에서 나오는 유려한 화술 때문이었으며, 그 원천은 닥치는 대로 독파한 서적들이었다.

이성 교제에 독서가 필수라는 사실을 모르는 사람은 아마 없을 것이다. 그의 이러한 면모를 부각시킨 《카사노바는 책을 더 사랑했다Casanova was a book lover》라는 책이 출간되기도 했다. 무려 천 명이 넘는 여성들과 사귀었던 그는 "나는 여성을 사랑했다. 그러나 내가 진정 사랑한 것은 자유였다"라는 그럴싸한 말을 했다. 허나 이 매혹적인 천재는 젊음을 소진한 뒤에야 비로소 더욱 멋진 말을 남겼다. "내 생의 마지막에 행복을 찾을 수 있었던 곳은 오직 도서관뿐이었다."

아드몬트수도원도서관 홀

세계를 매료시킨 책의 성소

오스트리아

| AUSTRIA |

아드몬트수도원도서관

험준한 알프스 산중에 위치한 작은 시골 마을 아드몬트

오케스트라 선율 사이로 퍼지는 책의 향기

흔히 '오스트리아' 하면 음악의 도시 빈과 모차르트의 고향 잘츠부르크를 떠올린다. 한 시대 유럽을 호령했던 합스부르크 왕가의 수도 빈은 지금도 여전히 과거의 영광에 걸맞은 장엄한 모습을 자랑한다. 쇤브룬궁전을 비롯한 아름다운 궁전들이 건재하고, 음악뿐 아니라 구스타프 클림트와 에곤 실레 등 빼어난 미술품도 즐비하다. 잘츠부르크는 모차르트의 숨결이 들릴 정도로 위대한 천재의 흔적이 생생히 보존되어 있다. 또한 영화 〈사운드 오브 뮤직〉의 촬영지로도 많은 볼거리를 제공한다.

예술로 저명한 두 도시의 중간 지점 알프스 산중에 도서관으로 유명한 아드몬트수도원이 있다는 것을 아는 사람은 드물다. 깜짝 놀랄 만한 아름다움을 가진 도서관이 있기에 이 깊은 산중까지 세계 사람들이 찾아간다.

아드몬트수도원 외관. 이 안에 아름다운 도서관과 박물관이 있다.

알프스가 품은 지식과 영혼의 안식처,
아드몬트수도원도서관

세계의 경이로운 장소 여덟 곳 중 하나로 꼽히는 베네딕트수도회 아드몬트도서관 겸 박물관Benediktinerstift Admont Bibliothek & Museum의 문을 열고 들어서는 순간 오래된 책 향기가 코를 스치자 나도 모르게 걸음을 멈추었다. 경이로운 아름다움에 취해 눈이 휘둥그레지는 사이 묵은 책 향은 이내 사라졌다. 이 순간만큼은 인간의 오감 가운데 오로지 시각만 바쁠 뿐 나머지는 쉬어도 좋다. 아니, 쉬어야 한다. 장엄? 화려? 우아? 그 어떤 형용사도 빛을 잃는다. 오로지 경이로움 그 자체라고 말하는 것이 적절하다.

금욕과 근검, 내핍의 상징인 수도원에서 왜 이토록 아름다운 도서관을 만들었을까? 신을 섬기는 것과 아름다움은 무슨 관계가 있을까? 이 도서관은 아름다움에 대해 많은 생각을 하게 한다. 눈이 트이고 가슴이 뻥 뚫리는 이 아름다운 도서관의 한복판에서 나는 영혼의 정화를 경험했다. 그래서 '인간은 아름다움을 통해 신에게로 다가간다'는 말이 생겨나지 않았을까? 도스토옙스키가 "아름다움이 세상을 구원할 것이다"라고 말한 것도 같은 맥락이겠지.

아드몬트수도원도서관의 홀은 경이로움 그 자체이다.
시각을 제외한 다른 감각은 잠시 쉬어도 좋다.

수도원은 1074년에 세워졌고 도서관은 7백여 년 뒤인 1776년에 만들어졌다. 종교뿐 아니라 철학, 법학, 의학, 자연과학에 이르기까지 모든 분야의 서적 20여만 권이 소장되어 있으며 지금도 연구 목적으로 활용되고 있음을 자랑한다.

노동을 하고, 책을 읽고, 기도를 하고, 이는 수도에 정진하는 자의 기본 일과이다. 베네딕트수도회는 이를 계율로 정하여 엄격하게 시행했다. 당연히 책을 만드는 필사 작업도 수도사의 중요 임무의 하나였다. 책을 기부하는 사람을 우대한 것은 물론이다.

천장 프레스코화의 정중앙 부분

이 도서관에 들어서면 자연스레 고개를 들어 유명한 프레스코 천장화에서 시선을 멈추게 된다. 알토몬테Bartolomeo Altomonte가 80세에 완성한 이 프레스코화의 주제는 지혜와 지식인데, 이 도서관의 핵심 테마이다. 아니, 생각해보면 이 세상 모든 도서관의 테마가 지혜와 지식이다.

고개를 젖힌 채 천장화의 아름다움에 잠시 취했다.

목이 뻐근해질 무렵 고개를 아래로 돌리면 또 다른 빼어난 예술품이 눈길을 붙잡는다. 얼른 보면 철제 조각품처럼 보이지만 사실은 나무 조각품에 철을 입힌 4개의 정교하고 기기묘묘한 조각품이다. 최고의 바로크 조각가로 인정받는 슈타멜Joseph Stammel의 〈네 가지 종말〉이라는 조각품인데, 각각 죽음, 심판, 천국, 지옥을 테마로 한다. 설명을 듣지 않으면 기묘한 상징성을 이해하기 힘들다. 문 위 눈에 띄는 동판 부조는 솔로몬의 재판을 묘사하고 있다. 이 역시 지혜의 상징이다.

도서관 홀은 길이 70미터, 너비 14미터, 높이 약 13미터로 수도원도서관으로는 세계 최대 규모라고 한다. 60개의 창문 중에서 48개의 창문으로 들어오는 자연광은 풍부한 조명 효과로 방문자들을 경탄하게 만든다. 이 조명 효과는 인간의 동공을 통해 뇌를 자극함으로써 절대자를 숭배하고 싶은 분위기를 조성한다. 새하얀 책장 역시 이런 분위기에 일조한다. 12개의 연보라색 대리석 기둥은 고결한 느낌을 준다. 흰색과 회색, 갈색 등 3색의 마름모꼴 대리석 7천2백여 개를 기하학적으로 배치한 바닥은 주사위와 같은 입체감을 보이는 착시 효과를 유발하여 더욱 신비로운 공간으로 만든다.

이 수도원에는 특이하게도 자연사박물관과 현대미술관도 있다. 특히

〈네 가지 종말〉 조각품. 왼쪽 위부터 시계방향으로 각각 죽음, 심판, 천국, 지옥을 주제로 한다.

자연사박물관에는 무려 25만여 점의 곤충 표본이 있다. 박제된 사자의 떡 벌어진 입에서는 으르렁 포효가 새어나오는 것 같다. 그 외에도 온갖 맹수와 조류들이 생생하게 전시되어 있다.

1865년 화재로 수도원 대부분이 불탔지만 불행 중 다행으로 도서관은

책을 보고 있는 조류 박제품은 '새들도 책을 읽는데 하물며 사람이야' 라는 메시지를 암시한다.

무사했다. 1938년 나치에 점령당했을 때는 수도원 전체가 폐쇄되고 재산을 몰수당하는 시련을 겪었지만 2차 대전 후 부활했다.

매년 60여만 명이 이 알프스 깊은 산중까지 찾아온다. '아름다움 이상의 아름다움beauty beyond beauty' 을 가진 도서관이 부르는 것이다. '아름다움 이상의 아름다움' 이란 눈에 보이는 아름다움을 넘어서는 영혼의 아름다움이 아니겠는가?

베를린국립도서관의 열람실

히틀러가 남긴 분서의 교훈을 기억하는 나라

독일

| GERMANY |

베를린국립도서관

독일 하원도서관

활기찬 베를린의 거리. 낯익은 독일어 간판과 향긋한 음식 냄새가 반갑다.

분단과 통일의 상징,
베를린에 서다

낯선 이국을 거쳐 베를린에 도착하니 마치 고향에 온 기분이 들었다. 이집트와 이탈리아에서는 언어가 낯설어 길거리 간판도 읽을 수 없었던 데 비해 독일에서는 비록 배운 지 오래지만 독일어로 된 상점의 간판이 제법 눈에 들어왔기 때문이다. 언어와 문자의 중요성을 다시금 실감한 순간이었다.

숙소에 짐을 풀자마자 독일식 푸짐한 음식과 맥주가 있는 노천 레스토랑을 먼저 찾았다. 맥주잔이 크지 않아 여러 종류의 맥주를 맛보기에 제격이다. 살며시 눈을 감고 낯선 생맥주를 차례로 음미해보니, 이리도 즐거울 수가 없다. 히틀러Adolf Hitler는 "국민을 다스리는 데 빵과 서커스면 충분하다"라는 말을 남겼는데, 도서관 기행이라 하여 아무리 고상한 척하여도 입이 즐겁지 않으면 보람도 반감된다. 시원하면서도 쌉쌀한 맥주가 목구멍을 타고 내려가서 가슴을 적시는 맛은 여독을 풀기에 그만이다.

거리에서 마주친 베를린 홍보 조형물

분서의 비극이 새겨진 자리, 베벨광장

독일은 현재의 훌륭한 도서관보다는 히틀러의 '분서 축제'가 더 깊은 인상을 남긴다. 통치에 방해되는 책을 태우면서 대대적 축제를 벌인 것이 히틀러다운 대목이다. 현대 독일의 훌륭한 점은 나치의 죄악에 대해 사과와 반성을 충분하게 한다는 점이다. 베를린 시내 한복판에 유태인 대학살 기념 조형물이 대규모로 조성되어 있는 것과 마찬가지로 분서 축제를 벌였던 현장인 베벨광장Bebelplatz에도 조형물을 설치하여 역사적 교훈으로 삼고 있다.

광장 한복판에 서서 눈을 감아보았다. 1933년 5월 10일, 화형에 처해지는 책들의 울부짖음이 생생히 들리는 듯했다. 악명 높은 선전장관 괴벨스Paul Joseph Göbbels는 '반독일 정신에 대항하기 위하여'라는 깃발을 내걸고 마르크스, 프로이트, 하이네, 볼테르, 스피노자, 레마르크, 하인리히 만, 아인슈타인 등 쟁쟁한 인물들의 저서를 전국에서 끌어와 무참하게 살육했다. 이때 2만 권이 넘는 책이 재로 변했다. 괴벨스는 그것들을 태우면서 "이 불꽃이 새 시대를 환하게 밝혀줄 것이다"라고 선언했다고 한다.

언론과 출판에 대한 탄압은 지식과 정보에 대한 탄압이다. 이는 학문과 사상의 자유를 추구하는 도서관의 적이다. 진시황의 분서갱유는 너무 유

베벨광장 한복판에서 1933년 5월 10일 나치를 추종하는 학생들이 1백여 명의 자유주의 작가, 출판인, 철학자, 학자들의 작품을 불태웠다. 책이 사라진 텅 빈 서고가 유리 너머 보인다.

명하다. 러시아의 볼셰비키 혁명과 중국의 문화혁명 등 전환기마다 책이 불탔으며, 가까이는 1992년 세르비아와 보스니아의 전쟁 때도 150만 권의 책이 연기로 사라졌다.

광장 중앙에는 텅 빈 지하 서가를 만들어 투명 유리를 통해 안을 볼 수 있도록 해놓았다. 책이 사라진 공간은 문화와 지성, 이성의 결핍을 상징하는 것이리라. 이 지하 서고에서 조금 떨어진 바닥에는 시인 하이네 Heinrich Heine가 1820년에 쓴 작품에서 가져온 문구가 동판에 새겨져 있다. "그것은 단지 전야제에 불과했다. 책을 태우는 곳에서는 결국 인간도 태우게 될 것이다.Das war ein Vorspiel nur, dort wo man Bücher verbrennt, verbrennt man am Ende auch Menschen." 이 구절은 1백여 년 뒤에 벌어질 사건을 예견하고 쓴 것이나 다름없다. 시인의 놀라운 예지력에 소름이 끼친다. 유태계의 이 천재 시인은 지금 파리 몽마르트 언덕의 공동묘지에 누워 있다.

히틀러의 분서 축제를 예견이라도 한 걸까? 1820년 시인 하이네가 남긴 구절이 베벨 광장에 새겨져 있다. "책을 태우는 곳에서는 결국 인간도 태우게 될 것이다."

Visit Here

| 여기도 가보자 |

마르크스의 추억,
훔볼트대학교

독일의 명문 훔볼트대학교 본관

베벨광장 바로 앞엔 노벨상 수상자를 무려 29명이나 배출한 명문 훔볼트대학교Humboldt Universität zu Berlin가 있다. 헤겔, 그림 형제, 아인슈타인 등 걸출한 학자들이 교수로 재직한 학교이며, 마르크스도 여기에서 1836년부터 1841년까지 수학했다.

본관으로 들어가 2층 계단으로 올라가던 나는 계단 중앙 대리석 벽면에 쉿

덩어리로 써 붙여놓은 구절을 보고 한동안 멍한 느낌을 받았다. 어디에선가 많이 본 듯한데, 그 내용이 잘 떠오르지 않았다. 그러다 순간 섬광처럼 기억이 떠올랐다. 그 유명한 마르크스의 논문 〈포이어바흐에 관한 테제〉의 마지막 단락이었던 것이다.

> "지금까지 철학자들은 세계를 다양하게 해석해왔을 뿐이다. 그러나 중요한 것은 그것을 변혁시키는 일이다." Die Philosophen haben die Welt nur verschieden interpretirt; es kommt aber darauf an, sie zu verändern.

이 구절은 대학 초년 시절에 독일어 원문으로 책상머리에 붙여놓고 늘 보았던 것인데, 세월이 지나면서 까맣게 잊고 있다가 여기에서 우연히 맞닥뜨리게 된 것이다. 참으로 감회가 새로웠다. 잠시 30년의 세월을 거슬러 올라가보았다. 철학은 못 하나 박는 기술도 가르쳐주지 않는 학문이다. 단지 사물을 뿌리에서 보는 근본적radical 시각을 갖도록 가르쳐줄 뿐이다. 철학의 궁극적 목적은 사회 변혁에 있다는 마르크스의 일갈에 젊은 가슴은 얼마나 뛰었던가. 지금, 마르크스의 숨결이 남아 있는 훔볼트대학교를 방문하여 생각지도 못한 상황에서 그 구절을 만나다니! 이는 우연이 아닐 것이다.

철학의 궁극적 목적은 해석이 아닌 사회 변혁에 있다는, 마르크스의 뜨거운 가르침이 새겨진 훔볼트대학교의 내부 벽면

독일에는 주마다 국립도서관이 있다. 단아한 외관이 인상적인 베를린국립도서관의 전경.

지식의 기나긴 항해,
베를린국립도서관

베벨광장과 훔볼트대학교의 역사성을 머릿속에 담은 채로 유서 깊은 베를린 국립도서관Staatsbibliothek zu Berlin을 공식 방문했다. 이 도서관은 1661년 프리드리히 빌헬름 국왕이 설립한 도서관을 모태로 하는 역사적 도서관이다. 독일 16개 주에 한 개씩 세운 국립도서관 중의 하나이다. 독일은 지방분권 체제이기에 주마다 국립도서관을 두고 있다.

어느 나라나 대형 도서관은 대부분 입구부터 장엄한 분위기를 연출하는데 베를린국립도서관은 그 반대의 분위기를 풍겼다. 단순한 외관의 이용자 출입구가 겸손한 느낌을 준다. 그러면서도 마치 두 팔을 벌려 방문자들을 환영하는 듯한 모양새가 인상적이다. 이 도서관은 전체적으로 선박 모양을 한 것이 특징인데, 이는 '지식 정보의 기나긴 항해'를 상징하는 것이라고 한다. 바로 옆에 위치한 베를린 필하모닉홀을 설계한 건축가 샤로운Hans Scharoun의 작품이다. 내부에서는 선박의 창을 연상시키는 크고 작은 동그란 창문이 많이 눈에 띈다. 이 건물은 베를린을 문화 도시로 환원시키려는 시 당국의 의지가 담긴 곳이다.

이 도서관은 아시아권의 자료를 잘 수집하고 있다. 이번 방문 길에 우리 국회도서관과 정보 자료 교환협정을 체결했다. 세계적 수준의 한국 국

선박을 닮은 베를린국립도서관의 열람실

국립도서관 구관 입구의 고색창연한 모습

구관 내부에 전시된 오래된 고서적

회 전자도서관을 독일 동포와 유학생, 한국학을 하는 독일인들에게 제공하는 의미가 있다.

시내 중심부 운터덴린덴Unter den Linden 거리에 있는 구관제1본관은 프로이센의 황실도서관 및 국립도서관으로 사용되었던 곳인데, 후기 바로크 양식의 아름답고 고색창연한 모습이 인상적이었다. 구관은 뮌헨에 있는 바이에른도서관과 함께 독일에서 발간된 장서와 해외 장서를 바탕으로 학술도서관의 역할을 한다.

독일 건축의 백미로 손꼽히는 베를린의 제국의사당 건물

의회 정신의 수호,
독일 하원도서관

통일독일의 제국의사당은 독일 건축의 백미로 꼽힐 정도로 독특하고 아름답다. 현대 건물의 전시장으로 불리는 베를린에서도 개성 있는 건물로 꼽히는 이 건물은 세계의 위대한 건축물에도 선정되었다. 특히 건물 상층부에 있는 돔 형태의 유리 지붕은 위에서 아래로 의사당 내부를 내려다보도록 설계되었다. 국민들이 의원들의 의정 활동을 손바닥 들여다보듯 투명하게 볼 수 있도록 한다는 의미를 담았다는 설명이다.

이 건물의 정면에는 의회가 독일 국민을 위해 존재한다는 상징성을 띠는 '독일 국민에게DEM DEUTSCHEN VOLKE' 라는 문구를 크게 새겼다. '헌정되었다' 는 뒤의 말이 생략된 것이다. 이 돔은 빙빙 감아 돌면서 걸어 올라가

빙빙 감아올린 돔의 모습. 의원들의 의정 활동을 들여다볼 수 있도록 만들었다.

하원도서관의 내부. 원형의 로텐더를 감싸는 네온의 블라우어 링이 아름답다.

NKBAR ALS MÖGLICH

도록 되어 있는데, 늘 국내외 관광객들로 긴 줄을 이룰 정도로 베를린의 명물이 된 지 오래이다. 한번 올라가보고 싶었지만, 워낙 줄이 길어서 포기하는 게 무척 아쉬웠다.

하원도서관Deutcher Bundestag Bibliothek은 제국의사당 옆, 스프리 강 동안의 마리-엘리자베스 루더스 건물에 있다. 스프리 강을 따라 유람선이 연방의회 건물들을 지나쳐간다. 도서관은 직원 80여 명의 규모로 130만 권의 장서, 9천여 종의 정기간행물, 의회 자료, 정부간행물 등을 소장하고 있다. 이 도서관은 알렉산드리아도서관처럼 층간이 터진 원형의 자료실rotanda을 두고 있는 것이 특징이다. 이 로텐더는 5층으로 되어 있는데, 정보를 제공하는 곳과 전시 공간을 갖춘 열람실 등이 포함되어 있으며, 원형 벽면을 따라 장서가 비치되어 있다.

로텐더 상단의 네온 조형물인 블라우어 링Blaur Ring이 아름답게 빛난다. '자유는 평등을 이루기 위한 행위이며, 평등은 자유를 이루기 위한 기회이다.Freiheit ist denkbar als Handelns unter Gleichen. Gleichheit ist denkbar als Möglichkeit des Handelns für die Freiheit.' 수레의 두 바퀴가 차이가 나면 올바로 나아갈 수 없는 것과 마찬가지로 자유와 평등은 똑같이 중시해야 한다는 뜻을 담은 것이다.

대부분 의원내각제를 채택하고 있는 유럽은 왕실도서관의 전통을 잇는 국립도서관이 발달한 반면, 의회도서관은 의회에 대한 서비스로 역할을 제한하고 있다. 하원도서관의 관장은 한국의 국회도서관이 독립 기관으로서 대국민 정보 봉사를 하는 데 대해 부러움을 표시했다. 대통령제인 미국의 경우 행정부가 정보를 독점하는 데 따른 폐해를 막고자 국립도서관의 역할을 의회에 부여하고, 의회도서관이 이 역할을 담당하도록 했다.

하원도서관의 우르줄라 프라이슈비트 관장

대통령과 행정부의 권한이 강한 우리나라의 경우에도 행정부와 의회 간의 정보 불균형을 막고, 의회에 중립적이고 수준 높은 자료를 제공하기 위해서는 국회도서관의 역할이 더 강화되어야 한다는 생각이 들었다.

베를린에 '도서관 왕국' 페르가몬의 박물관이 있는 이유

베를린에서 관광객이 가장 많이 몰리는 곳 중의 하나인 박물관섬에 들렀다가 페르가몬박물관Pergamonmuseum 간판을 보고 문득 의문이 생겼다. 페르가몬은 도서관으로 유명한 고대 왕국의 이름이기 때문이다. 로마의 안토니우스가 페르가몬도서관을 몽땅 털어 20만 장서를 배에 싣고 가서 알렉산드리아의 클레오파트라에게 결혼 선물로 바친 역사가 있다. 그런데 도대체 어떤 연유로 베를린의 박물관에 페르가몬이라는 이름이 붙어 있는 걸까?

먼저 페르가몬왕국에 대해 알아보자. 이 왕국은 기원전 3세기에 소아시아, 즉 오늘날 터키의 북서쪽 해안 부근에 세워졌는데, 기원전 2세기에 왕의 후사後嗣가 없자 내전을 막기 위해 자진해서 로마의 속주屬州가 되었다. 헬레니즘 문화가 발달한 가운데 특히 도서관이 수준급이었던 것으로 유명하다. 이곳의 도서관은 알렉산드리아도서관과 맞먹을 정도였다고 한다. 페르가몬왕국의 역대 왕들은 도서 수집광이 많아서 닥치는 대로 책을 모아 도서관을 발전시켰는데, 이는 알렉산드리아의 질투를 불러왔다. 마침내 알렉산드리아는 왕명으로 파피루스의 수출을 전면 금지함으로써 페르가몬이 책을 만들 수 없게 하였다. 그러나 위기는 곧 기회. 페르가몬은 당시 소규모로 이용되던 양피지의 대량 생산 방법을 고안하여 본격적으로 이용하기 시작했다. 오늘날 양피지의 영어 이름parchment이 '페르가몬pergamon의 종이'에서 유래할 정도로 페르가몬은 양피지의 대중화가 이뤄진 곳이다.

유적지 발굴로 모습을 드러낸 고대의 도서관은 지혜의 여신인 아테나 신전의 부속건물로 판명되었으며, 그 안에서 거대한 아테나 조각상과 호메로스, 헤로도토스 등 여러 작가의 이름이 새겨진 흉상 조각이 발견되었다. 독일은 19세기 말 폐허가 된 페르가몬 지역을 발굴하여 '제우스의 대제단페르가몬 제단'을 비롯한 거대한 유물들을 뿌리째 뽑아서 통째로 가져와 이곳 베를린에 박물관을 차렸다. 당시 독일은 오스만제국과 좋은 관계였고, 오스만제국이 이슬람문화 외에는 관심이 없어 신전 전체를 헐값을 치르고 가져왔다고 한다.

박물관으로 들어가보니 온통 대리석 천지였다. 영국은 파르테논신전의 조각품인 엘긴 마블스Elgin Marbles를 떼다가 대영박물관에 전시해놓아 그리스의 반환 요구에 시달리고 있지만, 그리스는 독일을 만나지 않은 것을 다행으로 생각해야 하지 않을까? 만일 독일을 만났다면 지금 파르테논신전이 통째로 베를린에 가 있을지 모른다.

리슐리외국립도서관의 화려한 열람실 내부

인류 지식의 상징으로 부상한 문화대국

프랑스

| FRANCE |

미테랑국립도서관

리슐리외국립도서관

회창한 오후, 센 강가에 도착했다. 그제야 파리에 당도했음을 실감할 수 있었다.

여독을 잊게 한 파리의 품격

도서관 기행은 일반 여행과는 달리 보통 힘든 일이 아니다. 언어가 통하지 않는 가운데 의미 있는 것을 찾아내고자 하는 목적이 있는 경우는 더욱 그렇다. 아프리카 북부 알렉산드리아도서관에서 시작한 여행은 이미 여러 도시의 도서관 탐방으로 많은 날이 흘렀다. 이제 프랑스 차례이다. 프랑스는 한불 외교 현안인 외규장각 의궤 문제까지 걸려 있어서 여간 부담스러운 것이 아니었다. 그러나 근대 문화와 예술의 중심지다운 역사적 품격이 여행자를 설레게 하는 나라이기도 하다. 파리에 도착하자 아름다운 센 강의 풍경이 시선을 사로잡았다.

4개의 유리탑으로 이루어진 아름다운 미테랑국립도서관. 규모로만 보자면 세계 최고 수준이다.

파괴할 수 없는 지식의 탑, 미테랑국립도서관

걸어서 센 강을 건너면, 멀리 네 권의 책을 세워놓은 듯한 미테랑국립도서관을 만나게 된다. 가히 압도적인 건축물이다.

센 강변을 따라 달린 지 얼마나 지났을까. 멀리서부터 눈에 띈 미테랑도서관Bibliothèque François-Mitterrand의 모습이 피로를 단박에 날아가게 했다. 미테랑François Mitterrand이 대통령 시절인 1988년 세계에서 가장 크고 현대적인 국립도서관을 짓겠다고 한, 이른바 그랑 프로제Les Grands Projets 선언을 하고 7년 뒤 완공된 이 멋진 빌딩은 건축비가 무려 12억 유로약 2조 원나 들어간 걸작으로, 파리의 관광명소로 추가되었다. 센 강변에 20층짜리 대형 건물 네 채가 책을 반쯤 펼친 모습으로 네 귀퉁이에 자리 잡고 그 사이 초등학교 운동장 크기의 정원이 놓여 있다. 특이하게도 키 큰 소나무들이 빽빽하다. 이 건물은 우리나라 63빌딩보다도 훨씬 큰 세계 최대 규모의 도서관 건물이다. 테마별로 구분되어 있는 네 개의 탑의 명칭은 각각 '시간, 법률, 문자, 숫자'이며, 이것들은 지하로 연결되어 있다. 이 네 개의 웅장한 유리탑은 인간이 쌓아온 파괴할 수 없는 지식을 상징한다.

이 도서관에 현직 대통령의 이름이 붙은 연유가 있다. 건설 현장에 미테랑이 49회나 방문했다는 것이 믿기지 않아서 안내자에게 진짜인지 물어보았다. "대통령이 워낙 자주 와서 정확한 횟수는 모르지만 아마 수십 번은 될 것"이라는 대답이 돌아왔다. 거기에 덧붙여 미테랑은 부지 선정도 직접 했고, 매주 국무회의에서 건설 상황을 점검했다고 한다. 퇴임 전에 자기 손으로 테이프를 커팅하기 위해 공사를 서두른 끝에 1995년 내용물을 다 옮겨오기도 전에 준공식을 했다고 한다. 그는 해가 바뀌기 무섭게 1996년 초 세상을 떠났다. 자신의 죽음을 예견하고서 서둘렀다는 말인가. 결국 미테랑은 죽어서 미테랑도서관을 남긴 셈이 되었다.

외벽 전체가 유리인 점이 도서관 건물로는 유별나고 건물 배치가 독특하여 이것 역시 미테랑이 관여했는지 물었더니 당연하다는 표정으로 "대통령이 수많은 공모작 중에서 딱 하나를 찍었다. 중앙 정원이 있는 구조가 마음을 사로잡았기 때문이다"라고 대답했다. 이쯤 되면 도서관에 푹 빠진 대통령이다. 여기에 미테랑의 이름을 붙이는 데 반대한 이는 아무도 없었다고 한다. '미테랑의, 미테랑에 의한, 그러나 프랑스 국민을 위한' 도서관이 미테랑국립도서관이라고 할 수 있겠다.

길게 이어진 서가의 풍경은 귀족적이며 고풍스럽다. 햇살이 비치는 창가에 앉아 고상하게 책 한 권 읽어보고 싶은 곳이다.

현대 건축의 실험 정신을 엿볼 수 있는 퐁피두센터의 외관. 건축 당시 파리 시민의 야유를 듣기도 했지만, 철골구조와 엘리베이터가 밖으로 드러난 독특한 외양으로 인해 지금은 명실상부한 파리의 명소가 되었다.

도서관은 온도, 습도를 항상 일정하게 유지해야 하는데 4면 모두 유리로 지어져 괜찮은지 물었더니 "그래서 관리비가 엄청 들어간다"라고 대답했다. 관리비야 어떻든 멋진 도서관을 갖고자 한 미테랑과 프랑스의 문화적 자부심, 나쁘게 말하면 오만과 높은 콧대를 짐작케 하는 대목이다.

1천4백만 권의 장서를 포함해 3천만 점의 자료가 소장되어 서가의 길이가 4백여 킬로미터나 되는 이 도서관은 연구자들을 위한 학술자료실인 연구도서관이 별도로 있다. 은은한 빛깔의 귀족적 외양뿐 아니라 운영 방식도 재산과 지식을 가진 상류사회 위주이다. 퐁피두센터Centre Pompidou의 도서관이 아무에게나 개방되어 노숙자들의 터전으로까지 이용되는 것과는 대조적이다. 실제 퐁피두센터는 주변은 물론 내부도 소란스럽기 그지없고 투명성을 상징하기 위해 철골구조와 엘리베이터가 그대로 드러나도록 지어서 마치 미완성인 것처럼 보였다. 이를 두고 어떤 이는 좌파 대통령의 귀족 취향과 우파 대통령의 서민 취향이 엇갈리는 아이러니를 말하기도 한다.

책을 봐야 예뻐진다?

프랑스의 유명한 어느 디자이너가 "많은 여성 모델을 보아왔지만 책 읽는 모델의 생명이 가장 길더라"고 말했다고 한다. 왜 책을 읽으면 생명력이 생겨날까? 그것은 지성이 눈빛과 얼굴 표정에 나타나기 때문이다. 그저 예쁜 것은 오래가지 못 한다. 지성미가 진정한 아름다움이다. 거울 자주 본다고 예뻐지는 것은 아니다. 책을 봐야 예뻐진다. '거울도 안 보는 여자'는 괜찮다. 그러나 '책도 안 보는 여자'는 곤란하다.

리슐리외도서관의 내부 정원. 책 읽는 사람은 누구라도 아름답다.

프랑스에서 만난 고려와 조선,
리슐리외국립도서관

외규장각 도서 반환 문제라는 뜨거운 현안이 있기에 파리 드골공항에 도착한 순간부터 부담이 컸다. 우리나라를 출발하기 전부터 문제의 외규장각 의궤와 《직지심체요절》약칭 직지라고 부른다의 열람을 요청해놓았다. 《직지》는 금속활자로 찍은 책 중에서 가장 오래된 희귀본으로 유네스코 유산으로 지정되어 있다. 현재 청주 고인쇄박물관에 있는 동일한 모양의 《직지》는 프랑스에 있는 책의 영인본이다. 의궤는 《조선왕조실록》과 함께 우리 기록문화의 진수로서, 이 역시 유네스코 유산이다.

미테랑도서관 방문을 마치고 같은 국립도서관인 리슐리외도서관 Bibliothèque Nationale site Richelieu에 도착하니 《직지》와 외규장각 의궤 몇 책을 미리 내놓고 친절하게 맞아주었다. 표지가 닳아 없어진 책도 있었지만 보존 상태는 대체로 양호한 편이다. 우리 전통 한지의 우수성을 그들에게 말해주었더니 고개를 끄덕였다. 비록 남의 나라 도서관일지라도 망실되지 않고 잘 보존되어 있어 다행이라는 생각이 들었다. 한 장씩 넘기면서 조상의 향취를 느껴보았다. 촉촉한 감회에 젖어들었다. 한편으로는 자랑스럽고 한편으로는 자괴감도 들었지만 내색할 수 없었다.

이와 관련하여 흥미로운 경험을 했다. 미테랑도서관을 나와서 리슐리

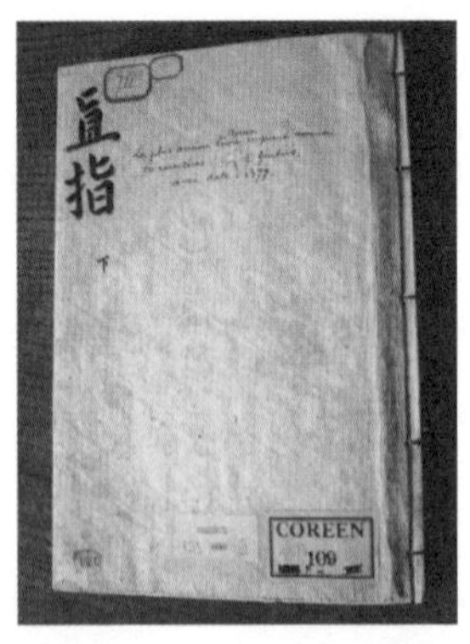

구텐베르크 금속활자를 앞서는 세계 최초의 금속활자본인 《직지》. 프랑스가 소장하고 있는 것은 하(下)편으로, 상(上)편은 아직까지 발견되지 않았다.

《직지》를 펼쳐보니 감회가 새롭다.

함께 소장 중인 외규장각 의궤의 모습

외로 향하는 자동차 안에서 우리를 안내하는 국제 담당에게 "국립도서관 안에 1993년에 미테랑 대통령을 수행하여 한국에 왔던 사서가 지금도 있나요?"라고 물었더니 전혀 예상치 못했던 대답이 돌아왔다.

여기엔 꽤 기구한 사연이 있다. 1993년 미테랑대통령은 고속열차인 TGV를 팔기 위해 한국을 방문했다. 이때 외규장각 의궤 297책의 반환을 약속하고 그중 맛보기로 《휘경원원소도감의궤》라는 책 한 권을 가져왔는데, 국립도서관의 여성 사서 2명이 책을 가지고 따라왔다. 거기까지는 좋았는데, 청와대에서 두 나라의 대통령이 직접 반환식을 하기로 약속한 시간이 다가오자 사서들이 책을 못 내놓겠다고 고집을 피우는 바람에 프랑스 측에 초비상이 걸렸던 것이다. 주한 대사가 설득에 나섰으나 실패했고 외무장관이 장시간 면담을 한 끝에 전달식 몇 분 전에야 사서가 눈물범벅이 된 얼굴로 나타나 책을 내놓은 사건이 발생했다. 이 일은 양국 언론에 대서특필되었다. 나는 당시 MBC TV의 시사인형극 〈단소리 쓴소리〉 작가로 활동하던 때인데, 마침 이 사건을 한국의 입장에서 다루었다. 내가 오래전의 일을 넌지시 꺼낸 것은 외규장각 의궤 반환 문제를 점잖게 제기한 것이다.

그런데 대답이 전혀 뜻밖이었다. "좀 전에 만난 사서 부문 총국장이 그때 그 사서입니다." 순간 놀랐다. 그리고 깨달았다. 아! 그래서 우리를 대하는 태도가 어쩐지 좀 화통하지 않은 느낌을 주었구나. 당시 그 사서는 귀국하여 사표를 제출하면서 언론에 사임의 변까지 냈다. "이것은 명예 문제이다. 우리는 프랑스의 이익과 합법성, 그리고 직업윤리에 반하는 행위를 강요받았다." 직업윤리란 사서로서 책을 지키는 의무를 말한다. 사

도서관에 대한 거의 모든 로망은 리슐리외도서관에서 이룰 수 있다. 원형 지붕창과 빼곡한 서가, 은은한 조명이 어우러진 기품 있는 열람실의 모습.

1993년 당시 국립도서관의 사서로 방한했던 자클린 상송 현(現) 프랑스 사서 부문 총국장(왼쪽)

서司書란 한자로 책을 맡아서 관리하고 지킨다는 뜻이다. 정치 경제적 논리에 휘둘리지 않고 빼앗은 것이든 훔친 것이든 한번 입수된 자료는 절대로 내놓지 않는 것이 사서의 직업윤리이다. 그러나 그것이 '합법적'이라는 것은 언어도단이다. 약탈 문화재를 합법적 재산이라고 하는 것은 도둑의 논리는 될 수 있어도 '문화 대국'의 논리는 되지 못한다. 국제법과 유네스코협약을 들이댈 필요조차 없는 것이다. 프랑스의 대표 언론이자 양심을 자부하는 〈르몽드〉와 〈르피가로〉 등이 일제히 1면에 기사를 실어 미테랑 대통령을 비판하고 사서들을 지지했다. 그들은 국민 영웅이 된 것이다.

그 결과 프랑스는 TGV는 팔고 서적 반환 약속은 지키지 않아 자신들의 눈에는 '문화 후진국'인 한국으로부터 '신뢰 없는 나라'라는 원망을 듣고 있다. 아무튼 지금 그중 한 명인 자클린 상송은 사서총국장 자리에 올라

한국의 국회도서관장과 마주 앉았으니 그녀로서는 마음이 편할 리 없었을 것이다.

나는 휴가 중인 관장 대신 그녀와의 면담에서 두 도서관의 협력을 적극 제기하여 우선 실무선에서 협의를 진행하기로 합의했다. 딱딱한 분위기를 풀기 위해 먼저 유머 섞인 우호적인 말로 이야기를 시작했다. "한국에서는 프랑스에 대해 관심이 매우 많다. 국회도서관은 국회의원들의 자료 요구에 응할 때 해외 사례를 넣는데 프랑스 사례를 반드시 넣는다. 프랑스 전문가도 2명 있다. 한국 사람들은 프랑스산 TGV고속철 KTX를 애용하고 파리 바게트를 매우 좋아한다. 한국은 물이 좋기로 유명하지만 지금 여기 있는 에비앙 생수를 비싼 돈 주고 사서 마실 정도로 프랑스에 우호적이다." 이쯤 말하면 분위기가 풀어질 법도 하다. 그런데 우리 측 사람들만 웃고 상대는 기대와 달리 어색한 웃음을 잠시 보일 뿐이었다. 아마도 TGV 부분이 그의 아픈 과거사와 자존심을 건드리지 않았나 짐작된다. 한국인이 프랑스인에게 TGV를 거론하면 경제적 이익만 취하고 약속은 안 지킨 것을 비난하는 것으로 여겨져 콧대 높은 그들의 자존심에 상처를 주게 된다.

어려운 문제를 남겨둔 채 무거운 발걸음을 돌릴 수밖에 없었다. 리슐리외도서관을 마지막으로 서유럽에서의 일정을 마무리했다.

'직지 대모' 박병선 박사

1866년 병인양요 때 프랑스군에 약탈당했던 조선왕실의궤가 2011년 6월, 145년 만에 고국으로 돌아왔다. 이 장면을 누구보다 가슴 벅찬 감격으로 지켜본 재불 서지학자이자 사서인 박병선 박사가 그로부터 5개월 뒤 88세를 일기로 세상을 떠났다. 그녀는 이 서적들을 프랑스 국립도서관현재 리슐리외국립도서관에서 찾아내어 반환 운동의 단초를 마련했던 인물이다.

서울대학교를 졸업하고 프랑스로 유학을 떠날 때 스승인 사학자 이병도 교수에게 들은 "병인양요 때 프랑스군이 고서들을 약탈해 갔다는 이야기가 있는데 확인이 안 되니 프랑스에 가면 한번 찾아보라"는 말을 가슴에 새긴 그녀는 1967년 프랑스 국립도서관 사서로 근무하면서 도서관과 박물관을 뒤지고 다녔다. 그러던 중 뜻밖에 《직지심체요절直指心體要節》을 발견했다. 이후 각고의 노력 끝에 이것이 1377년 금속활자로 찍은 세계에서 가장 오래된 책임을 입증해냈다. 구텐베르크Johannes Gutenberg보다 78년이나 앞선 것이다. 이때부터 그녀는 '직지 대모'라 불렸다. 《직지》가 프랑스 국립도서관에 있는 이유는 19세기 말 주한 프랑스 외교관 플랑시가 우리나라의 고서적을 수집하여 가져갔기 때문으로 추측되고 있다.

온화한 미소의 고 박병선 박사

1975년, 박병선 박사는 프랑스 국립 도서관의 베르사유 별관에 파손된 서적 보관소가 있다는 말을 듣고 그곳에서 조선왕실의궤를 발견했다. 조선왕실의궤가 약탈된 지 109년 만에 그 존재를 드러낸 것이다. 그 대가로 그녀는 도서관의 비밀을 누설했다는 이유 같지 않은 이유로 사실상 해고당하지만, 그 후로도 개인 자격으로 날마다 도서관에 찾아가 의궤 297책의 목차와 내용을 정리했다.

그녀는 2009년에 자료 수집을 위해 방한했다 병이 발견되어 입원했는데, 내가 문병을 갔을 때 대수술을 눈앞에 두고서도 병인양요 관련 자료를 찾아서 프랑스어로 번역해야 한다며 걱정을 많이 할 정도로 대단한 열정을 가지고 있었다. 그녀가 원하는 자료 일부를 국회도서관에서 찾아 전해드렸다. 사서 한 사람의 역할이 얼마나 중요하고 위대한가를 온몸으로 보여준 박병선 박사는 학자로서는 이례적으로 국립현충원에 안장되었다.

덴마크 왕립도서관 열람실

지식 강국을 꿈꾸는 바이킹의 후예들

덴마크

| DENMARK |

덴마크 왕립도서관

'새 항구' 라는 뜻의 뉘하운항 전경. 코펜하겐 운하 투어의 시발점이자 종착점이다.

환경과 동화의 도시, 코펜하겐과 만나다

북유럽의 작은 나라 덴마크는 안데르센 덕에 '동화의 나라'로 불린다. 수도 코펜하겐은 '2025년 탄소 중립 도시'를 선언한 유럽의 녹색 수도이자 세계 최고의 자전거 도시이다. 인구는 54만 명인데 자전거는 56만 대. 거리마다 자전거가 넘쳐난다. 세계를 석권한 어린이 장난감 레고의 고향이기도 하다. 또한 그리 멀지 않은 곳에 《햄릿》의 무대인 크론보르성이 있다.

책 대신 사람을 빌려주는 휴먼 라이브러리Human Library가 이곳에서 시작되었다. 주로 편견의 대상이 되는 사회적 소수자들, 예를 들어 장애인, 동성연애자, 이주 노동자, 특수 종교인, 여성 소방관 등이 '살아 있는 사람 책living book'이 되어 대출자를 기다린다. 우리나라에는 2009년 내가 국회도서관장 재임 때 '리빙 라이브러리'라는 이름으로 처음 시행했고 관악구청장이 되어 매년 시행한 이후 널리 확산되었다. 소통을 통해 편견과 고정관념을 없애자는 취지에 많은 이들이 동참한다.

이 나라는 평생교육의 역사가 150여 년이나 된다. 1864년 프로이센, 오스트리아와의 전쟁에서 패한 상처를 극복하기 위해 국민교육을 시작했다. 사람은 누구나 고유의 가치가 있다는 평등주의 원칙에 입각한 평생교육은 성별과 인종, 계급, 장애를 불문하고 교육의 기회를 제공하여 국가

덴마크를 대표하는 세계적 동화작가 안데르센 동상은 코펜하겐 시청 옆길에 있다. 주변 곳곳에서 코펜하겐 시민들이 필수 교통수단인 자전거를 타고 거리를 다니는 모습도 눈에 띈다.

운하 투어를 하다 보면 코펜하겐의 랜드마크 인어공주상을 만날 수 있다.

재건의 바탕이 되었다.

코펜하겐의 운하 투어는 환상적이다. 뉘하운이라는 인공 항구에서 유람선을 타면 운하를 따라 시내 중심부를 순회하고 오페라하우스를 지나 그 유명한 인어공주상의 뒤태를 보면서 뱃머리를 돌려서 오면 한 시간이 금세 흐른다.

덴마크 왕립도서관 전경

운하 위의 찬란한 보석,
덴마크 왕립도서관

지혜를 상징하는 미네르바 신전의 부엉이가 황혼녘에야 비로소 날갯짓을 시작하듯이 해가 진 이후에야 본격 빛을 발하는 도서관이 있다. '블랙 다이아몬드Black Diamond'라는 애칭으로 더 많이 불리는 덴마크 왕립도서관Det Kongelige Bibliotek 겸 국립도서관이다.

이처럼 야경이 매혹적인 도서관은 흔치 않다. 하루의 소임을 다하고 떨어지는 태양이 이 도서관 건물의 상단부에 반쯤 걸린 모습은 거대한 검은 다이아몬드가 반짝 빛을 뿜어내는 모습 그대로였다. 나는 폭 100미터가 넘는 운하의 건너편에 걸터앉아 해질녘 이 도서관의 아름다움에 서서히 취해가고 있었다. 해가 완전히 지면 건물 중간, 바닥에서 꼭대기까지 설치된 거대한 아트리움의 유리벽을 통해 나오는 불빛이 운하의 물에 드리워지고 다이아몬드는 더욱 진한 검은 색을 띠면서 신비로움을 더한다.

다이아몬드는 다른 보석과 함께 넣어두면 다른 것들에게 상처를 주고 자신만 홀로 빛나는 이기적인 보석이다. 그러나 '블랙 다이아몬드'는 모든 코펜하겐 시민들에게 아낌없이 품을 내어주는 착하고 너그러운 보석이자 덴마크 국민들의 사랑을 한 몸에 받는, 명실상부한 보석 같은 존재이다. 아프리카 짐바브웨산 검은 화강암이 북유럽 덴마크의 다이아몬드

왕립도서관 서가

로 변신했다.

왕립도서관은 1648년 프레데리크 3세 국왕이 창설했다. 18세기 말 학문을 연구하는 국립도서관을 겸하게 되면서 일반 대중에게 공개되었으며, 현재는 코펜하겐대학의 도서관까지 겸한다. 1906년에 슬로츠홀멘섬의 현 위치에 자리 잡았으며, 블랙 다이아몬드라 불리는 신관은 1999년에 완성되었다. 새로운 도서관을 세기 말에 지은 것은 21세기 지식정보혁명 시대를 당당히 맞이하기 위한 의도이다. 프랑스가 미테랑국립도서관을 1995년에, 영국이 대영도서관을 1997년에 새로 지은 것과 같은 맥락이다.

덴마크는 한반도의 5분의 1쯤 되는 면적에 최고봉이 해발 138미터일 정도로 높은 봉우리 하나 없는 나라이다. 그러나 도서관에는 두 개의 높은 봉우리가 있다. 실존주의 철학의 선구자 키르케고르와 동화작가 안데르센이 있기에 이 도서관이 세계 속에 우뚝 설 수 있는 것이다. 도서관이 소장하고 있는 이들의 육필 원고는 각각 유네스코 세계기록유산으로 지정되어 있다. 두 거장은 도서관의 자랑거리이자 덴마크 국민들의 자부심이다.

이 도서관은 600년 전까지 항구로 사용되던 자리에서 운하를 끼고 있다. 이는 바이킹의 후예답게 운하를 통해 대서양으로, 세계로 뻗어나가려는 의지를 담은 것이리라. 또한 덴마크 최초로 전깃불이 들어온 곳이라고 한다. 그렇다. 도서관은 불을 밝히는 곳이다. 도서관의 불빛이 국민을 계몽시키고 나라의 미래를 밝힌다는 강한 상징성을 위치 선정에서부터 보여준 것 아닐까?

세계의 도서관을 탐방하면서 상징적 위치에 자리 잡은 도서관을 참 많

운하를 끼고 있는 왕립도서관. 도서관 주변 수변 공간에서 시민들이 자유롭게 휴식을 취하고 있다.

이 보았다. 세계 최초의 도서관인 알렉산드리아도서관이 이집트의 최북단 지중해변에 자리한 것은 기원전 3세기부터 지중해의 지적 수도를 자임하는 의미이다. 뉴욕공공도서관은 맨해튼의 동서남북 한복판에 당당하게 자리 잡고 있다. 러시아 국가도서관이 권력의 심장 크렘린 바로 앞에 자리한 것은 권력과 지식 정보의 불가분성을 상징한다. 북한의 인민대학습당은 국가적 전시장인 김일성광장 주석단의 병풍 역할을 하면서 대동강 건너 주체사상탑을 마주보고 있다.

블랙 다이아몬드는 명확한 철학과 논리의 결과물이다. 이 도서관은 코펜하겐의 신전을 자임하는 건물로 설계되었다. 이를 위해 파르테논신전과도 같은 엄숙미와 단순미를 겉모습에 담았다. 이는 도서관이 소장하고 있는 국가 문화유산들에 헌정하는 의미라고 한다. 따라서 눈에 보이는 랜드마크 역할은 오히려 부수 효과에 불과하다.

엄숙한 겉모습과는 대조적으로 내부는 시민 친화적 복합 문화 공간으로 꾸며졌다. 전통적 도서관의 구조와는 전혀 딴판으로, 입구에서부터 상점과 카페, 레스토랑, 여왕의 전당이라 불리는 콘서트 홀, 전시관 등 파격적인 공간 배치로 시민을 끌어들이고 그들에게 자유로운 분위기의 휴식 공간을 제공한다. 도서관 주변 광장은 젊은이들의 데이트 장소와 결혼식 후 기념사진 촬영 장소로 인기가 높다고 한다. 이 도서관을 사람에 비유하자면, 겉모습은 '차가운 도시 남자(여자)' 로 보이지만 안으로 들어서는 순간부터 '쉬운 남자(여자)' 로 돌변하는 것처럼 보였다. 〈강남스타일〉 노래처럼 '정숙해 보이지만 놀 땐 노는 …… 그런 반전 있는 여자(남자)' 라고나 할까?

복도에서 자유분방한 자세로 노트북 컴퓨터를 사용하고 있는 젊은이들. 덴마크는 세계적 행복국 가답게 거리에서나 도서관에서나 자유를 만끽하는 사람들을 쉽게 만날 수 있다.

붉은 벽돌로 지어진 구관(왼쪽)과 검은 화강암으로 지어진 신관(오른쪽)의 대조적인 모습. 두 건물은 3개의 구름다리로 연결되어 신구 조화를 이루고 있다.

이 도서관은 신관과 구관의 대조적인 모습을 변증법적으로 통합하여 전체적인 신구 조화를 훌륭하게 이뤄 냈다. 구관이 붉은 벽돌을 사용한 대칭적인 건물인 데 반해 신관은 반짝이는 검은 화강암을 사용한 비대칭적 건물이다. 이렇게 대조적인 신관과 구관은 3개의 구름다리로 연결되어 있다. 구관의 안정감과 전통성에 신관의 역동성과 진취성이 더해져 '전통에 기반을 둔 도약'의 메시지를 잘 표현하고 있다. 이처럼 현대적 세련미와 동시에 위엄을 갖추고, 정숙하면서도 발랄한 건축물은 드물다.

드라이진에 토닉워터를 붓고 레몬 조각을 넣으면 이론상 진토닉이 되지만 거기에 빨간 체리를 하나 얹었을 때 진정 칵테일이 완성되었다고 느낀다. 블랙 다이아몬드에서 체리 역할을 하는 것이 건물 중간 부분 바닥

해질 무렵 태양이 반쯤 걸린 모습은 거대한 다이아몬드가 반짝 빛을 뿜어내는 모습 그대로다.

에서 지붕까지 부챗살 모양으로 뻗어 올라가는 아트리움이다. 만일 이 부분이 없었다면 이 건물은 무뚝뚝하기 그지없는 바보 돌덩이처럼 보였을 것이다. 이것이 있어서 자유로이 숨 쉬는 건물이 되고 외부와 소통하는 개방성을 갖게 되었다. 해가 지면 황금색으로 이글거리는 불빛 그림자를 물속에 길게 드리워서 신비감을 자아내는 것도 아트리움 덕분이다.

내부에서 보면 아트리움은 두 방향의 자연 채광을 제공한다. 하늘로부터의 빛과 운하의 물에 반사되는 빛을 건물 안으로 영접하여 유쾌 발랄한 분위기를 조성한다. 바닥까지 수직으로 시원스럽게 터진 최상부에서 내려다보면 물결 모양의 난간 벽이 안에서 바깥쪽으로 흐르면서 유리벽을 통해 운하의 흐름과 연결된다. 크고 작은 배들이 오락가락하는 모습과 건너편 건물들까지 한눈에 들어온다. 유람선과 여객선, 화물선, 카약과 카누가 도서관 앞을 유유히 왕래하는 풍경은 자못 낭만적이다. 도서관 안에서도 자연스레 내다보이는 이런 풍경은 이용자들의 가슴을 설레게 한다. 아트리움은 도서관의 안과 밖, 위와 아래를 소통시키는 역할을 한다.

이 도서관은 마르틴 루터와 임마누엘 칸트의 초판본 저작물, 토머스 모어와 존 밀턴의 저서 등 위대한 책 1,600여 권이 도난당했는데도 모르고 있다가 30여 년 만에 런던 크리스티 경매에 나온 서적들을 되찾았다. 알고 보니 내부 간부의 소행이었다. 책 도둑은 책의 역사와 궤를 같이 할 정도로 책이 있는 한 책 도둑은 끊이지 않는다. 심지어 과거 어느 교황은 교황이 되기 전 도서관에서 책을 몰래 품고 나가다 발각되어 망신을 당했는데, 교황이 된 후 그 도서관에 복수를 했다고 한다. 이렇게 치사한 것을 보면 그다지 지적인 도둑도 아니었던 모양이다.

바닥부터 지붕까지 시원스레 터진 아트리움은 위아래의 소통, 안팎의 소통을 의미한다. 물결 모양의 난간 벽이 바깥쪽으로 흐르면서 유리벽을 통해 운하의 흐름과 자연스레 연결된다.

덴마크를 대표하는 동시대의 두 거장, 키르케고르와 안데르센

키르케고르 동상

실존주의의 아버지, 키르케고르

1906년에 건립된 왕립도서관 구관의 정원에 들어서면 키르케고르Søren Kierkegaard 동상이 인사를 건넨다. 펜을 들고 살짝 고개를 숙인 모습이 무언가를 골똘히 생각하는 것처럼 보인다. 이 실존철학자는 무슨 실존적 고민을 하는 걸까? 신관 정문으로 들어가면 곧바로 있는 라이브러리 숍에도 이 철학자의 초상이 크게 걸려 있고, 그에 관한 책자가 많이 눈에 띈다. 지하에 있는 키르케고르 전시관에는 손으로 쓴 원고와 《이것이냐 저것이냐》 등의 저서, 그에 대한 연구서, 초상화를 비롯하여 각종 기록물이 보존되어 있다. 사랑하는 여인에게 쓴 연애편지도 있는데, 삽화까지 직접 그려 넣은 것을 보면 그림 솜씨가 상당했던 모양이다.

키르케고르는 19세기 초중반 교회가 세속 권력과 결탁하여 부패했다고 비판하면서 종교개혁을 부르짖었으나 대중의 호응을 끌어내지 못하고 고립된 처지에 빠졌다. 그의 이런 입장과 처지는 실존철학으로 이어진다. 실존이라는

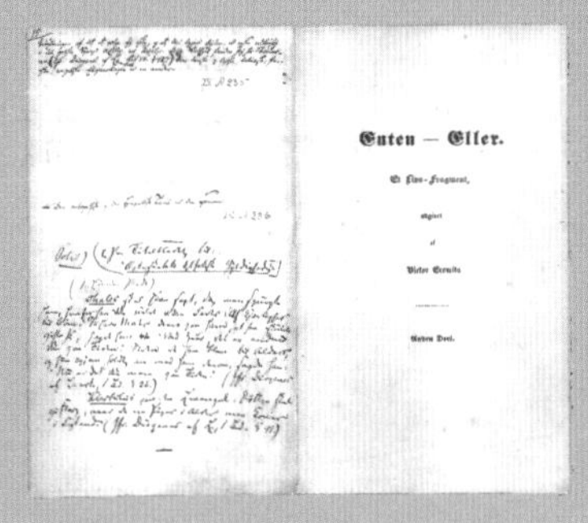
Enten — Eller.

실존철학의 선구자 키르케고르의 《이것이냐 저것이냐》 초판본

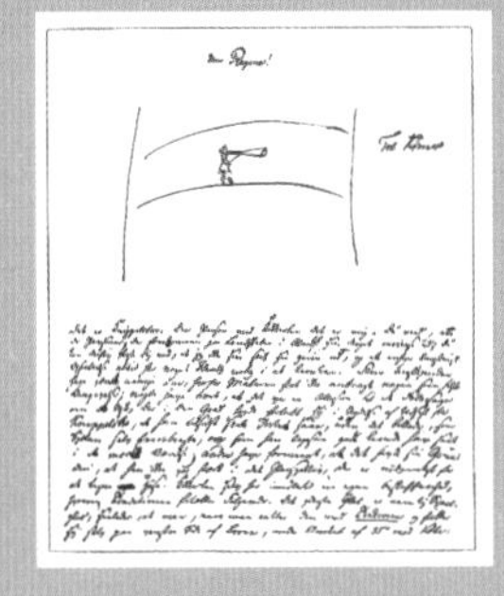

키르케고르의 연애편지

것은 '이것이냐 저것이냐'의 선택을 통해서 자신을 실현하는 것으로서 하나는 선택하고 하나는 포기하는 것이다.

세계적인 동화 작가, 안데르센

안데르센Hans Christian Andersen은 《인어공주》, 《미운 오리새끼》, 《벌거숭이 임금님》 등 세계의 어린이들이 즐겨 읽는 유명한 동화 작가이다. 키르케고르의 동상이 도서관에 있는 데 반해 안데르센의 동상은 대중들과 가까운 코펜하겐 시청 바로 옆 길거리에 있다. 각국의 관광객들이 동상 앞에서 포즈를 취하는 모습이 끊이지 않을 정도로 세계인의 사랑을 한 몸에 받는다.

덴마크가 자랑하는 위대한 작가의 장례식에는 국왕이 참석하는 등 거국적인 애도 속에 치러졌다. 왕립도서관에는 독일 여행기를 비롯한 육필 원고와 편지, 그가 취미로 만든 종이 접어 자르기 작품과 책갈피 등이 소장되어 있다.

안데르센의 독일 여행기 원본

러시아 국가도서관의 열람실의 질서정연한 모습

도스토옙스키의 영혼이 숨 쉬는 도서관의 숲

러시아

| RUSSIA |

러시아 과학아카데미도서관　상트페테르부르크대학도서관
러시아 국립도서관　옐친대통령도서관　러시아 국가도서관
모스크바대학도서관　성 알렉시 2세 도서관　러시아 국립예술도서관
사회과학연구소도서관　러시아 의회도서관

러시아의 도서관을 방문해보면 유난히 머리가 희끗희끗한 노년의 신사들을 많이 만나게 된다. 철학과 문학, 사상으로 한 시대를 풍미했던 구소련의 영광이 눈앞에 아른거렸다.

북위 60도, 잠 못 이루는 상트페테르부르크의 밤

러시아의 도서관 이야기를 하자니 어디에서부터 어떻게 말문을 열어야 할지 참으로 난감하다. 러시아는 땅덩어리도 크고 역사와 문화도 방대한 만큼 도서관도 크고 많고 장서량도 엄청나며 1인당 장서 수도 세계 최고 수준이다. 더욱이 러시아의 도서관은 국내에 한 번도 제대로 소개된 적이 없다. 우리나라 도서관 전문가들도 미국과 서유럽의 도서관은 흔히 방문하지만 과거 사회주의권의 도서관까지 찾아볼 여유는 별로 없는 실정이다. 혹 둘러본 사람이 있었는지 몰라도 깊게 탐방하여 그 정보를 넓게 전파한 적은 없는 것 같다.

그렇다면 나는 그 거대한 원시림의 탐험가로서 첫 기록을 남기는 셈이다. "눈길 함부로 가지 마라. 발자국을 뒷사람이 따라서 가느니." 옳은 말씀이다. 과장하여 말하자면, 유길준의 《서유견문西遊見聞》처럼 도서관에 관한 《노유견문露遊見聞》을 써야 하는 셈이니 그 부담감이 적지 않다.

지금 이 순간 마치 길도 없는 원시의 숲 속으로 들어가서 숲 이야기를 하는 기분이 든다. 나는 러시아 도서관이라는 거대한 숲의 초행자일 뿐 아니라 제대로 된 나침반도 지도도 없지 않은가. 그럼에도 불구하고 내가 깜깜한 밤중에 러시아 도서관이라는 미지의 숲 속에 낙하산을 타고 뛰어내려 탐험을 해보려는 무모한 생각을 했던 이유는 간단하다. 오히려 그 숲이 미지의 숲이기에 그만큼 매력적으로 보였던 것이다. 미지의 세계, 원시의 처녀림이 당기는 힘은 대단한 것이다. 나는 오로지 열정 하나만으로 눈 딱 감고 그 세계에 뛰어내렸다.

11월의 어느 오후, 나는 북경에서 중국 국적기를 타고 러시아의 상트페테르부르크로 날아갔다. 부부 동반의 러시아 단체 관광객들이 몇 시간 동안 쉴 새 없이 떠드는 바람에 책을 읽기는커녕 눈 붙이기도 힘들었다. 잘 알아듣기 힘든 말을 할 경우 시쳇말로 '쏘련 말 같다' 고 하는데, 정말 시끄러운 '쏘련 말' 에 머리가 어지러울 지경이었다. 그래도 비행기는 창공을 가르며 시원스레 날아갔다.

비행기가 착륙할 즈음에 나는 얼른 창가 쪽 빈자리로 가 창밖을 내다보았다. 밖은 이미 어두운 데다 구름까지 잔뜩 끼어 아무것도 보이지 않았다. 비행기가 한참을 하강하는 중에도 진한 구름만 지나갈 뿐 불빛 하나 눈에 띄지 않는다. 이러다 지구에 박치기하는 것은 아닌지, 촌스런 걱정이 고개를 들었다. 그러기를 한참 후 나타난 불빛이라는 게 고작 공항 활주로 가로등이었다. 안도의 한숨도 잠시, 러시아 도서관 기행은 피할 수 없는 눈앞의 현실로 다가왔다.

공항에 마중 나와준 이석배 주상트페테르부르크 총영사의 안내를 받아 이 도시의 랜드마크인 이삭성당 바로 앞 유서 깊은 호텔에 짐을 풀었으나 좀처럼 잠이 오지 않았다. 현지 시각 밤 11시, 한국은 새벽 5시. 홀로 나가 성당 앞 이삭광장을 거닐었다. 조명을 받은 황금색 돔이 아름다움을 넘어 신비로움으로 다가온다. 그러나 이면에는 너무나 잔인한 인간의 얼굴이

상트페테르부르크의 랜드마크인 이삭성당의 장엄한 모습

숨어 있다. 건축 당시 사고사를 당한 수많은 인부들을 그대로 묻어버려 '뼈 위에 세운 성당'이라는 별칭을 가지고 있다. 신의 이름으로 행해진 일이다. 일종의 신을 위한 제물인 셈이다. 결국 신은 권력자의 신, 부자들의 신이었다는 말인가. 피라미드, 콜로세움, 만리장성, 베르사유궁전 등 웅장하고 화려한 작품들에는 민중들의 피와 눈물이 배어 있다.

호텔 방으로 돌아와 누웠는데도 여전히 정신은 더 맑아진다. 북위 60도, 지구상 최북단의 가장 아름다운 문화유산으로서 여름에는 백야白夜로 새벽 1시까지 해가 지지 않고 환해서 잠을 못 이루는 도시라고 하는데, 왜 나는 이 겨울 한밤중에 백야에 홀린 양 밤을 하얗게 지새우고 있는가. 아마도 내일 아침부터 시작될 도서관 기행에 대한 기대 반 걱정 반의 설렘 때문이겠지.

러시아 과학아카데미도서관의 정면 모습. 소비에트연방 해체 뒤 간판에서 소련(CCCP)이라는 글자를 떼어냈기 때문에 오른쪽이 비어 있는 모습이 이채롭다.

표트르 대제의 숨결, 러시아 과학아카데미도서관

세계적 핵물리학자 사하로프의 동상

나의 기행은 러시아 도서관의 시조인 러시아 과학아카데미도서관Russian Academy of Sciences Library에서 첫발을 내디뎠다. 과학아카데미도서관 탐방은 정문 앞 광장에 뒷짐을 지고 서 있는 사하로프Andrei Dimitrievich Sakharov 박사의 동상에서부터 시작되었다. 그 유명한 세계적 핵물리학자이자 구소련의 반체제 인권운동가, 노벨 평화상 수상자가 아니던가. 시작부터 주눅이 들었다. 건물 안으로 들어가려는 찰나, 바로 옆이 동물 조건반사 실험으로 유명한 '파블로프의 개'의 후손들이 지금도 길러지고 있는 실험실 건물이라는 설명에 또 한 번 놀랐다. 이런 전설적인 인물들의 이름은 서막에 불과했다. 그 뒤 며칠간 놀라고 또 놀랐으니 말이다. 도서관과 유명 인사들은 이렇게 불가분의 관계다.

육중한 나무 대문을 열고 들어서니 계단 끝 2층에서 하얀 흉상이 위엄 있는 표정으로 굽어보고 있다. 오늘날의 상트페테르부르크가 있게 한, 아니 러시아가 있게 한 장본인 표트르 대제Pyotr I이다. 그는 상트페테르부르크로 수도를 옮기고 발트해의 맹주 스웨덴과의 전쟁에서 이겨 오늘의 러시아 판도를 만든 러시아의 대표적 개혁 군주로서 추앙받는 인물이다. 그가 왜 도서관 입구에 서 있는 걸까?

가장 먼저 만나게 되는 표트르 대제의 하얀 흉상

러시아 최초로 세워진 이 도서관의 역사를 살펴보자. 최초의 도서관답게 복도식 역사홍보관이 곡절 많은 역사를 설명해준다. 이 도서관은 1714년 표트르의 칙령에 의해 서유럽 도서관을 모방하여 문을 열었다. 처음에는 모스크바에서 가져온 표트르의 개인 장서와 여름궁전 등에 있던 도서를 정리하여 출발했다. 당시 일반 서적은 물론 희귀한 서적도 수집하여 박물관 역할까지 겸했다고 한다.

러시아 과학아카데미는 1724년 말년에 이른 표트르가 자연과학과 사회과학의 기초 연구를 위해 설립했다. 그는 서구 문물 중에서도 교육과 학문에 집중했으며 특히 당시 신학문인 수학과 과학을 중시했다. 과학아카데미는 소비에트 혁명 이후 위상이 더욱 강화되었으며, 1936년 모스크바로 이전했다. 1991년에는 대통령령에 의해 러시아 최고 학술기관으로 재건되었나. 현새 각종 언구센터 등 방내한 조직을 가지고 연구와 출판, 실험실과 천문대 운영, 국제 교류 등의 사업을 수행하는, 러시아 학문 연구의 중심 기관으로 명성을 떨치고 있다. 과학아카데미의 정회원은 국가로부터 최고의 대우를 받고 국제적으로도 인정받고 있다. 산하에 분야별 도서관 15개를 거느리고 있다.

요약하면, 도서관이 먼저 생기고 10년 뒤 과학아카데미가 설립되었으며, 혁명 이후 도서관은 상트페테르부르크에 남고 아카데미 본부는 모스크바로 이전한 것으로 정리할 수 있겠다. 이 도서관은 1922년 레닌Vladimir Ilích Lenin에 의해 과학아카데미도서관으로 공식 출범했다. 표트르 대제는 영토만 넓힌 게 아니라 학문과 교육에도 큰 공로를 세운, 문무를 겸비한 위대한 군주이다. 그의 얼굴이 도서관에서 가장 중요한 위치에 자리 잡은 이유를 알 만하다.

당대의 대표적 학자들이 도서관 발전에 참여했는데, 특히 로모노소프Mikhail Vasilievich Lomonosov는 큰 공로를 세운 인물이다. 그는 개인 장서를 기증했으며 자료 이용 등 모든 부문에 관여했다. "도서관의 아름다움은 값비싼 나무로 만든 조각이 들어간 책장이 아니라 호기심을 유발하는 다량의 희귀 도서와 작품에 있다"라는 그의 말은 이미 여러 세대에 걸쳐 러시아 사서들의 좌우명이 되어왔다.

18세기 말까지 러시아의 가장 중요한 도서관으로 자리매김한 이 도서관은, 19세기 들어 과학아카데미 산하에 과학 기관의 수가 증가함에 따라 특수 도서관이 속속 설립되어 단일한 도서관 네트워크로 통합되자 이 도서관들의 행정적, 조직적, 방법론적 중심이 되었다.

19~20세기에는 멘델레예프Dmitrii Ivanovich Mendeleev, 파블로프Ivan Petrovich Pavlov 등 저명한 학자, 문화활동가, 사회활동가들을 단골손님으로 확보하게 된다. 레닌 역시 젊은 시절 이곳에서 공부를 한 기록을 남겼다. 그는 열람자 명부에 자필로 이름을 쓰고 학습과목란에는 '정치경제 및 통계'라고 써놓았다. 1917년 혁명 이후 도서관 발전에 큰 관심을 보인 그는 인민

의 지식 향상과 계몽에 도서관이 중심이 되어야 한다는 생각을 갖고 새로운 사회주의 원리에 기초한 도서관 법령을 만들었다. 도서관 안내 책자를 보면 레닌이 인류학박물관 안에 있던 도서관을 3배나 넓은 새 건물로 이전시켰다고 소개하고 있다. 근대 러시아제국의 '빅2' 로 불리는 표트르 대제와 레닌의 손때가 도서관에 진하게 묻어 있는 것은 예사로운 일이 아니다. 어느 나라나 큰 인물은 역시 도서관의 가치를 알고 도서관의 발전에 기여했다는 것을 다시 한 번 확인할 수 있었다.

3백 년이 다 된 이 도서관은 세 차례나 화재를 당한 아픔을 간직하고 있다. 가까이는 1988년 큰불이 나서 네바 강 물을 끌어다 겨우 껐지만, 불에 타서 40만여 점이 피해를 입고, 물에 젖어 350만여 점이 피해를 입었다. 이후 곰팡이로 인해 더 많은 장서가 위험에 처했다. 이때 장서를 온풍기와 고주파전류로 건조시켰고, 일부 장서는 식료품 냉장창고에 임시로

열람자 명부에 기록되어 있는 레닌의 친필 서명. 위에서 둘째 줄에 '블라드 울리야노프' (레닌의 본명), '예카테린고프스키 3,8' (주소로 추정), 그리고 '정치경제 및 통계' 라고 쓰여 있다.

주열람실의 모습. 열람실 뒤편 중앙에 사하로프 박사의 사진이 걸려 있다.

레닌그라드 9백 일 봉쇄 때 영하 30~40도의 살인적 추위에 두꺼운 옷을 입은 여직원들이 독일군의 공습을 감시하기 위해 옥상으로 올라가는 모습.

보관하기도 했다는데, 곰팡이와의 전쟁은 지금까지 끔찍한 기억으로 남아 있다. 이 유서 깊은 도서관을 살리기 위해 유네스코와 국제도서관협회연맹IFLA, 미국 의회도서관 등 세계가 나섰다고 한다. 국경과 이념을 뛰어넘는 도서관인들의 우정을 엿볼 수 있는 대목이다. 결국 독일의 한 연구소에서 가져다준 특수 재료를 이용하여 위기를 넘길 수 있었는데, 책을 통조림의 원리로 보호하는 방법을 썼다고 한다. 또 독일은 상당한 액수의 복구비를 지원했다. 타다 남은 책들이 역사관에 그대로 전시되어 아픔을 상기시키고 있다.

이 도서관 사람들은 2차 대전 중 독일군이 레닌그라드상트페테르부르크의 당시 이름를 9백 일간이나 봉쇄했던 때의 일을 전설처럼, 신화처럼 이야기한다.

이 대목에서 안내자의 목소리가 순간 젖어드는 듯했다. 나치는 50만 대군을 동원하여 소련의 숨통을 조이기 위해 관문인 이 도시를 1941년부터 1943년까지 봉쇄하여 식량과 연료의 공급을 차단했다. 이때 67만여 명이 굶어 죽고 얼어 죽고 포탄에 맞아 죽었다. 이에 굴하지 않고 견뎌낸 이 도시는 '영웅 도시' 칭호를 받았다.

놀라운 것은 이 기간에 도서관은 단 하루도 문을 닫지 않았다는 사실이다. 겨울 혹한이 유달리 극심하여 영하 30~40도까지 수은주가 내려갔지만 유리창도 깨져 없고 난방도 못한 상태에서 도서관을 운영했다는 설명이 믿기지 않는다. 심지어 군대와 병원을 위해 이동도서관까지 운영했다. 살인적 추위와 배고픔, 날아오는 포탄 속에서 도서관의 자료와 열람자를 보호하기 위해 죽음과의 사투를 벌인 결과 당시 직원의 절반 정도가 사망했다고 한다. 도서관은 설립 250주년인 1964년 '적기노동훈장'을 받았다. 총격으로 깨진 유리창, 여직원들이 두꺼운 옷과 털모자를 걸치고 독일군의 공습을 감시하기 위해 옥상으로 올라가는 모습, 독서에 열중하는 시민들의 모습이 담긴 사진들이 그때를 생생히 증언하고 있다.

순간 나의 뇌리에 반짝 섬광이 지나갔다. 왜 그랬을까? 도서관 문 닫는다고 무슨 큰일 나는 것도 아니었을 텐데, 그들은 도대체 무슨 이유로 그런 극한상황에서 악착같이 도서관 문을 열었을까? 아마 도서관은 그들에게 그 자체로서 희망이 아니었을까, 아무리 춥고 배고파도 도서관은 마지막 자존심이 아니었을까? 도서관은 생명의 '마지막 잎새'가 아니었을까, 생각해본다.

과학아카데미 인쇄소가 설립된 1728년부터 도서관은 모든 아카데미 출판물을 보관하고 있다. 그중에서 황제의 검열에 의해 금서로 지정되었

카드 목록을 찾고있는 도서관 이용자의 모습. 우리나라에서는 이미 사라졌지만, 러시아 도서관 어디를 가나 카드 목록을 볼 수 있다.

거나 불법으로 출판된 '자유 출판' 컬렉션을 귀중하게 생각하고 있다. 또 16세기 인물 연대기와 각종 필사본 등 엄청난 희귀 자료를 자랑한다.

장서는 2천만 책이 넘는데 이 중 한글 서적이 1만 3천여 책이다. 과거에는 북한에서 주로 왔는데 요즘은 거의 대부분 서울에서 온다고 한다. 아직 전산화가 덜 되어 있어 책을 검색하는 데 컴퓨터와 카드 목록을 함께 이용하고 있었다. 언제쯤 전산화가 다 되느냐고 묻자 솔직한 대답이 돌아왔다. 5년 전에 전산화를 시작했는데, 워낙 방대한 작업이라 언제 다 될지 모르겠다며 웃는다. 러시아의 역사가 살아 숨 쉬는 고색창연한 도서관을 나서면서 그들의 자부심과 긍지, 고난을 이겨낸 강인한 생명력에 존경심이 저절로 우러나왔다.

러시아의 전설적 천재 학자, 로모노소프

러시아 북쪽 끝 백해 연안에서 가난한 어부의 아들로 태어난 로모노소프는 19세 때 가출하여 수백 킬로미터 떨어진 상트페테르부르크까지 걸어와서 어렵게 공부를 한 끝에 명문 상트페테르부르크대학의 교수까지 된 인물인데, 훗날 모스크바대학을 창설했다. 오늘날 러시아의 양대 라이벌 명문 대학인 두 대학이 모두 그의 동상을 세워 놓고 자부심 경쟁을 벌이고 있다.

그는 물리학을 최초로 러시아어로 강의했고 '질량 보존의 법칙' 을 발견했으며 널리 이용된 백과사전을 편집하는 등 많은 학문적 업적을 남겼지만 우리나라 사람들에게는 그보다는 명품 러시아 황실 도자기의 이름으로 더 잘 알려져 있다. 세계에서 가장 얇으면서 견고하고, 순수하면서도 화려하고, 러시아 특유의 차가운 아름다움을 자랑하는 로모노소프 도자기의 제조 기법을 개발한 사람이 바로 로모노소프이다. 솔직히 말하면 나도 그의 이름을 이곳 과학아카데미도서관에 와서 처음 들었는데, 앞으로 이느 곳을 방문하건 그에 대한 설명을 듣고 그의 동상을 보게 될 줄은 미처 몰랐다.

상트페테르부르크대학교 본관 건물

러시아 근대사의 중심,
상트페테르부르크국립대학과
막심 고리키 도서관

상트페테르부르크국립대학교는 1724년 표트르 대제의 칙령에 의해 설립된 중앙사범학교를 모체로 하여 창설됐다가 1819년 현재의 이름으로 변경된 러시아 양대 명문 대학의 하나이다. 중간에 폐쇄된 역사도 있다 보니 1755년 설립된 모스크바국립대학교와 누가 러시아 최초의 대학인지 원조元祖 다툼을 벌이고 있다. 상트페테르부르크라는 도시 자체가 모스크바와 모든 면에서 대조적인 라이벌 관계인 것과 마찬가지이다. 상트페테르부르크 시민이 가장 싫어하는 말이 '러시아 제2의 도시'라는 말인 것처럼 이 대학 역시 모스크바대에 견주어 결코 뒤처지지 않는다는 생각을 갖고 있다.

상트페테르부르크의 젖줄인 네바 강변에 자리 잡은 이 대학에 들어서자 궁전처럼 예쁜 바로크 양식의 건물이 눈을 사로잡는다. 1720년대 이탈리아의 유명한 건축가 트레지니Domenico Trezzini가 지은 대학 본관이다. 이 대학의 경제학부 박종수 교수와 한국어학과의 러시아인 교수 구

경제학부 박종수 교수(왼쪽)와 한국어학과의 구리예바 교수(오른쪽)

5백 미터나 되는 긴 회랑. 오른편에 대학을 빛낸 인물들의 동상과 초상화가 즐비하게 늘어서 있다.

리예바 박사가 반갑게 맞이해주었다. 문을 열고 들어서자 닳고 닳은 돌계단이 대학의 긴 역사를 침묵으로 말해준다. 계단을 걸어 올라가자 길게 뻗어 있는 회랑이 나타났다. 탱크가 지나갈 정도의 폭에다 5백 미터나 되는 회랑의 한쪽 면은 고서로 가득 찬 목제 책장의 연속이어서 도서관의 일부로 이용되는 공간임을 알 수 있었다. 다른 한쪽에는 동상과 초상화가 수십 개나 늘어서 있다. 각기 다른 포즈와 개성 있는 표정을 짓고 있는 이들은 모두 이 대학을 빛낸 사람이거나 상트페테르부르크가 낳은 위대한 인물들이니 이곳은 명예의 전당인 셈이다.

먼저 인사를 해오는 동상이 눈에 띈다. 호주머니에 손을 넣은 오만한 자세에 수염을 길게 기른 얼굴이 다소 고약스런 인상이다. 멘델레예프라고 했다. 순간 '어, 많이 들어본 이름인데?' 하는데, 화학원소 주기율표를 만든 사람이라는 설명이 뒤따랐다. 그것을 외우기 위해 학창 시절 얼마나 고생을 했던가. 우리 고생 많이 시킨 사람이라는 생각부터 났다는 것이 우스웠다. 그는 시베리아에서 무려 17남매의 막내로 태어났다고 한다. 처음에는 이 대학 의대에 진학했으나 시체 해부하는 모습을 보고 기절하는 바람에 쫓겨나서 화학으로 방향을 틀어 화학을 현대 과학으로 발전시킨 인물이다. 한 표 차이로 아깝게 노벨 화학상을 놓친 지 두 달 만에 숨졌다고 한다. 그는 또 러시아의 국민주인 보드카의 도수를 40도로 정한 논문으로 유명하다. 보드카의 도수가 40도일 때 최상의 맛이 난다는 것은 공인받은 이론이다.

이 대학에는 상트페테르부르크를 무대로 한 최고의 걸작 소설《외투》의 저자 고골의 초상화도 있다. 그는 농노제의 비인간적 모습과 관료사회의 악을 노출시키는 등 러시아 사실주의 문학의 창시자로 명성을 날렸다. 이곳에도 표트르 대제의 동상이 있는데, 황제의 모습이 아니라서 이채롭다. 젊은 얼굴에 외투를 걸친 모습이 예술가 같다. 로모노소프의 동상도 눈에 띈다.

이 대학은 생물학의 대가인 메치니코프와 파블로프를 위시해 모두 8명의 노벨상 수상자를 배출한 것을 큰 자랑으로 내세운다. 2009년 '수학의 노벨상'으로 불리는 필즈상을 거부하여 유명해진 페렐만Grigori Perelman도 여기 출신이라고 소개한다. 그는 백 년 동안 아무도 풀지 못한 '푸앵카레 추측'을 풀어 수상자로 선정됐지만 상금 백만 달러와 함께 명예까지 차버린 채 상트페테르부르크의 허름한 아파트에서 우리 돈으로 5만 원쯤의 연금을 받으면서 노모와 함께 칩거 중이라고 하니, 참! 우리 같은 범재는 도저히 이해할 수 없는 사람이다.

이 건물은 처음에는 12개 정부 부처가 있던 종합청사로 지어졌다. 그것을 증명이라도 하듯 회랑의 막다른 벽에는 표트르 대제가 이곳에서 각료회의를 주재하는 모습의 그림이 걸려 있다. 1838년 니콜라이 1세가 칙령으로 이 건물을 대학에 하사했다고 한다. 표트르도 신하들을 거느리고 걸었을 이 긴 회랑은 지금은 학생들에게 역사적 교훈을 주는 장소이자 영화 촬영 무대로 애용되고 있다.

이 대학의 도서관은 본관 도서관과 23개 학부 도서관으로 구성되어 있다. 본관 도서관은 소설 《어머니》로 유명한 고리키를 기념하여 그의 이름을 붙였다. 이 대학 출신도 많은데 왜 동문도 아닌 그의 이름을 붙였을까. 그는 일찍이 부모를 여의고 고학으로 문학을 공부한 사람인데, 제정러시아 치하에서 고통 받는 하층민의 생활을 사실주의적으로 묘사하여 프롤레타리아 문학의 선구자로 인정받았다. 1905년 혁명에 연루되어 투옥과 망명 생활을 하며 좌익 작가들을 규합했으며 사회주의 리얼리즘을 제창했다. "대지와 인간에게 필요한 것은 기도가 아니라 노동이다." 그의 사상이 잘 담긴 말이다.

도서관 창립은 1783년 예카테리나 2세 여제가 장서 1천여 책을 기증하면서 이뤄졌으며 현재는 7백만 책에 이른다. 그중 10만여 책은 전산화되어서 컴퓨터로 검색할 수 있다. 학술 분야로는 러시아 최초의 도서관이라고 설명했다. 또 고서 수집에 힘써 10만여 책을 소장하고 있는데, 고서도

막심 고리키 도서관의 열람실 모습

전산화 작업을 하고 있었다.

이 대학이 우리에게 의미가 있는 것은 1897년 세계 최초로 한국어 강좌를 개설했다는 사실이다. 어떤 이유로 조선이 국세도 미약할 뿐 아니라 점차 기울어가던 시기에 조선어 강좌를 개설한 것인지 궁금했는데, 박종수 교수가 그 경위를 설명해주었다. 1888년경 이 대학은 학교의 명예와 학문 발전을 위해 한국어 강좌 개설의 필요성을 느꼈고 교육부장관도 관심을 나타냈다. 그 후 10년 뒤 장관은 서울 주재 베베르 공사에게 서한을 보내 교수 추천을 의뢰했다. 그리하여 상트페테르부르크에 온 민영환 특사 일행의 일원인 윤치호를 초빙했는데 그가 일행과의 불화로 떠나는 바

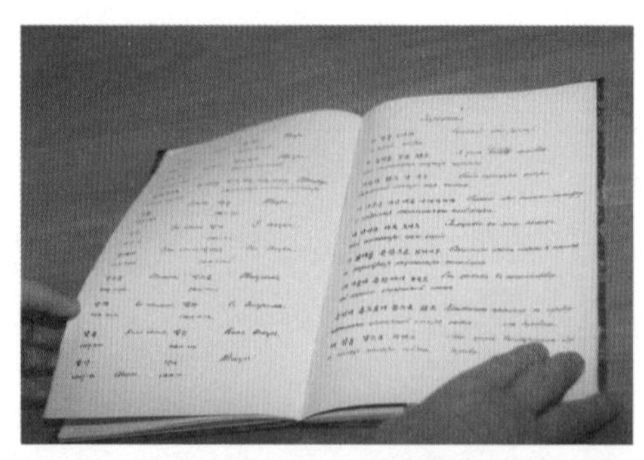

세계 최초 국외 한국어 교재. 단 한 권만 보존되어 있는 희귀본이다.

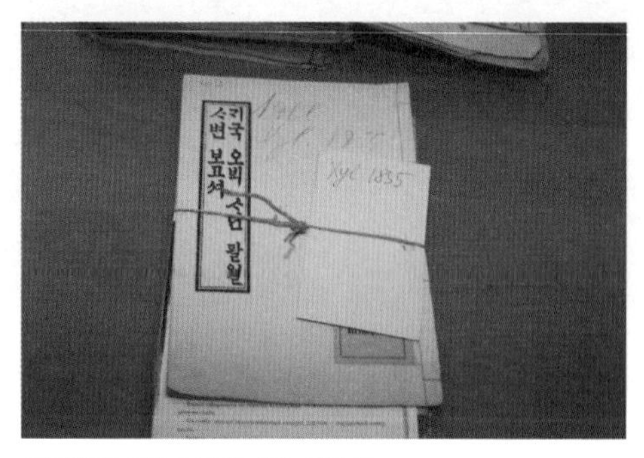

명성황후 시해 사건을 다룬 보고서

람에 공관 개설을 준비하기 위해 함께 왔던 김병옥이 강의를 대신 맡았다. 독립된 학과는 되지 못하고 1917년까지 중국·만주어학과 내에서 강좌가 계속되었고 한때 중단되었다가 1930년에 다시 이어졌다. 이후 1947년 한국어학과와 한국역사학과가 개설되어 오늘에 이르고 있다.

원래 표트르 2세의 궁전이었던 동방학부 건물로 들어갔다. 당시 사용되던 최초의 한국어 교본이 놓여 있었다. 이 자료는 동방학부 도서관이 단 한 권만 소장하고 있는 희귀본으로 세계 최초의 국외 한국어 교본이

마침 수업을 받고 있던 이 대학의 한국어학과 4학년 학생들과 인사를 나누었다.

다. 김병옥 선생이 강좌를 시작한 이듬해 자신의 강의를 토대로 편집한 것이라고 한다. 조심스레 책장을 넘겨보았다. 당시의 숨결이 전해지는 것 같았다. 기울어가는 조국을 떠나 이역만리 낯선 땅에서 우리말을 가르치던 김병옥의 심경은 과연 어떠했을까.

동방학부 도서관에는 그 외에도 한국어학과 학생들이 공부했던 《삼국지》, 《토생전》, 《천자문》, 《전운옥편》 등의 교재들이 여러 종 보존되어 있었다. 모두 세로쓰기로 되어 있는 교재들은 당시 한국에서 가져온 것이라고 한다. 이 교재로 공부했던 러시아 학생이 교재의 여백에 김병옥 교수의 주소와 전화번호를 메모한 내용도 남아 있어 실감을 더해준다. 특히 눈길을 끄는 것은 1895년 명성황후 시해 사건을 다룬 보고서인데, 이 역시 우리나라에서 제작된 것으로 이곳에서 한국사 교재로 사용되었던 것이라고 한다.

우리를 안내해준 구리예바 교수는 한국어를 능숙하게 구사하고 꽤나 사근사근했다. 이 대학 출신으로 연세대 어학당에 와서 1년간 공부한 적이 있다는데, 지금은 한국문학사와 한국어 강의를 맡고 있다. 마침 옆 강의실에서 한국어학과 4학년 수업이 진행 중이라며 안내했다. 열 명 정도가 수업을 받던 중 일어서서 한국식으로 허리 굽혀 인사를 한다. 남학생은 단 한 명뿐이다. 한국에서 온 국회도서관장이라고 했더니 모두 환한 웃음으로 반겨주었다. 고려인 여교수 최인나 박사는 한림대에서 강의를 한 적이 있다고 한다.

동방학부 앞마당에 매우 흥미로운 조형물 하나가 눈길을 끈다. 여행용 가방에서 머리만 내놓고 있는 사람이 먼 산을 물끄러미 바라보고 있는데, 멍한 표정이 긴 여운을 남긴다. 누굴까? 1987년 노벨 문학상 수상자인 브로드스키Joseph Brodsky이다. 상트페테르부르크 출신으로 독학으로 철학과 종교사를 공부하여 시인이 된 사람이다. 그는 1956년 헝가리 사태에 충격을 받아 반체제 성향을 띠게 되었으며, 1964년 소비에트 당국으로부터 '사회주의의 기생충'으로 낙인찍혀 강제노동수용소를 거쳐 국외로 추방되어 미국에 정착했다. 인간의 생과 사, 존재의 의미 등 근원적 문제를 강렬한 필치로 다룬 작품들이 인정을 받아 노벨상을 받았다. 고향을 떠나 방랑하는 시인의 운명을 상징적으로 표현했나 보다. 고향에서 추방된 작가가 노벨상을 받았다고 행복해하지는 않았을 것 같다. 그의 표정을 자세히 살펴보니 더욱더 진한 고독감이 느껴진다. 짐승도 죽을 때면 자기가 살던 쪽으로 머리를 둔다는데 하물며 사람이야. 먼 산을 멍하니 바라보는 시인의 눈길이 수구초심을 잘 말해주는 것 같았다.

상트페테르부르크대학교를 말하면서 빠뜨려서는 안 되는 사람이 있다. 바로 레닌이다. 그는 20세 때 법학부에서 외래 학생으로 1년간 공부하고 최우수 성적으로 졸업했으며 사법 시험에서 최고점을 받아 변호사가 되었다. 이 대학의 여러 지하 서클을 돌며 강연과 토론을 통해 리더십을 확립했다니 그에게도 이곳은 의미가 깊은 곳이다.

노벨 문학상 수상자인 시인 브로드스키의 조형물. 여행용 가방 위로 그의 머리만 보인다. 그는 어디를 바라보고 있는 걸까.

근대 러시아의 두 영웅인 표트르 대제와 레닌, 거기에 예카테리나 2세 여제까지 모두 이 대학과 관련이 있으니 이 대학은 단순한 교육 기관이 아니라 러시아 근대사의 핵심적 위치에 자리 잡고 있다고 해도 과언이 아니다.

여기에 더해 현재 러시아를 좌지우지하는 실세 중의 실세인 푸틴Vladmir Putin 총리와 그의 후계자인 메드베데프Dmitry Medvedev 대통령까지 이 대학 법대 출신이라면 그들의 자부심을 짐작할 것이다. 푸틴은 상트페테르부르크에 대한 애정이 상상을 초월하여 대통령 취임 후 첫 생일잔치를 크렘린이 아닌 상트페테르부르크에서 가졌다. 생일 전날 무단가출하여 고향으로 날아와 교외의 레스토랑에서 고향의 측근들과 함께 생일잔치를 해 사람들을 놀라게 했다. 그때 모교인 상트페테르부르크대 총장으로부터 받은 생일 선물은 대학 전경이 담긴 티셔츠 한 장, 법학부 학장으로부터는 학부의 상징인 아기 곰이 새겨진 배지 하나여서 더욱 화제가 되었다고 한다.

이와 관련한 에피소드 또 하나. 2009년 11월 푸틴이 핀란드 총리와 회담을 할 때 핀란드 총리가 "상트페테르부르크가 과거의 당신 고향이지요?"라고 묻자, 푸틴은 정색을 하면서 "아니오. 상트페테르부르크는 현재의 제 고향입니다"라고 대답했다고 한다. 대단한 고향사랑이다. 상트페테르부르크는 이래저래 흥미진진한 곳이다.

러시아의 국민주, 보드카

러시아에서 보드카는 우리로 치면 소주나 막걸리와 같다. 단순한 술이 아니라 인생살이의 애환이 배어 있는 술 이상의 술이다. 흔히 무색, 무취, 무미의 순수한 술이라고 한다. 실제로 무색인 것은 틀림없지만 냄새와 맛은 약간 있는 것 같다. 러시아에선 첫 잔은 남기지 않고 목구멍 안으로 털어넣는 게 관례라고 한다. 마시는 방법엔 다양한 이야기들이 있었지만, 내가 들은 보드카 주법 가운데 가장 그럴싸한 방법은 상트페테르부르크영사관의 이한나 씨가 설명해 준 것이었다.

"보드카를 병째로 냉동실에 충분한 시간을 넣어두면 물엿과 같이 끈적이는 상태가 돼요. 그것을 잔에 부어 목구멍으로 바로 털어넣는 거죠. 끈적이는 상태의 술이 탁구공처럼 식도를 타고 내려가 위에 도달하면 뱃속이 점차 화끈거리며 축구공처럼 팽창해요. 그 기운이 서서히 머리까지 올라가서 마침내 풍선이 되어 날아가는 거죠."

궁금한 독자들은 직접 경험해보시길. 얼마 전 러시아에선 푸틴의 인기를 반영한 듯 '푸틴카' 라는 보드카도 나왔다. 러시아인에게 보드카는 국민주, 그 이상의 의미가 있다.

러시아를 대표하는 세계적인 도서관인 러시아 국립도서관 본관. 러시아 국립도서관은 본관 이외에 5개의 건물로 이루어져 있다.

볼테르와 마주하다,
러시아 국립도서관

러시아 국립도서관The National Library of Russia, 일명 상트페테르부르크국립도서관은 상트페테르부르크에 있는 도서관으로, 모스크바에 있는 러시아 국가도서관Russian State Library, 일명 레닌도서관과 함께 러시아를 대표하는 도서관이자 세계적인 도서관이다. 1795년 예카테리나 2세 여제의 칙령으로 설립된 러시아 최초의 국립도서관이자 황실 소속의 공공도서관인데, 동유럽 최초의 공공도서관이라는 의미도 있다. 이 도서관 역시 러시아의 문화 예술 수도를 자임하는 상트페테르부르크 시민들이 자랑하는 문화 아이콘의 하나이다.

1814년 대중에게 공개되면서 러시아 계몽의 심장부이자 문화 및 과학의 진정한 중심지 역할을 했다. 푸슈킨, 톨스토이, 고리키, 레닌, 멘델레예프, 솔제니친 등 각 시대 국내외의 저명한 과학자, 시인, 소설가, 예술가, 정치 지도자들이 이 도서관을 이용했다. 세계에서 러시아 서적을 가장 많이 보유한 도서관이라는 자이체프 관장의 말에는 다분히 레닌도서관을 의식하는 뜻이 담겨 있는 것 같다. 과학아카데미 회원이자 상트페테르부르크대 교수 출신인 그는 러시아도서관협회장을 맡고 있다.

이 도서관은 1810년부터 러시아에서 출판된 모든 서적을 받는 납본도서관의 권리를 획득했으며 그동안 수많은 기증을 통해 개인 장서와 인쇄

예카테리나 2세가 수집한 볼테르의 장서는 현재 러시아 국립도서관 '볼테르의 방'에서 만날 수 있다.

물, 필사본을 수집하고 보관해왔다. 3천5백여만 장서, 연간 방문 이용자 150만여 명, 백여 개 나라 출신의 전문가들이 근무하는 도서관으로, 세계 5대 도서관의 하나라고 한다.

니콜라이 1세 황제의 방문, 기원전 10세기경의 이집트 파피루스 소장, 표트르 대제와 쿠투조프 장군, 로모노소프, 고골, 차이코프스키를 비롯한 쟁쟁한 인물들의 서명 소장, 2003년 신관 개관 때 푸틴 대통령 방문 등 이 도서관의 위상을 말해주는 사례는 너무 많다. 1992년 옐친 대통령은 대통령령을 내려 현재의 명칭으로 변경하면서 이 도서관에 대해 다음과 같이 규정했다. "러시아연방의 각별히 귀중한 민족 유산이자 민족의 역사적, 문화적 재산으로 정한다." 그러나 이 유서 깊고 자부심 넘치는 도서관의 미로와 같은 복도를 이리저리 헤매고 다니면서 많은 것을 보았던 나의 뇌리에는 '볼테르 장서'와 관련한 일이 가장 선명하게 남아 있다.

이 도서관이 세계에 자랑하는 볼테르 장서는, 1778년 볼테르François Marie Arouet, 필명 Voltaire가 죽자 그에게 깊이 심취했던 예카테리나 2세 여제가 미망인으로부터 통째로 사들인 것이다. 예카테리나 2세 여제는 자신의 집무실 옆에 도서관을 꾸며 볼테르 장서를 소장하다 이후 이 도서관으로 옮겨 보관했다. 이 장서를 위해 2003년 상트페테르부르크 탄생 300주년을 기념하여 프랑스와 러시아가 공동으로 '볼테르의 방'을 만들었다. 이와 관련한 여러 에피소드는 재미도 있거니와 음미할 대목이 많다. 볼테르가 대체 어떤 사람이기에 이처럼 러시아에서까지 애지중지하는 걸까? 그는 한마디로 수많은 계몽사상가 중 일인이 아니라 계몽사상의 태두라고 할 수 있는 걸출한 인물이다.

이러한 볼테르를 러시아의 계몽 군주를 자처하던 예카테리나 2세가 가만히 놔둘 리 없었다. 여제는 그의 부음을 듣고 곧바로 문학담당관에게 편지를 보내 장서 구매를 지시했다.

"나는 이 위대한 철학자가 내게 보낸 편지들을 모두 모아서 당신에게 보내겠다. 내게 그의 편지가 아주 많이 있긴 하지만 가능하다면 내 편지들 외에 남아 있는 그의 모든 서지들, 그의 장서를 구매하라. 나는 그의 유품에 대해 기꺼이 돈을 지불할 것이다. 그의 책들에 걸맞은 전시관을 만들 생각이다."

예카테리나 2세 하면 예술품 수집광으로 알려져 있는데, 볼테르와 서한을 주고받고 그의 장서들을 몽땅 사들이라는 지시를 신속하게 한 것을 보면, 눈에 보이는 예술품뿐 아니라 보이지 않는 지성 세계의 가치에도 눈뜬 사람이었다는 것을 알 수 있다. 오늘날 상트페테르부르크에 있는 에르미타슈박물관이 루브르·대영박물관과 함께 세계 3대 박물관이 된 것은 레오나르도 다 빈치, 미켈란젤로, 루벤스, 렘브란트, 모네, 세잔, 고흐, 고갱, 마티스, 피카소 등 거장들의 작품에 힘입은 바 크고, 이들 작품들의 상당수는 그녀가 사들인 것이다.

그녀는 장서뿐 아니라 볼테르가 생애 마지막 20년간 거주했던 페르니 성을 똑같이 모방한 성을 지어 이들 서적들을 그 안에 전시하려는 계획을 갖고 그 도면과 내부 장식물 등 사소한 것까지 알아오도록 지시할 정도로 볼테르 마니아였다. 그러나 복제 성 건립은 실현되지 않았고, 미망인에게 거액과 영지 네 곳, 엄청난 선물을 주고 장서만 사들였다. 결국 볼테르 사후 두 달 만에 예카테리나 2세는 특별 선박을 보내 볼테르 장서를 상트페테르부르크로 실어와 겨울궁전 오늘날 에르미타슈박물관 내 자신의 집무실에 딸린 부속실에 진열했다. 이리하여 볼테르 장서는 여제의 개인 서고의 일부가 되었다. 이 에르미타슈도서관은 여제가 가장 좋아했던 집무실이었을 뿐 아니라 외국의 외교 사절이나 귀빈들에게 기꺼이 소개했던 명소가 되었다고 한다. 에르미타슈도서관의 위층에 볼테르 장서가 방 하나를 차지하고 그 안에는 볼테르의 청동상, 페르니 성과 정원의 대형 모형이 있었다고 전해진다.

독일의 작은 공국의 공주로 태어난 예카테리나 2세는 러시아 황태자와 정략결혼을 했는데, 남편이 황제가 되자 황후가 되었다. 즉위 1년도 안 돼서 남편인 표트르 3세를 폐위시키고 스스로 여황제로 등극하여 34년이나 러시아를 통치한 특이한 인물이다.

여제의 뒤를 이은 파벨 1세와 알렉산드르 1세에 의한 정치적 변화에도

모스크바 시내 푸슈킨의 집 앞에 있는 푸슈킨과 아내의 동상. 볼테르 장서가 불온 도서로 취급받던 시절, 푸슈킨만은 열람을 허락받았다.

DISCOURS. 95

SECONDE PARTIE.

LE premier qui ayant enclos un terrain, s'avifa de dire, *ceci eſt à moi*, & trouva des gens aſſés ſimples pour le croire, fut le vrai fondateur de la ſociété civile. Que de crimes, de guerres, de meurtres, que de miſéres & d'horreurs n'eût point épargnés au Genre-humain celui qui arrachant les pieux ou comblant le foſſé, eût crié à ſes ſemblables. / Gardez-vous d'écouter cet impoſteur; Vous êtes perdus, ſi vous oubliez que les fruits ſont à tous, & que la Terre n'eſt à perſonne: Mais il y a grande apparence, qu'alors les choſes en étoient déjà venües au point de ne pouvoir plus durer comme elles étoient; car cette idée de propriété, dependant de beaucoup d'idées antérieures qui

G 5 n'ont

볼테르가 책을 읽으면서 의견을 적어놓은 육필 난외주석

불구하고 볼테르 장서는 여전히 에르미타슈에 보관되었다. 그러나 니콜라이 1세 때는 프랑스혁명의 배후 사상이라 할 수 있는 이 철학자의 장서는 불온한 것으로 취급되어 폐쇄되었다. 니콜라이 1세는 프랑스혁명의 영향을 받은 청년 장교들에 의한 데카브리스트의 반란을 겪었기 때문에 민감할 수밖에 없었다. 그러나 이때도 예외적인 한 사람이 있었는데, 러시아의 국민 시인 푸슈킨만은 볼테르 장서의 열람을 허용했다고 한다. 그 뒤 볼테르 장서는 에르미타슈 내 다른 장소를 거쳐 1861년 황실공공도서관, 즉 오늘날의 러시아 국립도서관으로 옮겨졌다.

볼테르의 손때가 묻은 이 장서는 철학, 문학뿐 아니라 법률, 신학, 뉴턴의 과학 저술, 의학, 여행기, 지도 등 실로 다양하다. 1년 뒤 도서 목록이 작성되고 볼테르가 책의 여백에 남긴 메모, 즉 난외주석들을 정리하는 작업이 이뤄지기 시작했는데, 이 난외주석은 오늘날까지 그의 사상을 이해하는 데 지대한 가치를 인정받는다. 볼테르 장서의 카탈로그는 1961년 출간되어 지금까지 활용되는데, 총 6,814책으로 파악되었다. 난외주석의 발간을 위해 도서관은 연구팀을 만들었다.

볼테르는 한 편지에서 "나의 습관은 책의 여백에 그 책에 대한 생각을 적는 것이다"라고 썼다. 그의 육필 주석과 종이쪽지, 밑줄, 다양한 표시, 귀를 접어놓은 페이지 등은 '진정한 볼테르'를 더욱 깊이 이해할 수 있는 귀중한 자료이다. 이것들은 독서 중의 즉흥적 반응이거나 긴 사색의 결과물, 또는 최종 의견이다. 이 주석들은 '벌거벗은 볼테르'를 잘 보여준다. 왜냐하면 검열이나 공개를 전혀 염두에 두지 않은 것들이기 때문이다.

주석들은 다양한 형식과 내용으로 되어 있는데, 사실적 고찰이거나 논증적 반박도 있지만 대부분은 명료한 논쟁적 의견들이라고 한다. 한 단어로 자신의 긍정 혹은 부정적 의견을 나타낸 부분은 흥미롭다. "좋아", "괜찮아", "맞아", "훌륭해", "브라보" 등은 긍정적 의견이고, "아니야", "틀려", "오류", "어리석어", "횡설수설"은 부정적 의견이다. "서투른 글", "이해할 수 없어", "부적절한 비교", "이런 문체 하고는!", 이런 식의 가차 없는 비판도 서슴지 않았다. 주석은 대부분 간결하고 신랄한 방식이었다. 그는 서투른 은유와 과장된 표현, 진부한 것, 부정확성을 견디지 못했다고 한다.

그의 주석의 대상은 몽테스키외, 루소를 비롯한 위대한 작가와 철학자, 역사가, 과학자 등 다양하다. 어떤 작품의 경우 마지막 부분에 '막을 내린다'고 쓰여 있는 부분 옆에 육필로 다음과 같이 주석을 달았다. "막은 올라가지 말았어야 했다." 참 위트 넘치는 코멘트이다.

난외주석의 출판은 그의 생존 시에도 이뤄졌지만 본격적인 난외주석 전집은 1979년에 제1권이 나왔다. 각국의 수많은 권위 있는 전문가들이 참여한 것은 물론이다. 프랑스와 러시아는 물론 전 세계적인 반향을 불러왔다. 러시아 국립도서관의 볼테르팀은 1994년까지 활동하면서 1,687권의 저작물에 적힌 주석들을 편집했다. 이 일은 러시아 국립도서관이 파리 소르본출판사와 옥스퍼드대 볼테르기금의 협력을 얻어 진행했다. 러시아 국립도서관과 프랑스 국립도서관은 2002년에 난외주석이 첨부된 책의 디지털 출판 시리즈를 기획했다.

러시아 국립도서관은 볼테르 탄생 300주년인 1994년 '볼테르와 그의 투쟁' 옥스퍼드, '조국에서의 볼테르' 제네바, '볼테르와 유럽' 파리 등 세 가지 국제전시회를 개최하는 등 볼테르 관련 이벤트를 활발하게 전개하고 있다. 1997년 시라크 프랑스 대통령은 러시아 국립도서관을 방문하여 이 도서관의 '계몽시대 연구센터' 일명 '볼테르의 방' 창설 구상을 지지했다. 2001년에 시작하여 2003년 러시아와 프랑스의 공동 작업으로 완성된 이 센터는 러시아 국립도서관뿐 아니라 300주년을 맞은 상트페테르부르크가 받은 커다란 선물이라고 도서관 측은 설명했다.

프랑스의 리슐리외국립도서관에 있던 외규장각 도서는 약탈물이기 때문에 반환을 요구했던 것이지만, 만일 퇴계나 율곡, 또는 다산의 장서가 통째로 팔려 외국의 도서관에 가 있다면 어떻겠는가. 아마도 러시아의 도서관에 있는 볼테르 장서는 문화 대국을 자임하는 프랑스 사람들의 자존심을 적잖이 구기지 않을까 추측해본다. 위대한 철학자의 미망인은 유산도 많았는데, 왜 남편의 손때가 묻은 책들을 불과 두 달 만에 다른 나라로 팔아넘겼을까. 알 수 없는 일이다.

러시아 국립도서관의 자랑은 여기서 그치지 않는다. 1500년 이전에 발행된 서적들은 '파우스트홀' 이라 불리는 특수한 방에 보관하고 있다. 희귀본이 무려 6천여 책이나 보관된 이 방은 중세 수도원도서관의 분위기를 재현해놓고 있었다. 이 방에 들어서는 순간 중세로 시간 여행을 온 듯한 착각에 빠졌다. 여기에는 나폴레옹 1세와 리슐리외 추기경, 마자랭 추기경을 비롯한 걸출한 인물들의 개인 소장품들이 보관되어 있다. 본관 건물에서 나오자 오후 4시가 조금 넘었는데 이미 어둡고 찬 바람이 불어왔다. 과거로의 역사 여행을 마치고 현실로 복귀한 것을 그때야 깨달았다.

건축 미학이 돋보이는 러시아 국립도서관의 신관 중앙 계단

2003년 상트페테르부르크 탄생 300주년을 기념하여 완공한 신관 건물.

10킬로미터 떨어진 신관으로 향했다. 2003년 상트페테르부르크 탄생 300주년을 기념하여 완공한 신관은 외관부터가 본관과는 대조적으로 현대적이고 세련된 모습이었다. 안으로 들어서니 넓고 쾌적한 홀과 밝은 조명, 활기찬 분위기에다 직원들도 젊고 명랑해 보였다. 개관식 때 푸틴 대통령이 참석하여 방명록에 서명하는 사진이 1층 벽에 걸려 있다. 본관이 주로 희귀본과 오래된 장서를 보존하는 곳인 반면 신관은 1950년 이후의 서적을 보존하면서 시민들이 주로 이용하는 곳이다. 문을 열고 들어서자 중앙 계단이 예사롭지 않은 아름다움으로 유혹해온다. 9층 건물인데 4층까지 16개의 열람실이 있고 그 위로는 서고이다. 우리나라 기업에서 노트북컴퓨터를 기증한 방도 눈에 띈다. 현대식 도서관이지만 아직

신관 열람실의 모습. 밤늦도록 공부하는 학생과 시민들을 만날 수 있다.

도 카드 목록을 함께 이용하고 있었다.

이 도서관과 관련된 일화 하나. 1990년대 중반 도서관이 소장하고 있던 희귀 고문서 10여 점을 도난당했는데, 3년여의 끈질긴 추적 끝에 범인을 체포하고 도난품은 이스라엘에서 찾아왔다고 한다. 소장 도서들에 대한 러시아인의 대단한 집념을 엿볼 수 있는 이야기다. 한편으론 부러운 국민성이기도 하다.

러시아 도서관에서 마주친 그들,
볼테르와 푸슈킨

계몽사상의 태두, 볼테르

볼테르는 프랑스가 낳은 18세기 대표적 계몽사상가이자 철학자다. 그는 신앙과 언론의 자유를 추구하고 이성적 자연법칙을 중시했으며 순수한 윤리와 합리성에 입각한 사회 개혁의 주창자였다. 그가 전파한 근대적 지식과 사고방식은 프랑스혁명의 사상적 배경이 되었다.

유명한 저서 《철학 서한》은 영국을 여행하면서 체험한 정치, 경제, 종교에서의 자유주의를 편지 형식으로 소개한 것이다. 그는 당시 프랑스보다 선진국인 영국의 자유주의에 깊은 영향을 받아 프랑스 사회를 통렬하게 비판하다 추방당했다. 조국에서 쫓겨난 선각자들이 흔히 그러하듯 그 역시 인접국 프로이센의 프리드리히 내왕의 초청을 받았으나 또 사이가 틀어져 64세이던 1758년 스위스 국경 지대의 시골 마을 페르니에 자리 잡았다. 철학자이지만 드물게 이재에도 밝아 좋은 집에서 살았다. 그러나 이곳도 안식처가 되지 못했다. 그가 가는 곳마다 사람들이 몰려들었기 때문이다. 심지어 '볼테르가 있는 곳이 유럽의 정신적 수도' 라는 말이 생겨났고 '이탈리아에

르네상스가 있다면 프랑스에는 볼테르가 있다'는 말까지 있었다니 프랑스는 물론 유럽 전역에서 그의 인기와 위상이 짐작이 간다.

러시아의 국민시인, 푸슈킨

볼테르의 장서를 금하던 시절, 유일하게 열람을 허락받은 시인 푸슈킨. "푸슈킨은 우리의 모든 것이다." 이는 러시아인들의 그에 대한 사랑을 가장 잘 나타내는 말이다. 세계적 문호와 예술가들이 즐비한 러시아에서 다른 누구보다도 숭배 받는 푸슈킨은 도스토옙스키, 톨스토이보다 한 세대 위의 작가이다. 절세미인인 아내 나탈리아를 짝사랑하는 프랑스 망명 귀족 단테스와의 결투로 부상당해 38세의 젊은 나이에 죽었다. 이 결투는 그의 진보사상을 미워하는 권력자들이 파놓은 함정이었다고 한다.

1880년 러시아 최초로 세워진 그의 동상 제막식에서 도스토옙스키는 연설을 통해 "그의 문학세계의 본질은 모든 것을 포용하는 보편성에 있다"며 최고의 찬사를 바쳤다. 러시아 전역에 가장 많은 동상이 있으며, 초·중·고 교과서에 가장 많은 작품이 실린 국민시인이다.

그는 자유를 노래하는 시를 써서 유배를 당했고, 황제에게 반기를 든 데카브리스트들과 교유하여 니콜라이 1세와 갈등을 빚었다. 그럼에도 불구하고 황제는 그에게만 볼테르 장서의 열람을 허용했다. 1899년 탄생 100주년 기념식, 1937년 스탈린 주도로 성대하게 거행된 서거 100주년 기념식은 그에 대한 신화화의 결정판이다.

러시아의 대표적인 현대식 도서관. 러시아연방의 초대 대통령인 옐친의 이름을 붙인 옐친대통령 도서관의 모습. 19세기 러시아정교교회협의체의 건물을 복원한 것인데, 러시아연방 헌법재판소도 이 건물 안에 있다.

책이 없는 도서관,
옐친대통령도서관

상트페테르부르크에서 이석배 총영사와 대화를 나누다 뜻밖의 말을 들었다. 몇 달 전 신문에서 옐친대통령도서관Boris Yeltsin Presidential Library 개관 뉴스를 봤다는 것이다. 귀가 번쩍 뜨였다. 대통령도서관이라면 사실상 미국에만 있는 것이고, 그 밖에는 미국을 벤치마킹한 김대중대통령도서관이 있는 정도인데, 러시아에 그런 것이 생겼다는 말이 의외로 들렸다. 과연 어떤 취지에서 어떻게 만들어놓았는지 궁금해졌다. 이 영사에게 부탁했더니 러시아는 우리와 달라서 지금 방문 신청을 할 경우 제대로 이루어질지 모르겠다는 대답이 돌아왔다. 나는 다른 일정을 희생해서라도 꼭 방문하겠다는 의지를 나타내며 다시 한 번 부탁했다. 이렇게 하여 상트페테르부르크를 떠나기 직전 찾아간 곳이 옐친대통령도서관이다.

옐친대통령도서관은 상트페테르부르크 시내 중심가 이삭성당 뒤쪽 데카브리스트광장 옆에 있었다. 위치부터가 상징성이 있는 데다 첫눈에 들어오는 건물의 외양 역시 예사롭지 않았다. 1829~1835년 사이에 지어진 유서 깊은 시노드 건물을 복원한 것이라 한다. 시노드Synod란 러시아정교 교회의 주요 문제를 해결하기 위해 개최하는 지도급 사제들의 협의체를 말한다.

옐친대통령도서관의 호화스러운 내부 모습. 멀리 화면에 옐친 대통령의 모습이 보인다.

이 도서관은 예상과 달리 옐친을 기념하는 도서관이 아니었다. 이 도서관은 2007년 푸틴 대통령이 연례 국정연설을 통해 전국의 도서관 시스템을 통합하는 정보 링크 역할을 하게 될 현대화된 도서관 설립 결정을 발표하면서 명칭은 러시아연방 초대 대통령인 옐친의 이름을 붙일 것을 제안함으로써 시작되었다. 푸틴은 도서관 중흥을 위한 재정지원 강화 의지를 밝히면서 이를 위해 조지 W. 부시 미국 대통령과도 지원 문제를 논의했다고 말했다. 이듬해 메드베데프 대통령은 국립도서관으로 지정한 데 이어 2009년 5월 27일 '도서관의 날' 이자 '상트페테르부르크 시의 날' 에 맞춘 개관식에 직접 참석하여 연설을 했다.

이 도서관은 책이 없는 현대식 전자도서관이다. 러시아에서 발간되는 모든 책과 정기간행물, 귀중한 고서와 원고를 전자화한다. 원자료는 역사기록보관소, 연방국가기록보관소, 국가도서관레닌도서관, 국립도서관상트페테

책이 없는 전자도서관답게 이용자들에게 가장 인기 있는 공간인 전자열람실 내부

르부르크국립도서관, 지역 도서관을 비롯한 대형 도서관들에서 공급되고 있다. 러시아의 모든 국공립 도서관, 대학 도서관, 각종 문서보관소들과 연계되어 중심축 역할을 맡고 있는 정보의 허브이다. 단순한 하나의 도서관이 아니라 국가 정보의 포털 기능을 하는 정보 센터이다. 한마디로 말해서 서방세계에 비해 뒤떨어진 도서관 현대화 사업에 대한 국가의 강력한 의지가 반영된 도서관, 도서관 현대화 추진본부라고 해도 과언이 아닌 것 같았다.

이 도서관은 러시아 역사와 국가에 대한 존중, 정부에 대한 홍보 등의 문제를 연구하는 공공기관 간의 긴밀한 교류 협력의 필요성에 따라 설립되었다고 한다. 각 지역 분관까지 네트워크가 확대되면서 도서관 인터넷 포털은 전국 도서관 시스템의 연결고리가 되고 있다. 여기에서 제공하는 전자 도서는 모든 도시와 시골, 모든 학교와 가정에서 이용할 수 있다. 다시 말하면 언제 어디에서라도 정보에 접근할 수 있는 유비쿼터스ubiquitous 도서관이라는 말이다.

러시아정교회 총대주교와 12사제들의 회의가 열렸던 방을 재현해놓았다.

60개의 열람석을 갖춘 전자열람실에 가보니 여러 유형의 전자 문서를 고해상도로 보는 사람, 오디오를 듣거나 비디오를 보는 사람들로 붐볐다. 이 도서관에서 가장 사랑받는 공간이라고 한다. 강의나 세미나, 토론회, 국제회의에 이용되는 멀티미디어센터는 초현대식으로 꾸며놓았고, 대형 회의실 내부도 대리석 열주 형식의 화려하고 격조 있는 모습이었다.

도서관 안에 교회가 있는 것이 이채로웠다. 그러나 과거 시노드, 즉 러시아정교교회협의체의 건물이었다는 점을 생각하면 당연한 일이기도 하다. 우아하면서도 화려하고 장엄한 분위기가 돋보이는 교회는 19세기의 모습을 완벽하게 재현한 것이라고 한다. 러시아정교회 총대주교와 12사제들의 회의가 열렸던 방도 재현해놓았는데, 천장이 특히 아름다웠다. 지금도 사제들의 회의에 사용되는 이 방에는 교회의 영향력을 축소하기 위해 총대주교를 폐지하고 신성종무원을 설치했던 표트르 대제의 초상화가 걸려 있었다.

대통령 이름이 붙은 이 도서관에서 대통령을 기념하는 공간은 그다지

크지 않은 방 하나뿐으로 그 명칭은 '헌법실'이다. 여기에는 각종 희귀 도서와 러시아 영토 관련 지도를 전시하고 있었다. 이 방을 들어서니 정면에 머리 둘 달린 독수리 모양의 국가 문장이 붙어 있고, 그 아래 빨간 겉표지의 러시아 헌법이 놓여 있어 권위를 더하고 있었다. 이 헌법은 메드베데프 대통령이 개관식 때 가져와 기증한 것이다. 취임식 선서 때 손을 얹었던 바로 그 헌법인지 물었더니 "아마 손을 얹었던 것은 크렘린에 있고 전시된 것은 복본이 아닐까 생각한다"라고 대답했다. 이곳에는 TV 수상기가 3대 있고 각 수상기에서는 옐친과 푸틴, 메드베데프의 활동상이 계속 돌아가고 있었다. "고르바초프는 없는가?" 하고 묻자 "그는 소비에트연방의 마지막 대통령이기 때문에 없고, 러시아연방의 대통령은 옐친이 초대"라고 말했다. 고르바초프는 구시대의 막내, 옐친은 신시대의 맏형이라는 식이다.

헌법실에 전시된 러시아의 헌법

현 러시아의 실세인 푸틴은 정통성의 뿌리를 옐친에 두고 있다. 옐친은 러시아 국민들에게 인기가 별로 없다. 도서관 명칭에 그의 이름이 들어가자 홈페이지에 반대 의견이 올라왔다고 한다. 그가 푸틴을 총리에 지명하고 임기 6개월을 남긴 1999년 12월 31일 푸틴에게 정권을 이양하면서 사후 안전 보장을 받은 것은 잘한 선택으로 평가받는다. 옐친이 가장 잘한 일은 푸틴을 등용해서 키워준 것이라고 말하는 사람까지 있다. 오늘의 푸틴이 있기까지는 옐친의 은덕이 매우 크며, 푸틴 역시 그것을 잘 인식하고 있다고 한다. 푸틴은 대통령이 되어 첫 임기 4년간 옐친이 임명한 총리와 장관들을 대부분 유임시켰다. 푸틴이 자신의 역작인 이 현대식 도서관에 옐친의 이름을 붙여 그의 명예를 올려준 것은 이런 전후 상황과 무관치 않음은 물론이다.

또한 이 도서관을 수도인 모스크바가 아니라 상트페테르부르크에 지은 것도 상당한 정치적 함의가 있다. 푸틴과 메드베데프는 명문 상트페테르부르크대 법대의 선후배 사이이다. 푸틴이 상트페테르부르크 시의 부시장 시절 모교인 상트페테르부르크대 법대에서 추천받은 법률보좌관이 메드베데프이다. 이렇게 시작된 둘의 관계는 급기야 대통령직을 주고받는 사이로까지 이어졌다. 그들의 합작품이 옐친대통령도서관이며, 이 도서관이 그들의 고향인 상트페테르부르크에 세워진 것은 자연스러운 것으로 보인다.

푸틴이 집권하기까지 상트페테르부르크 출신은 과거 수십 년 동안 거의 요직에 등용된 적이 없었다. 제2의 도시이고 한때 2백여 년간 수도였던 도시에 인재가 없었을 리 만무하다. 이는 스탈린이 상트페테르부르크 출신으로 최대 정적이었던 키로프를 제거한 이후 수십 년 동안 이곳 출신들에 대해 인사 차별을 한 데 연유가 있다. 이런 편향된 인사는 이후 정권에서도 계속되었다. 푸틴의 유별난 고향 사랑은 상트페테르부르크 시민들의 집단적 한과 같은 정서가 작용한 결과가 아닐까.

푸틴은 4년 임기의 대통령직을 두 번 지낸 뒤 2008년 3연임 금지에 따라 더 이상 출마가 불가능하자 보좌관 출신 메드베데프를 내세워 대통령에 당선시키고 자신은 그 아래서 총리가 되었다. 1952년생인 푸틴은 아직

젊기에 대통령에 또다시 출마할 계획이다.

다시 도서관 이야기로 돌아오면, 이 도서관의 베르쉬닌 관장 역시 상트페테르부르크대 출신이라는 것도 당연하게 여겨졌다. 법대 교수를 하다 관장에 임명된 사람인데, 관장실로 방문하자 큰 제스처로 맞아주었다. 첫인상이 언뜻 보면 무뚝뚝한 것 같지만 대단히 에너지가 넘치고 활기차게 보였다. 여러 이야기를 격의 없이 나누던 중 그가 느닷없이 나의 전공을 물었다. 나는 철학을 공부했다고 말한 후 이어 베를린 훔볼트대학에서 있었던 일을 이야기했다. "대학 시절 마르크스의 〈포이어바흐에 관한 논제〉의 마지막 단락을 책상머리에 붙여놓고 외우며 지침으로 삼았다"라고 말하자 그의 눈빛이 달라지며 더욱 나정하게 대해주었다. 다음 일정을 위해 일어서자 그는 다시 한 번 함께 사진을 찍자며 나를 사무실 안쪽 소파로 데려가 나란히 앉아서 사진을 찍었다. 훈훈하게 이야기를 마치고 도서관을 나섰다.

모스크바 한복판에 위치한 러시아 국가도서관의 전경. 압도적인 위용을 자랑한다. 전면에 도스토옙스키 석상이 세워져 있다.

러시아의 영혼이 잠든 곳,
러시아 국가도서관

러시아 국가도서관Russian State Library, 일명 레닌도서관은 미국 의회도서관에 이어 세계 2위 규모의 도서관이다. 러시아의 독특한 역사와 문화가 숨 쉬는 러시아의 자존심이다. 과거 소련이 세계 초강대국으로 군림하던 시절에는 지적 무기고 역할을 하였고, 지금은 러시아 정신의 원동력임을 이무도 부인하지 않는다. 모스크바 한복판 권력의 심장부 크렘린궁 바로 앞이라는 지리적 위치가 시사하는 바가 적지 않다. 권력과 지식 정보의 공존, 그것은 지혜로운 권력자의 통찰력을 단적으로 보여주는 증거가 아닐까?

이른 아침 약속 시간보다 30분 먼저 도서관 앞에 도착한 나는 그 유명한 붉은광장 입구와 마주하고 서 있는 도서관의 지리적 조건을 살펴보면서 이 도서관이 범상치 않음을 새삼 확인했다. 30분 일찍 도착한 것은 도서관의 전후좌우를 살펴보려는 내 나름의 '도서관 풍수지리' 때문이다. 도서관이 어떤 곳에 위치해 있는지는 매우 중요한 평가 요소이다. 지하철 4개 노선이 교차하는 편리한 교통은 이 도서관을 시민과 더욱 가깝게 연결해주고 있었다.

그러나 이 신비로운 도서관 앞에서 나의 심장을 고동치게 만든 것은 전면에 떠억 자리 잡은 도스토옙스키의 검은 석상이었다. 의자도 아닌 좌대

무심한 비둘기와 고뇌에 찬 도스토옙스키가 만들어낸 아이러니한 풍경

에 걸터앉아 왼손은 바닥을 짚고 오른손은 허벅지에 올려놓은 도스토옙스키는 왜 세상 고민을 몽땅 홀로 짊어진 고뇌에 찬 표정으로 아래를 내려다보고 있는 걸까? 그는 무슨 생각을 하고 있을까? 눈동자는 무엇을 담고 있을까? 그의 고뇌를 알 바 없는 무심한 비둘기 두 마리가 머리 위에, 어깨 위에 앉아서 묘한 모양을 만든다. 그러고 보니, 이 위대한 천재는 머리부터 발끝까지 온통 비둘기 배설물을 뒤집어쓰고 있구나! 이 석상은 모스크바 탄생 850주년인 1997년에 세운 것이다.

이러고 있는 사이에 마음씨 좋은 할머니 같은 도서관의 국제교류과장이 문밖까지 마중을 나왔다. 관장실에 들어서니 비슬르이 관장이 반갑게 맞이해준다. 마치 옛 친구를 오랜만에 만나는 것처럼 다소 과장된 제스처를 취하며 손바닥을 때리듯 악수를 청해왔다. 환영의 표시임을 금방 알 수 있었다. 출발이 좋았다. 인사를 나누고 협력을 다짐한 후 우선 질문부터 던졌다.

"러시아에는 톨스토이, 푸슈킨 등 세계적인 문호가 많은데, 도스토옙스키 상을 세워놓은 이유가 무엇입니까?"

"사실은 수많은 문호 중에서 누구 하나를 선택하기가 어려웠습니다. 60년 전 도서관 건물을 설계할 때 노동자, 농민, 군인들의 군상을 기념비로 세울 계획이었는데, 건축비가 많이 들어가는 바람에 세우지 못했어요. 톨스토이, 도스토옙스키, 푸슈킨 등 대문호 중에서 선택이 어려웠던 게 사실입니다. 석상 건립은 모스크바 시가 했기 때문에 인물 선택도 시청에서 했고, 우리는 정확한 이유는 모릅니다."

이 말을 듣고 관장실 벽에 붙은 건물 조감도를 보니 정말로 건물 전면에 군상이 배치되어 있었다. 군상은 실현되지 않았고 30여 년 뒤 이 자리에 도스토옙스키의 상이 세워진 것이다. 한 나라의 정신을 상징하는 대표 도서관 앞에 누구의 상이 서 있는가? 이것은 결코 가벼운 문제가 아니다. 도서관장으로부터 만족할 만한 대답을 얻지 못한 나는 그 뒤 몇 사람에게 물어보았고, 그 결과 나름의 잠정적 답을 얻었다.

여기서 잠시 19세기 러시아 문학의 쌍벽을 이루는 세계적 문호인 톨스토이와 도스토옙스키에 대해 살펴볼 필요가 있다. 도스토옙스키가 7년 먼저 태어났다. 둘은 동시대를 살았지만 한 번도 만난 적이 없다고 한다. 도스토옙스키 사후 톨스토이는 어느 자리에서 도스토옙스키의 《카라마조프가의 형제들》을 읽고 있다고 말한 것으로 전해질 뿐이다.

어느 자리에서 나는 짧은 취재로 얻은 지식을 다음과 같이 이야기한 적이 있다. "톨스토이는 공산주의 이념과 맞아떨어지기 때문에 혁명 시대에 우대를 받은 반면 도스토옙스키는 늘 고뇌하고 인간 내면의 문제에 천착했기 때문에 공산당 정권으로부터 '온갖 적극성을 부정하는 수난의 철학을 신봉하는 자', '인민의 삶에 도움이 안 되는 작가'로 폄하되었다. 그래서 공산주의 시대가 끝나면서 도스토옙스키에 대한 재평가가 이루어져 지금은 오히려 톨스토이보다 더 높게 평가받고 있다. 국가도서관 앞에 세워진 상은 이런 평가가 반영된 것으로 추정된다."

이 이야기를 들은 국회도서관의 러시아 전문가 김록양 선생은 내게 이에 대한 전문적인 견해를 들려주었다〈Story in Library〉 참조. 한마디로, 러시아의 영혼을 가장 잘 대변하는 작가는 도스토옙스키라는 것이다.

그러나 상트페테르부르크 쪽에서는 러시아 국가도서관 앞에 도스토옙스키 상이 건립된 일과 관련하여 다른 시각도 존재한다. 모스크바에서 태어나기만 했을 뿐 대학 시절부터 상트페테르부르크에서 생활하고 작품의 배경이 거의 상트페테르부르크이며 지금까지 상트페테르부르크 사람으로 여겨져왔던 도스토옙스키를 모스크바에서 가로채려는 시도를 하는 것이 아닌가, 곱지 않은 시선으로 바라보기도 한다.

관장실에는 메드베데프 대통령 대신 푸틴 총리의 사진이 걸려 있었다. 민감한 문제이지만 관장을 누가 임명하는지 물어보았다. 관장은 다소 곤란한 표정으로 웃으면서 대답했다. "그것은 복잡한데요. 러시아 정부 총리가 임명합니다." 과거의 자료에는 국가 도서관은 대통령 직속 기관이고 관장은 대통령이 임명하는 것으로 나와 있었는데, 푸틴이 총리가 되면서 변경된 것인지 모르겠다. 소비에트 시절 공산주의 사상과 맞지 않는 서적에 대해 금서 지정이나 분서는 없었는지에 대해서도 물어보았다. 그 시절 반공 서적은 금서로 지정하여 보관했으나 그다지 많지 않았으며, 그것도 2004년에는 금서 자체가 모두 없어졌다고 했다.

모스크바와 상트페테르부르크와의 관계는 전·현 수도로서 늘 예민한 문제로 보였다. 러시아에 오기 전부터 궁금했던 것을 물어보았다. "이곳은 'State Library' 이고 상트페테르부르크는 'National Library' 인데, 차이가 있습니까?" "명칭만 다를 뿐 두 곳이 똑같은 권위를 갖습니다. 상트페테르부르크는 역사가 깊은 반면 이곳은 규모가 크다는 차이가 있지요."

민감한 질문에도 솔직하게 대답을 해주어 슬쩍 또 물어보았다. "세계의 다른 도서관과 비교하여 이 도서관의 장점은 무엇입니까?" 이에 다소 긴 대답이 돌아왔다. "러시아 국가도서관은 세계에서 가장 큰 도서관이라고 주장합니다. 물론 미국 의회도서관LC은 동의하지 않을 테지요. LC는 장서가 가장 많지만 주로 영어로 된 책인데, 이는 영어권 인구가 많기 때문입니다. 또한 LC는 인구가 적은 워싱턴에 있어서 이용자가 많지 않을 것이나, 우린 하루 방문 이용자가 4천 명이 넘습니다. 다른 도서관에는 없는 귀중한 고서도 많고요." 나름 타당한 논리를 가지고 있었다.

관장실을 나와 중앙열람실로 들어갔다. 널찍한 홀의 전면 중앙에 레닌의 동상이 있었다. 1970년 그의 탄생 100주년을 기념하여 세운 것이라 한다. 열람자들을 내려다보는 그의 표정이 진지하다 못해 심각하다. 레닌상의 배경을 이루는 벽화에는 노동자, 농민 등 각종 직업군을 그려놓았다. 홀을 빙 둘러 16개의 하얀 흉상이 배치되어 있는데, 체호프, 푸슈킨, 고리

러시아를 대표하는 도서관답게 중앙열람실의 규모도 대단하다. 하루 4천 명이 넘게 이용하는 곳이다.

중앙열람실 앞쪽에 자리한 레닌 동상

키, 도스토옙스키, 톨스토이 등 러시아가 낳은 자랑스러운 문호들이다. 이들을 혁명가 레닌이 거느리고 있는 모양새이다.

이 도서관은 레닌 사후 1925년부터 '소련 국립레닌도서관'의 명칭을 사용하다 1992년 소비에트연방 해체 뒤 옐친 대통령의 대통령령에 의해 현재의 '러시아 국가도서관'으로 개칭되었다. 그러나 국민들은 여전히 '레닌도서관'으로 부르며, 건물 외벽 간판 역시 옛 것을 그대로 놔두고 있고 레닌 동상도 유지하고 있다. 상트페테르부르크에 있는 정치사박물관도 혁명 선후 레닌이 머물던 건물 안에 두었고, 레닌의 집무실을 그대로 복원하여 이 혁명가를 기념하고 있는 것을 볼 수 있었다. 이처럼 소비에트연방 해체와 공산당의 쇠락에도 불구하고 혁명의 아버지 레닌은 여전히 러시아 전역에서 동상과 초상화의 형태로 건재하다. 붉은 광장에는 여전히 그의 시신이 보존 처리되어 있는 무덤이 존재한다.

엄청난 희귀 자료를 소장하고 있는 이 도서관의 자부심은 대단하다. 도서관 내 희귀본박물관을 탐방할 기회를 얻었다. 경찰 복장을 한 사람이 지키고 있기에 물어보았더니 국가경찰청 산하 문화재 담당부서에서 파견 나온 경찰이라고 한다. 안으로 들어가니 다소 어두운 조명 아래 세월을 거슬러 올라간 분위기가 물씬 풍겼다. 수많은 희귀본 가운데 일부만을 전시하고 있다는 설명부터 했다. 하나씩 살펴보기도 전에 가슴이 설렘을 주체할 수 없었다. 윌리엄 워즈워스는 '하늘의 무지개를 볼 때마다 내 가슴은 뛰노라' 라고 했지만, 나는 옛 것을 볼 때마다 늘 가슴이 뛴다.

먼저 서적의 발달사, 제본술의 변천사, 삽화의 역사, 인쇄술의 발달사를 실물과 함께 볼 수 있었다. 컬러 삽화가 있는 책은 양피지 같아서 물었더니 뜻밖에 송아지 가죽으로 만든 책이라 했다. 양피지는 본 적이 있지만 우피지牛皮紙는 처음 보았다. 실크로 만든 책과 신문도 있었다. 실크 책은 더러워지면 세탁을 하여 읽었다고 한다. 인큐내뷸러incunabula, 요람의 책이라는 뜻으로, 1500년 이전의 책을 말함를 비롯하여 정체를 알 수 없는 많은 고서들이 전시되어 있었다. 각종 보석으로 커버를 화려하게 장식한 성경책은 황족이나 귀족의 소장품이다. 화려한 성경책이 천국에 이르는 티켓이기를 그들은 바랐겠지. 알렉산드르 2세와 3세가 각각 소장했던 책도 있고, 도난 방지용 족쇄가 채워진 책도 있다.

우피지로 만든 서적

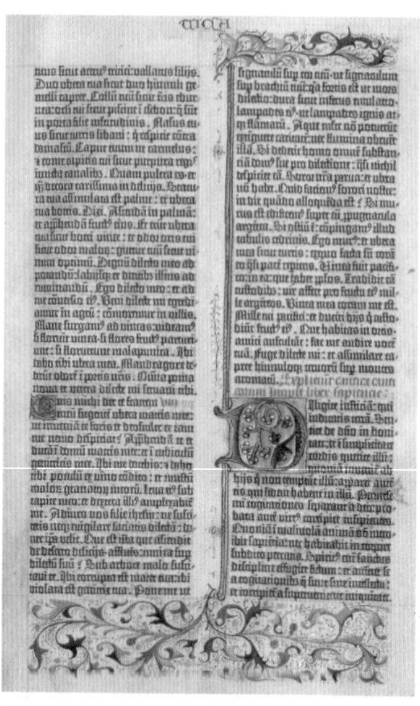

구텐베르크 성경. 1455년에 독일 마인츠에서 인쇄된 라틴어 성경으로, 1쪽에 42행씩 인쇄하여 '42행 성경'이라고도 일컬어진다. 당시 성직자와 귀족의 전유물이었던 성경을 대중화하는 데 크게 기여했다. 이 성경 인쇄본을 소장하고 있는지 여부가 세계적 도서관을 평가하는 하나의 지표가 될 정도로 희귀한 고서적이다.

상트페테르부르크와 모스크바의 어디를 가나 피해 갈 수 없는 인물인 표트르 대제를 여기에서도 마주쳤다. 그는 1708년 당시 사용하던 번잡한 키릴문자를 간소하게 개혁하여 일반 국민이 쓰기 편하게 만들었다. 그가 단행한 문자 개혁으로 현대 러시아어가 도입되었다. 우리나라 세종대왕의 한글 창제와 비슷한 일이다. 문자 개혁 때 표트르가 직접 쓴 책이 전시되어 있었다. 그는 아라비아숫자를 받아들여 간소화시키기도 했다 한다. 표트르가 지시하여 만든 러시아 최초의 신문 〈베도모스티공보〉1702도 있었다.

이번 러시아 도서관 탐방에서 가장 보람찬 일은 인류의 역사를 바꾸거나 큰 영향을 끼친 세계적 명저의 조판본을 직접 보고 사진을 찍어온 일이다. 그 불후의 명저들 앞에서 느낀 감동을 영원히 잊을 수 없을 것 같다. 루소의 《에밀》1762, 다윈의 《종의 기원》1859, 위고의 《레미제라블》1862, 마르크스의 《자본론》1867, 톨스토이의 《전쟁과 평화》1869, 엥겔스의 《가족, 사유재산, 국가의 기원》1884, 레닌의 《러시아 자본주의 발전론》1899 등 이

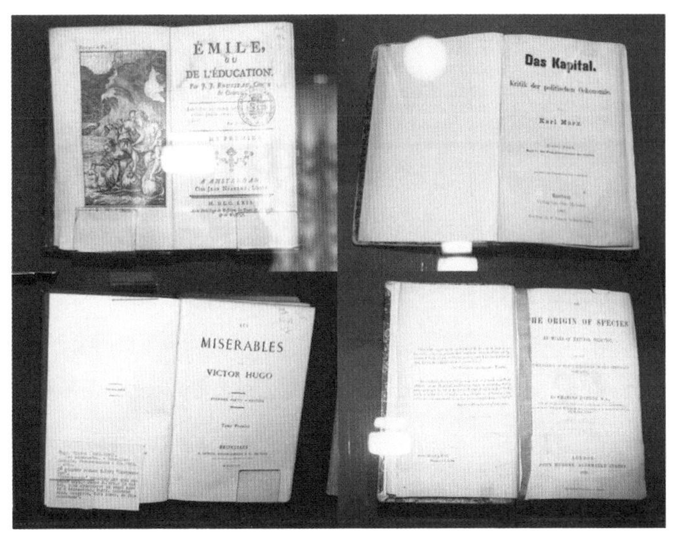

러시아국가도서관이 소장하고 있는 인류의 역사를 바꾼 명저들의 초판본. 왼쪽 상단부터 시계방향으로 《에밀》, 《자본론》, 《종의 기원》, 《레미제라블》.

름만 들어도 가슴이 벅찬 엄청난 책들이다. 이 책들이 인류에게 미친 영향을 생각하면 소름이 끼칠 지경이었다. 아마 저자 스스로도 첫 출간 당시에 자신의 저서가 앞으로 두고두고 전 세계적으로 그렇게까지 많이 읽히고, 논란이 되고, 엄청난 영향력을 갖게 될 줄은 몰랐을 것이다.

또 하나 흥미로운 것은 '도스토옙스키 복음서'였다. 그가 평생 지녔던 신약성서가 펼쳐져 있는데, 상단 여백에 연필로 쓴 메모가 눈길을 끌었다. 이 메모는 1881년 그의 임종을 지켰던 두 번째 부인 안나 스니트키나의 육필인데, '이 구절들이 펼쳐졌고 그의 요청에 의해 그가 죽던 날 오후 3시에 읽어주었다'는 내용이다. 알 듯 모를 듯한 이 메모에 도대체 무슨 사연이 담겨 있을까? 우선 그와 안나의 결혼 이야기부터 알아보자.

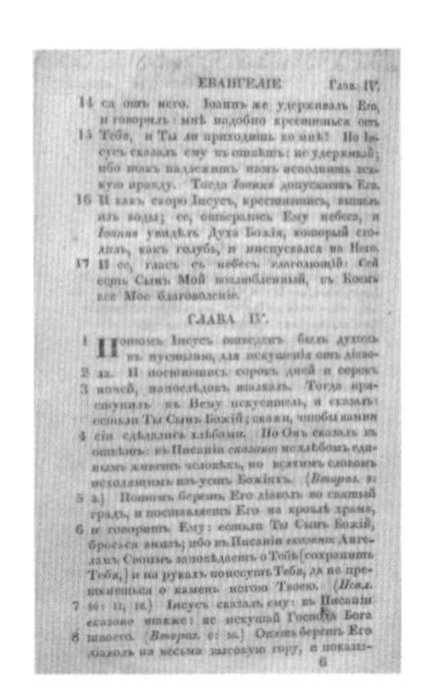

ЕВАНГЕЛІЕ Глав. IV.

ГЛАВА IV.

6

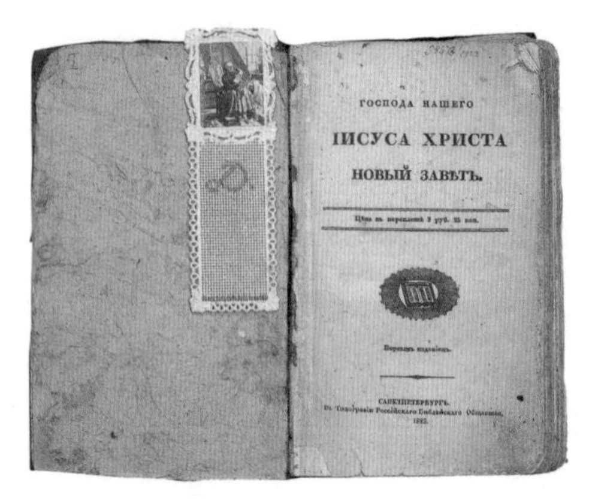

전시실에는 도스토옙스키가 죽던 날 부인에게 읽어달라고 부탁한 마태복음 3장이 펼쳐져 있다(왼쪽). 레이스로 장식된 서표(書標)에는 그의 이니셜 'D'가 수놓아져 있다(오른쪽).

도스토옙스키는 대문호라는 명성에 걸맞지 않게 평생을 도박과 낭비벽으로 돈에 쫓기는 삶을 살았다. 시베리아 유형을 갔다 와서도 도박에 빠진 그는 형이 죽으면서 남긴 부채와 가족까지 떠맡아 고리대금업자의 빚 독촉에 시달리는 신세가 되었다. 그런 상황에서 1866년 출판사와 무리한 계약을 맺고, 이 때문에 시급히 신작을 출간하지 않으면 출판사에 위약금을 물고 모든 작품의 저작권까지 빼앗기게 될 처지에 빠졌다. 궁지에 몰린 그는 친구의 소개로 여성 속기사를 고용하여 구술한 것을 받아쓰게 하는 방법으로 중편 《도박꾼》을 한 달 만에 완성하는데, 그 속기사와 이듬해 결혼까지 하게 되었다. 그때 그의 나이가 46세, 안나는 21세였으니, 나이 차가 25살이었다. 안나는 애초에 도스토옙스키의 열렬한 팬으로 알려져 있다. 첫 번째 부인은 병으로 죽었다.

안나는 말년에 남편과의 추억을 회고록으로 남겼는데, 다음 구절은 소설 집필 상황을 잘 설명해준다. 빚에 쫓기다보니 집필에 쫓기고, 그러다보니 소설을 구상하고 퇴고를 할 여유가 도저히 없었던 상황을 실감나게 묘사하고 있다.

> 소설의 처음 세 장은 이미 출판되었고, 넷째 장은 조판 중이고, 다섯째 장은 막 우편으로 보냈고, 여섯째 장은 집필 중이고, 나머지는 아직 구상도 못한 상태인 그런 식으로 대부분 집필이 이루어졌다.

안나는 나이는 어리지만 차분한 성격에 사리분별이 분명한 여성이었다. 가정의 생계를 책임진 그녀는 빚쟁이들을 상대하면서 남편이 세상을 떠날 때까지 14년간 비로소 안정된 삶을 살게 해주었다. 그는 안나에 대해 '여자들 중에서 나를 이해한 유일한 사람' 이라고 말했다고 한다.

위대한 대문호가 파란만장한 생의 종착점에 즈음하여 아내에게 읽어주도록 청했던 성경 구절은 무엇일까? 펼쳐진 부분을 살펴보니 마태복음 3장 14-17절, 이어서 4장 시작 부분이었다. 무슨 내용일까? 그런데, 안나의 회고록은 전혀 뜻밖의 내용을 담고 있다.

> 종종 그가 깊은 생각에 잠겨 있거나 무엇인가에 대해 의문을 가질 때, 그는 신약성서를 무작위로 펴서 그것이 무엇이든 첫 페이지의 왼쪽 윗부분을 읽었다.

그렇다면 문제의 페이지도 의도된 선택이 아니라 무작위로 펼쳐졌다는 말인가? 도스토옙스키의 괴상하지만 천재다운 면모가 드러나는 대목이다. 도스토옙스키는 죽던 날에도 직접 무작위로 신약성서를 펼쳤는데, 그것은 예수가 세례를 받기 위해 요한에게 다가가는 내용이었다. 안나는 남편의 청대로 그 부분을 읽어주었다. 이 위대한 소설가가 아내에게 마지막으로 남긴 말은 픽션이 아니라 논픽션이었으리라. "기억해줘, 안나. 내가 당신을 언제나 뜨겁게 사랑했다는 것을. 꿈에서라도 당신을 배반한 일이 없다는 것을."

러시아의 영혼을 상징하는 대문호 도스토옙스키와 안나의 러브 스토리가 얽혀 있는 신약성서를 내려다보니 도서관 정문 앞 '고뇌하는 도스토옙스키' 상이 오버랩 되어 떠올랐다.

희귀본박물관을 나오는데 발걸음이 잘 떨어지지 않아 자꾸만 뒤를 돌아다보면서 나왔다. 이제 도서관의 구관인 '파슈코프 돔'을 탐방할 차례이다. 본관 뒤편 19층짜리 서고 건물 옆으로 잠깐 동안 걸어서 가니 궁전처럼 생긴 우아한 건물이 나타났다. 국가문화재인 이 고전주의 건물은 2007년 복원하여 지금도 도서관으로 사용되고 있는데, 주로 오래된 수기본manuscript, 고지도, 악보 등을 소장하고 있다. 고골, 체호프, 톨스토이, 도스토옙스키의 육필 원고도 보관하고 있었다.

음악회와 전시회, 훈장 수여식 등 중요 행사 때 이용하는 2층 홀은 넓고 우아하며, 무엇보다도 전망이 좋았다. 창문으로 크렘린이 한눈에 들어오는데, 특히 대통령이 이용하는 서문이 바로 눈앞에 내려다보였다. 마침 높은 사람이 오는지 경찰이 일대 교통을 통제하는 장면이 목격되었다. 크렘린 코앞이라서 나폴레옹이 1812년 일시 점령했을 때 이 건물도 약탈을 당했다고 한다.

국가도서관은 국가의 역사와 문화를 상징하는 러시아의 자존심이다. 구관의 우아한 모습

러시아 국가도서관은 외무장관을 지낸 루만체프 백작으로부터 비롯되었다. 평생 고대 서적을 수집해온 그는 1814년 퇴직 후 러시아 역사 공부에 매진하였는데, 그의 주변에 부유한 문예·과학의 보호자와 계몽주의자들이 몰려들었고, 고대 필사본과 초판본, 다양한 발간물을 수집하는 '루만체프 연구그룹' 이 결성되었다. 그의 컬렉션은 2만 8천여 권의 책과 회화, 조각품, 고고학 자료, 광물 및 식물 수집본으로 구성되었는데, 이것들로 민족박물관 설립을 꿈꾸었다. 그러던 중 죽을 때 동생에게 자신의 컬렉션이 국가를 위해 쓰여야 한다는 의지를 남겼다. 동생이 니콜라이 1세 황제에게 서한을 보내 그의 뜻을 전했고, 황제의 명령으로 상트페테르부르크에 있던 고인의 저택을 루만체프박물관으로 명명했다.

국가도서관은 황제의 명령이 발표된 1828년 3월 22일을 개관일로 삼고 있다. 그 후 1845년 상트페테르부르크공공도서관으로 전환되었고, 1861년 모스크바로의 이전 결정이 내려졌다.

현재 구관은 1862년 러시아 개국 천년을 기념하여 모스크바공공도서관과 루먄체프박물관의 성대한 개관식을 했다. 국가도서관의 설립연도를 이때로 잡기도 하는데, 이 시점부터 본격 모스크바 시대가 열렸다. 알렉산드르 2세 황제는 러시아에서 출간되는 모든 서적 한 부를 의무적으로 제출하는 이른바 납본도서관의 지위를 부여했다. 그때 납본도서관은 상트페테르부르크에 있는 과학아카데미도서관과 황실도서관밖에 없었다.

모스크바 시민들은 이 최초의 모스크바공공도서관 설립을 뜨겁게 환영했다. 그리고 앞다투어 애장서와 수집품을 내놓는 등 이 도서관은 오늘날까지 시민들의 사랑 속에 성장해왔다. 알렉산드르 2세는 이바노프의 그림 〈그리스도의 민중에의 출현〉 지금은 트레티야코프미술관 소장 을 기증했고, 니콜라이 1세의 황후가 기증한 컬렉션도 있다. 톨스토이의 부인은 남편의 친필본과

건물 외벽에 있는 인류의 위대한 과학자들의 청동 부조상

일기가 들어 있는 자작나무 상자를 기증했다. 톨스토이는 이 도서관을 40년 넘게 이용했으며, 《전쟁과 평화》를 집필하는 데 필요한 자료를 수집한 곳도 이곳이다. 그는 집으로 책을 빌려갈 수 있는 몇 안 되는 사람 중 하나였다고 한다.

이 도서관은 볼셰비키 혁명 직후 국유화되거나 버려진 영지, 폐쇄된 교회, 학교 등으로 직원들을 파견하여 장서 수집에 많은 성과를 올렸다. 혁명과 1918년 정부의 모스크바 이전으로 도서관은 국가 제1도서관으로 지위가 향상되었다. 1919년 레닌은 정원 확대 법령으로 도서관을 대폭 확대시켰으며, 레닌 사후 1925년 명칭이 소비에트연방 레닌국립도서관이 되었고, 이때부터 국가가 재정과 장서 확충에 따른 모든 업무를 담당했다.

2차 대전 때 이 도서관은 모스크바에서 철수하지 않고 계속 문을 연 유일한 학술도서관이었다. 1941년 독일군이 모스크바의 문턱까지 쳐들어왔을 때도 평상시와 다름없이 운영되었다고 한다. 귀중본 70만여 점은 다른 지역으로 옮겼다가 1944년에 제자리로 가져왔다. 이런 공로를 인정받아 1945년 전쟁 종식 40일 전 이 도서관은 최고 훈장인 레닌 훈장을 수여받는 영광을 누렸다.

현재 러시아 국가도서관은 세계 249개 언어로 된 4,300만여 점의 자료를 소장하고 있다. 지금의 건물은 1927년에 착공했으나 전쟁을 겪으면서 총 6개로 이루어진 전체 건물은 1960년경에야 비로소 완공됐다.

4시간이 넘도록 이 거대한 역사·문화의 보고를 쉬지 않고 탐방했지만 아쉬움이 많이 남았다. 들어갔던 문으로 다시 나와 건물 외관을 찬찬히 살펴보았다. 외벽 중간쯤에 아르키메데스, 코페르니쿠스, 갈릴레이, 뉴턴, 다윈, 멘델레예프, 파블로프, 로모노소프 등 인류의 위대한 과학자들이 청동 부조상의 모습으로 창문 사이마다 자리 잡고 있었다. 옥상 가장자리에는 노동자, 농민, 지식인, 학생 등 다양한 직업군의 하얀 입상이 하늘을 배경 삼아 당당한 자태로 서 있었다. '모든 인민의 도서관'을 상징한다고 한다.

러시아의 대문호, 도스토옙스키와 톨스토이

인간존재의 근원을 탐구한 도스토옙스키

도스토옙스키Fyodor Dostoevskii는 빈민구제병원 의사의 아들로 태어나 도시적 환경에서 성장했다. 자신만의 독특한 방법으로 인간 내면을 탐구하고 시대적 모순에 대해 고민하는 작품을 썼다. 그는 28세 때 혁명적 사상을 경계하여 황제가 일으킨 페트라셰프스키 사건에 연루되어 사형선고를 받았으나 특사로 감형되어 시베리아로 유형을 갔다 10년 만에 풀려났다. 《죄와 벌》로 대표되는 후기의 대작들은 정치적, 사회적, 사상적 문제를 반영하고 인간존재의 근본 문제를 다룸으로써 20세기 소설에 큰 영향을 주었다. 그는 때와 사람에 따라 양극단의 평가를 받아왔다. '휴머니즘의 설법자', '영혼의 심연을 파헤친 잔인한 천재'로 불리었고, 때로는 실존주의의 창시자로까지 여겨지기도 한다. 신과 인간의 문제, 인간 원죄의 문제 등을 다룬 그는 단순한 작가가 아니라 심리학자이자 종교학자이고 철학자였다.

인도주의의 실천가 톨스토이

톨스토이Lev Tolstoi는 명문 백작가의 아들로 태어난 귀족이지만 귀족의 특권을 포기하고 자신의 농노를 해방시키고 고향에서 농민학교를 세워 가난한 농민의 자녀들을 교육시켰다. 그는《바보 이반》,《사람은 무엇으로 사는가》와 같은 소설을 통해 귀족들의 과다한 재산 소유로 대다수 민중들이 가난하게 사는 현실을 비판하여 귀족들의 미움을 샀다. 그 유명한《참회록》도 귀족들의 압력으로 출판이 금지되어 러시아 민중들은 필사본으로 읽었고, 해외에서 출판되어 베스트셀러가 되었다. 그는 민중의 고통을 외면하는 러시아정교회를 비판하여 파문을 당했다. 가난한 사람을 사랑하는 것이 그리스도를 사랑하는 것이라는 성경의 가르침을 몸소 실천했던 그는 사유재산을 부정하고 저작권까지 포기했다. 부인과의 충돌은 당연한 수순이었고, 그는 82세에 방랑길에 오른 지 20여 일 만에 객지에서 쓸쓸한 죽음을 맞이했다.

도스토옙스키의 석상이 국가도서관 앞에 세워진 이유

러시아 문학의 두 거장 도스토옙스키와 톨스토이는 삶과 문학에서 대조적인 길을 걸었다. 톨스토이는 명문 귀족 출신으로 영지 '야스나야 폴랴나'를 소유한 대지주였으나, 도스토옙스키는 영락한 시골 귀족 출신으로 공병학교 졸업생이었다. 톨스토이가 자연 세계를 찬미하고, 러시아의 대지와 역사의 합일을 추구한 작가였다면, 도스토옙스키는 상트페테르부르크라는 근대 도시의 병적 산물을 묘사한 작가였다.

톨스토이가 대하소설 《전쟁과 평화》에서처럼 인간의 운명과 역사를 거시적으로 읽어낸 작가였던 반면, 도스토옙스키는 《죄와 벌》, 《백치》, 《카라마조프가의 형제들》로 대표되는 위대한 장편소설들에서 선악의 문제와 자유의 문제 등을 미시적으로 접근한 작가였다. 이와 함께 톨스토이가 평범하고 일상적이며 건강한 것을 추구한 반면, 도스토옙스키는 일상에서 벗어난 비정상적이고 병적인 측면에 몰두했다.

톨스토이는 대부분의 소설에서 절대적 권위를 지닌 인물을 등장시켜, 이 인물에 자신을 투영시킴으로써 자신의 사상과 이념을 설파하고자 했다. 이와는 대조적으로 도스토옙스키의 소설들에서는 절대적 인물이 존재하지 않고, 제각기 다른 가치와 고유한 빛깔을 지닌 인물들이 등장해 다양한 목소리를 들려준다는 점에서 그의 소설은 다면성과 다원성을 지녔다고 할 수 있다. 이런 점에서 톨스토이는 '닫힌' 독백의 세계를, 도스토옙스키는 '열린' 대화의 세계를 보여주며, 소설 미학의 측면에서 도스토옙스키가 톨스토이보다 더 높이 평가받는 근본적 이유도 여기에 근거한다.

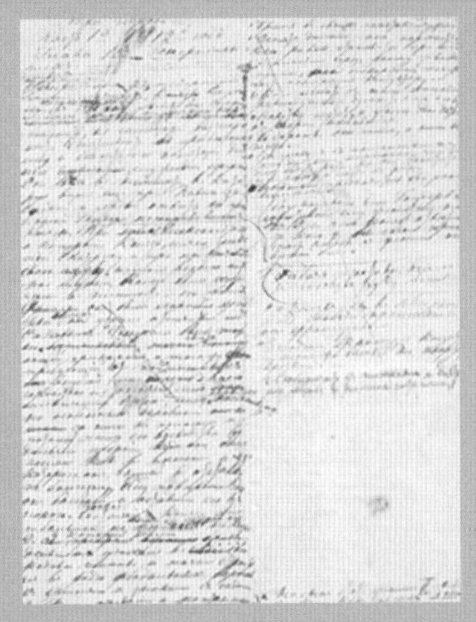
톨스토이가 지은 대하소설 《전쟁과 평화》의 육필 원고

그러나 후대의 많은 작가들이 여전히 도스토옙스키의 발자국을 따르고, 오늘날까지도 수많은 러시아인들이 그를 사랑하고 존경하는 가장 중요한 이유는 그가 평생에 걸쳐 '인간의 자유의지' 문제에 몰두한 작가였기 때문이다. 이것은 그가 평생토록 천착하고 설파했던, 그에게 가장 중요한 문제이자 주제였다. 훗날 소비에트 시절 도스토옙스키에 대한 평가는 상황논리에 따라 부정적·긍정적 평가를 오가는 극심한 부침을 겪었는데, 그가 반反혁명을 설파한 보수적 예술가로 인식되어 부정적 평가를 받았던 주요 이유는 바로 '인간의 자유의지'라는 주제 자체가 소비에트 사회를 지배했던 전체주의 이데올로기와는 완전히 상반되는 것이었던 까닭이다.

현재 도스토옙스키는 그의 소설 세계의 인물들이 수수께끼처럼 신비롭고 역설적인 '러시아의 영혼'을 가장 잘 대변하고 있다는 점에서 톨스토이보다 더 많은 사랑과 평가를 받는다. '선악의 한계'를 뛰어넘으려 시도했던 《죄와 벌》의 라스콜리니코프나 '성스러운 매춘부' 소냐, '신神이 없다면 모든 것이

도스토옙스키가 지은 《카라마조프가의 형제들》의 육필 원고. 시간에 쫓겨 집필하다 보니 난삽하기 그지없다.

허용된다' 는 명제 앞에 고뇌하는 이반 카라마조프와 같은 도스토옙스키의 주인공들이 없는 러시아와 러시아 문학은 상상하기조차 힘들 것이다.

'러시아 정신의 보고寶庫' 라고 할 수 있는 모스크바의 러시아 국가도서관 앞에 다름 아닌 도스토옙스키의 석상이 세워져 있는 상징적 의미 또한 이러한 사실에서 찾아볼 수 있을 것이다.

세계에서 가장 높게 지어진 대학인 모스크바대학의 본관 전경. 아름다운 건축물은 흔하지만, 이토록 압도적인 건축물은 쉽게 만날 수 없다.

스탈린이 남긴 역작,
모스크바국립대학교와 학술도서관

모스크바국립대학교는 흔히 엠게우MGU로 불린다. 대학 소개 책자의 첫머리에서 러시아의 최초이자 최대의 종합대학이라는 점을 내세우고 있다. '최초'는 상트페테르부르크대와 양보 없이 다투는 타이틀(?)이다. 이 대학 앞에 도착하자, 아니 멀리서부터 우선 눈에 띄는 것은 하늘을 찌르는 본관 건물이다. 세계의 대학 건물 중에서 가장 높은 것으로 유명하다. 혹자는 스탈린이 남긴 역작이라고 말하기도 한다. 한국에서 견학 온 건축학과 교수들이 이것을 보고 다음과 같이 말했다고 전해진다. "이것은 정말 압도적이다. 아름다운 건축물은 많지만, 이것은 정말 압도적인 건축물이다. 다시는 짓기 힘든 것이다." 전문가가 아닌 내 눈에도 '압도적'이라는 표현이 가장 적확한 것 같았다.

위대한 건축은 절대 권력의 산물이다. 피라미드, 만리장성, 콜로세움, 개선문 등이 그것을 증명한다. 모스크바대 건물은 모스크바 시내에 있는 7개의 스탈린 양식 건물 중에서도 대표적인 것이다. 스탈린은 자기 성격대로 건축물도 화려한 것보다는 단순하고, 무뚝뚝하고, 튼튼하고, 웅장하고 하늘을 찌르듯이 높이 솟은 모양을 좋아하여 이런 건물을 탄생시켰다고 한다. 건물 7개가 크기만 다를 뿐 모양은 같고 모두가 크렘린을 향하고 있다. 이들 건물은 모두 뾰족하게 높이 솟아 있는 중심부 건물이 양 날개를 달고 웅비하는 모양이다. 그 가운데서도 모스크바대는 가장 크고 중심적 위치에 자리하고 있다. 이 건물은 2차 대전 이후 독일군 포로를 동원하여 스탈린이 죽은 해1953년에 완성했다. 결과적으로 스탈린은 죽어서 자신과 닮은 건축물을 남겼다.

이들 스탈린 양식의 건축물에 대한 혹평도 엄연히 존재한다. 무미건조하고 천편일률적인 이 건축물들은 소비에트 건축의 창의성 부재를 보여주는 단적인 예이며 '스탈린의 웨딩케이크' 라는 불명예스러운 별명으로도 불린다. 그러나 튼튼한 것만은 아무도 이의를 제기하지 않는다. 스탈린 시대에 지은 아파트는 워낙 튼튼하여 수십 년이 지난 지금도 인기라고 한다. 혹자는 "스탈린의 모든 것이 유죄라 하더라도 모스크바대 건물만은 무죄"라고 말할 정도로 이 마천루는 매우 인상적이다. 건물 높이는 183미터36층, 첨탑57미터까지 합하면 240미터이고, 사회주의를 상징하는 별의 크기는 직경이 9미터에 무게가 12톤이나 된다. 어느 순간 햇빛과 정면으로 마주치면 멀리서도 보일 정도로 번쩍인다고 한다.

1980년 모스크바올림픽 로고는 이 건물을 형상화한 것이다. 그만큼 이 건물은 러시아인들에게 큰 의미를 띠며, 마치 뉴요커에게 엠파이어스테이트빌딩이 주는 의미와 같다고 한다. 이러한 건물들은 1990년대 중반부터 고개를 들고 있는 스탈린에 대한 향수와도 무관치 않아 보인다.

이 대학은 평지인 모스크바에서는 가장 높은 '참새언덕' 레닌언덕, 해발 194미터에 있다. 최고 명당 자리에 대학을 세운 뜻이 가상하다. 네팔에서는 동네 뒷산도 해발 5천 미터인데, 이 도시에서는 여기가 가장 고지대이다. 언덕에 오르면 구불구불 감아 도는 모스크바 강과 시내가 시원스럽게 내려다 보인다. 본관 건물 앞 대학 광장에서 참새언덕 전망장에 이르는 가로수 길에는 쥬콥스키, 멘델레예프, 로모노소프, 파블로프 등 대학자 12명의 흉상이 분수대를 사이에 두고 가로수 양편에 세워져 있다. 이름 하여 '학자들의 가로수길' 이다.

본관은 내부에 문방구, 서점, 매점, 식당은 물론 슈퍼마켓과 공연장 등 없는 것 빼고 다 있어서 어지간한 것은 밖에 나가지 않고 해결이 가능한 소도시와 같다. 내부는 각 변마다 비슷한 모습이고 계단도 많고 미로와 같아서 신입생들은 길을 잃어버리기 일쑤라고 한다.

본관에는 '악토브이 잘' 이라 불리는 대강당이 있다. 여기는 외국 국가 원수나 저명인사들의 연설 등 중요 행사를 하는 곳이다. 노태우, 김대중, 노무현 등 한국의 대통령들도 이곳에서 연설을 했다.

이 대학은 2009년 세계 최초로 우주 기구들을 탑재한 과학위성 '유니버시티 타티야나-2' 를 쏘아 올린 것을 자랑스럽게 여긴다. 대학의 외형이 반드시 중요한 것은 아니지만, 이 대학은 학부생 3만 6천, 대학원생 4천, 예비학부생 1만, 교수 4천, 연구원 5천 명 규모에 39개 학부, 3백여 학과가 있고, 분교도 우크라이나 등지에 6개나 있다.

이제 도서관 이야기를 시작해보자. 이 대학에는 16개 학부에 산재한 학술도서관이 있고, 그중 중심 역할을 담당하는 곳이 새로 지은 신관 기초도서관이다. 기초도서관은 대학 본관과 대로를 사이에 두고 마주 보면서 지하도로 연결되어 있다. 웅장하고 기품 있는 현재의 건물은 2005년 개교 250주년을 맞이하여 모스크바 시가 지어 기증했다. 장서는 1천만 권으로

대강당 악토브이 잘의 아름다운 모습. 외국 국가원수들의 연설 장소로 애용된다.

대규모를 자랑한다. 회원은 6만 5천 명이고 직원 수가 7백 명이다. 3,300 명을 동시 수용할 수 있는 60개의 열람실이 있으며, 9백여 개의 국내외 기관과 제휴를 맺고 있다. 이용료는 원칙적으로 무료이지만 외국인에게는 약간의 돈을 받는다.

특이한 것은 러시아의 대학생들은 교과서를 사지 않고 도서관에서 빌려서 공부하고 학기가 끝나면 반납한다는 사실이다. 모스크바대 학생들도 예외가 아니다. 대학 도서관에서 교과서를 빌려서 본다. 그리고 공부를 한다거나 책을 빌려볼 때 대학 도서관을 이용하지 않고 국가도서관이나 사회과학연구소도서관을 주로 이용한다. 따라서 본관에 교과서를 빌려주는 창구가 몇 개 있다. 교과서를 제외한 대부분의 책은 길 건너 새로 지은 도서관으로 옮겼다. 그래서 그런지 우리가 방문했을 때 도서관이 한산했다.

모스크바국립대학 학술도서관 열람실

도서관의 신관 건물 역시 대학 본관 건물처럼 단단하고 튼튼하게 보였다. 외관이 사각 형태인데, 아마 마주 보는 본관 건물과 어울리도록 그렇게 지었나 보다. 내부는 은은한 빛이 감도는 베이지색 고급 대리석이 우아한 분위기를 연출하고 있다. 여기에는 대학의 역사를 보여주는 박물관이 있다. 이 대학은 예술아카데미의 창시자인 슈발로프 백작이 전설적 학자인 로모노소프의 대학 설립안을 엘리자베타 여제에게 상소함으로써 설립되었다. 도서관 측 안내자는 "소비에트 시절에는 귀족 출신인 슈발로프보다 평민 출신인 로모노소프를 부각시켰는데, 이제는 슈발로프의 공헌

모스크바국립대학을 걸어 나와 '학자들의 가로수길'을 지나면 길 건너 대학도서관인 학술도서관의 묵직한 건물이 보인다.

또 다시 만난 모스크바대학 본관 앞 로모소노프 입상(왼쪽). 학술도서관 앞에는 슈발로프 백작의 좌상(오른쪽)이 있다.

을 되새긴다"라고 말했다. 대학 본관 앞에는 로모노소프의 입상이 있고, 도서관 앞에는 슈발로프의 좌상이 있다.

이 대학은 출신 계급을 망라하는 교육과 연구의 전통이 있으며, 작가 투르게네프와 《닥터 지바고》의 파스테르나크, 전 대통령 고르바초프, 핵물리학자 사하로프, 화가 칸딘스키, 극작가 체호프, 역사가 차다예프를 배출했다. 한국경제학과, 한국역사학과, 한국어문학과가 설치되어 있다.

스탈린, 폭군인가 영웅인가

스탈린Iosif Vissarionovich Stalin은 '강철의 사나이'라는 뜻이다. 1924년부터 30년간 소련을 통치하면서 비밀경찰을 이용한 공포정치, 피의 숙청으로 많은 사람을 처형했다. 반면 나치에 맞선 조국전쟁2차 대전의 승리와 영토 확장, 공업화와 핵강대국 실현 등의 업적을 남겼다. 미국과 어깨를 겨룰 정도로 러시아 역사상 가장 강한 제국을 건설하여 표트르 대제와도 비견된다.

그에 대한 향수는 점차 강화되어 2000년 '20세기 러시아 통치자 중 가장 뛰어난 사람' 여론조사에서 19퍼센트로, 레닌을 제치고 1위를 차지했다. 또 2005년 미국의 교수가 러시아 젊은이들을 대상으로 '스탈린이 현명한 지도자였는가'라고 묻는 여론조사에서 51퍼센트가 동의를 표했고, 39퍼센트가 이에 반대했다. '스탈린이 나쁜 일보다는 좋은 일을 더 많이 했다'라는 데 56퍼센트가 동의하는 것으로 나타났으며, 이런 추세는 점차 강화되고 있다고 한다. 이쯤 되면 스탈린은 우리의 상식과는 반대로 '폭군'에서 '영웅'으로 이미 변해가고 있는 것이다. 여기에 푸틴까지 가세했는데, 그는 집권 2기에 스탈린 영웅화 작업을 함으로써 스스로 강력한 통치자 이미지를 구축하려고 했다.

하나 더 붙이자면, 그가 무뚝뚝한 외모와는 달리 촌철살인의 유머 감각의 소유자였다는 사실을 아는 사람은 드물다. "한 사람의 죽음은 비극이지만, 백만 명의 죽음은 통계 수치에 불과하다." "표를 던지는 사람은 아무것도 결정하지 못한다. 표를 세는 사람이 모든 것을 결정한다." 정말로 단단한 내공을 가진, 대단한 스탈린이라는 생각이 든다.

러시아가 외면하는 세계적 인물, 고르바초프

전 세계에서 출판된 수많은 고르바초프 관련 출판물들. 한국어판 서적도 눈에 띈다.

현대 러시아를 말하면서 반드시 짚고 넘어가야 할 인물은 모스크바대학 법대 출신인 고르바초프Mikhail Sergeevich Gorbachëv다. 서방세계에서 '고르비'라는 애칭으로 불릴 정도로 1980년대 중반부터 1990년대 초반까지 국제 뉴스에서 매일 빠지지 않았던 인물인데, 오늘날 러시아에서는 전혀 인정받지 못할뿐더러 서방에 나라를 팔아먹은 매국노라는 혹평을 듣기도 한다. 페레스트로이카개혁와

글라스노스트[개방] 정책으로 소련 국내의 개혁 개방, 나아가 동유럽의 민주화를 불러와 세계 질서에 큰 변화를 가져왔다. 그가 가장 환대를 받는 곳은 독일이다. 그 덕분에 베를린장벽이 무너지고 통일을 이루었기 때문이다.

1990년 그는 소련의 최초이자 마지막 대통령에 취임하여 마르크스-레닌주의를 포기하는 공산당 신강령을 마련하는 등 개혁을 추진해 보수강경파의 쿠데타를 유발시켰고, 결국 옐친 주도로 소련이 해체되고 독립국가연합이 탄생하자 사임했다. 지금은 고르바초프재단을 개설해 활동하지만 연중 절반은 강연 등을 하며 해외에서 보낸다. 한국에도 대통령 재임 때를 포함하여 여러 차례 왔다. 나는 2006년 광주에서 열린 노벨 평화상 수상자 정상회의에 참석한 그를 만찬석상에서 본 적이 있다.

바쁜 일정을 쪼개 모스크바 시내에 있는 재단을 직접 찾아가보았다. 그곳에는 한국을 비롯하여 전 세계에서 출판된 그와 관련한 출판물 수천 종과 자신의 저서들, 노벨 평화상을 비롯한 수많은 상과 메달 등 화려한 과거가 전시되어 있었다. 그와 그의 시대에 대해 연구하는 사람은 반드시 찾아보아야 할 공간이다. 전자도서관도 운영하고 있었다. 고르바초프는 재단 운영비를 마련하기 위해 피자헛과 루이뷔통 광고에도 직접 출연한 바 있다.

그러나 내가 본 바로는 지금 "러시아에 고르바초프는 없다." 열 곳의 도서관을 탐방하면서 과거 황제들과 레닌, 스탈린, 옐친, 푸틴, 메드베데프의 족적은 수없이 접했지만, 그의 흔적은 어디에도 없었다. 그만큼 국민과 권력에 의해 철저히 외면받고 있다. 오직 자신이 만든 재단 안에서만 존재한다. 다시 말하면 고르바초프재단은 '고르바초프의 섬' 이나 다름없었다.

러시아정교회의 수도원도서관인 성 알렉시 2세 도서관의 입구 모습

러시아정교회의 허브,
성 알렉시 2세 도서관

러시아정교의 수도원도서관 기행은 전혀 예상치 못한 새로운 경험이었다. 보통 '수도원도서관' 하면 고색창연한 그림으로 장식된 천장과 양피지로 만든 고서적들이 연상되기 마련인데, 우리가 찾은 러시아정교회 총대주교 성 알렉시 2세 도서관구 안드레옙스키수도원도서관은 건물 외관만 17~18세기의 것이고 내부는 현대적이어서 깜짝 놀라고 말았다. 관장 신부님께 도서관 설립연도부터 물어보았더니 1987년에 개관했다고 한다. 이것은 전적으로 러시아의 종교 상황과 관련이 있다.

러시아정교는 기독교의 동방정교회 가운데 최대 교파로 10세기 말 러시아에 퍼졌고 15세기에 비잔틴교회에서 독립했다. 모스크바는 비잔틴의 계승자임을 자처하여 콘스탄티노플현 이스탄불에 이어 '제3의 로마'라고 주장한다. 러시아정교는 교리와 설교보다는 의식과 기도를 중시한다. 불교로 치면 이심전심을 종지로 삼는 선종禪宗과 비슷하다. 성당 내부도 대단히 화려한데, 의자가 없는 점이 특징이다. 예배는 서서 드린다는 말이다. 크렘린 맞은편에 있는 세계 최대의 러시아정교 성당이자 총본산인 구세주그리스도성당과 상트페테르부르크의 카잔성당, 이삭성당 등 어느 성당에도 의자는 찾아볼 수 없다. 크리스마스는 1월 7일, 성호 긋는 순서도 가톨릭과는 좌우가 반대이고 십자가의 형태도 차이가 있다.

현재 종교를 가진 러시아인의 75퍼센트 정도가 믿는 러시아정교는 공산주의 정권의 종교 탄압으로 겨우 명맥만 유지하다 공산 정권이 붕괴한 후 과거의 권위를 되찾아가고 있다. 공산 치하에서는 종교 목적의 도서관은 금지되었다. 마르크스는 '종교는 인민의 아편' 이라고 규정했다. 19세기 당시 독일의 기독교가 인민 삶의 고통을 치유하는 대신 일시적으로 잊게 함으로써 아편의 역할을 한 것으로 보았다. 종교가 보이지 않는 내세를 앞세워 현실의 모순을 은폐함으로써 결과적으로 권력을 비호하고 인민을 더욱더 비참하게 만들고 있다는 것이다. 여담이지만, 최인훈은 소설 《광장》에서 '그리스도교와 코뮤니즘' 의 열 가지 유사점을 열거한 적이 있다. '십자가-낫과 망치', '고해성사-자아비판 제도', '바티칸궁-크렘린' 등으로 말이다. 흥미롭지 않은가.

이 도서관은 종교학의 권위자인 미하일 주교가 사망한 뒤에 그의 개인 장서 3천여 권으로 출범하여 지금은 20만 장서에 이른다. 성 알렉시 2세 도서관은 전체 러시아정교회의 종교연구소의 기능을 수행하고 있으며, 2008년에 서거한 알렉시 2세 총대주교 러시아정교회의 수장 의 결정적 도움으로 이 자리에 도서관을 설립할 수 있었다고 한다. 도서관에는 그를 기념하기 위한 총대주교홀이 있으며, 이곳에는 그가 받았던 선물과 개인 장서, 박사학위 논문 등이 전시되어 있었다.

대문호 톨스토이의 고손자인 니키타 일리치 톨스토이를 기념하는 톨스토이홀도 있다. 그는 러시아정교에 권위가 있던 아카데미의 회원이자 슬라브어 전문가인데 사후 5천여 장서를 기증했다고 한다. 다닐렌코 도서관

톨스토이의 고손자, 니키타 일리치 톨스토이를 기념하는 홀에 붙은 그의 사진

장 모스크바 총대주교구 수석사제 은 자신의 스승으로 도서관에 많은 도움을 준 분이라고 설명했다.

현재 러시아의 수도원과 그 도서관의 현황에 대해 물어보았다. 수도원은 4백여 개이며 대부분 도서관을 갖고 있다고 한다. 가톨릭이나 신교의 도서관과도 협력 관계를 유지한다. 혁명 전에는 지금과는 비교할 수 없을 정도로 많은 도서관이 있었고, 장서 규모와 권위가 훨씬 대단했다고 한다. 혁명 전 지방의 도서관에 있었던 장서 가운데 보존되었던 것을 이 도서관이 이어받은 것도 적지 않다.

혁명 후 종교 목적의 도서관이 금지되었던 시절 도서들이 없어지지 않고 보존되었는지 물었더니 다음과 같이 대답했다. "모스크바의 국가도서관이나 상트페테르부르크의 국립도서관 등으로 옮겼거나, 외국에 판매되

수도원도서관을 운영해온 모스크바 총대주교구의 수석사제 다닐렌코 도서관장

었거나, 완전 폐기된 경우로 나눌 수 있습니다. 상당량은 프랑스를 비롯하여 외국으로 판매되었는데, 지금은 가톨릭과의 관계 정립 과정에서 프랑스, 독일, 이탈리아 등으로부터 상당수를 반환받고 있는 중입니다."

러시아정교회 도서관 중에서 가장 권위가 있으며 이들의 허브 역할을 수행하는 이 도서관은 일반에게도 무료로 개방한다. 모든 이들을 위한 도서관을 표방하는데, 실제로 일반 이용자들이 눈에 띄었다. 전자도서관 등 현대화 사업도 강화하고 있다고 한다.

밖으로 나와보니 주황색과 흰색이 조화를 이룬 종탑이 아름다운 모습으로 나타났다. 10톤짜리 종은 혁명 후 끌어내렸다가 공산 정권이 붕괴한 뒤에 녹여서 독일에서 다시 만들어 매달았는데, 모스크바에서 가장 아름다운 종소리가 나온다고 자랑했다.

모스크바에서 가장 아름다운 종소리가 울린다는 성 알렉시 2세
도서관의 종탑

러시아 도서관 기행의 마지막을 장식한 국립예술도서관의 모습.

찬란한 문화예술의 상징,
러시아 국립예술도서관

러시아가 예술 분야 세계 제일이라고 당당하게 내세우는 도서관, 찬란한 러시아의 문화 예술이 있기에 이 도서관이 있고, 거꾸로 이 도서관이 있기에 수준 높은 예술이 가능하다고 자부하는 도서관이 있다. 국가 차원의 예술도서관으로는 세계에서 유일한 러시아 국립예술도서관The Russian State Art Library은 도서관 그 이상의 도서관이다. 단지 책을 빌려주고 검색 서비스를 제공하는 곳이 아니라 문화와 예술의 보존, 연구 개발 및 문화 부문의 정보 센터이자 최전선 공연예술인들에게 다양한 시각 자료를 제공하고, 다방면의 지식과 예술적 영감·창의력·상상력의 샘물이 되는 공간이다.

극단과 아마추어 단체들에게 실질적인 지원을 하고, 배우와 무대감독, 무대디자이너, 의상디자이너, 영화와 TV 종사자, 출판업자들이 이곳에서 자료를 찾아 자신의 예술적 구상을 실현하고 있으니 도서관이라기보다 예술인들의 삶의 터전이나 다름없다.

사실주의 연극 이론의 거장 스타니슬라브스키Stanislavskii가 "내 소중한 지식의 근원은 이 도서관이다"라고 격찬했고, 어떤 원로 배우는 "내 공연 준비의 절반은 바로 이곳에서 이루어졌다"라고 말했다면 이 도서관이 얼마나 공연예술인들의 사랑을 받아왔는지 짐작이 갈 것이다. 스타니슬라브스키는 "문제는 바로 여기에, 즉 삶 그 자체를 무대로 가져오는 데 있다"라고 말했다. 극중 인물이 무대에서 현실과 마찬가지로 생동감이 있어야 한다는 것이다. 그와 같은 사람에게는 특히 이러한 도서관이 갖는 의미가 각별했을 것이다.

러시아 도서관 기행의 마지막 순서로 이곳을 찾았다. 오후 4시가 안 되었데도 이미 어둑어둑했다. 단기간에 여러 곳의 도서관을 돌아보아 심신이 지친 상태로 방문하게 되었다. 우리를 안내한 사람들은 모두 여성들이었는데, 타고난 친절함에 놀라지 않을 수 없었다. 꾸미거나 예의범절에 따른 친절이 아니었기에 매너가 좋다는 표현은 어울리지 않았다. 세상 때가 묻지 않은 산골 아낙네의 순진무구한 얼굴들, 그저 사람 좋다는 표현이 가장 어울리는 그런 사람들이 예술도서관을 이끌고 있었다. 러시아 도서관은 어디를 가나 '할머니 사서' 들이 많이 있는데, 이곳은 특히 그랬다. 러시아는 노인 복지 차원에서 정년퇴직 이후에도 보직을 부여하기 때문에 70세가 다 되도록 일한다고 한다. 이들은 수십 년의 경험이 뒷받침되는, '묵은 장맛' 과 같은 봉사로 이용자들에게 큰 도움을 주고 있다고 한다.

자리에 앉자마자 여성 관장이 허스키한 목소리로 설명을 시작했다. "예술도서관은 러시아 국가도서관과 동급의 권위를 갖고 있습니다. 즉 러시아연방에서 최고의 권위를 가진 도서관이지요. 뿐만 아니라 예술도서관으로는 세계 최고의 권위를 가지고 있습니다. 런던과 뉴욕의 예술도서관과 비교해보면 잘 아실 겁니다." 자신감과 자부심이 넘쳤다.

러시아는 중요 도서관의 경우 대부분 황제의 칙령과 국가 지도자의 전폭적인 지원에 힘입어 만들어졌는데, 이 도서관도 마찬가지이다. 1922년

러시아의 배우들과 무대예술인들이 이용하는 열람실. 운 좋은 날엔 대스타를 만날 수도 있는 공간이다.

당시 문화부장관이 예술도서관 설립 계획을 제출했고 이를 레닌이 적극 지지함으로써 설립되었다. 관장은 레닌에 대해 "러시아의 대표적 지성인이었으며, 많은 영화인과 밀접하게 교류했고, 국립영화대학을 설립한 지도자"라고 높이 평가했다.

이 도서관은 처음에 러시아의 대표적 극장의 하나인 국립말리극장 부속학교의 연극전문도서관으로 출범했다. 18세기 말에 지은 건물은 뛰어난 건축가 카자코프의 설계작으로 국가문화재로 등록될 정도로 아름답다. 혁명 전에는 황실가족극장으로 쓰였고, 1948년부터 도서관으로 사용되고 있다. 대문호 톨스토이가 희곡 《어둠의 힘》을 직접 낭독하며 발표한 유서 깊은 장소이기도 하다. 2차 대전 중 온갖 악조건 속에도 계속 문을 열었던 것도 이 도서관의 자랑스러운 역사의 한 페이지를 장식하고 있다.

예술도서관의 고객이자 한 시대를 풍미했던 배우들의 친필 노트와 사진이 전시되어 있다.

도서관의 설립 목적은 예술의 경지를 최고의 절정으로 끌어올리는 것이었다고 설명한다. 이런 목적을 달성하기 위해 연극·영화와 직결된 것뿐 아니라 역사적 사건의 사진 및 그림, 세계 주요 도시들의 건축물 사진, 복식, 패션, 헤어스타일 등 관련 자료까지 방대하게 수집해왔다. 점차 역사, 문학, 철학 등 인문학 분야로까지 확대했다.

얼마 전 완성했다는 박물관으로 안내했다. 아직 정식 개관을 하지 않았는데 특별히 보여주는 것이라고 했다. 과연 페인트 냄새가 많이 났다. 이곳에는 수많은 희곡의 필사본, 렌스키, 스타니슬라브스키, 체호프, 메이어홀드 등 공연예술계 거장들의 육필이 담긴 희곡 대본과 연출 노트를 소장하고 있다. 소련 최초의 '공화국 인민예술가' 칭호를 받은 전설적 여배우이자 스타니슬라브스키로부터 "내가 본 최고의 배우"라고 칭송을 받은 예르몰로바, 러시아 최고의 명배우 셰프킨, 페도토바 등 전설적 스타들의 육필과 그들이 쓰던 희곡 대본이 전시되어 있었다. 스타니슬라브스키는 여배우 페도토바의 연기에 감동받은 나머지 배우로 하여금 무대 위에서 살아 있는 인간을 창조할 수 있게 하는 기술에 관한 연구를 시작했다고 한다. 대스타들의 도서관 대출신청서도 눈에 띈다. 나는 이런 계통에는 별 조예가 없지만 연극 영화인들이 보면 커다란 감동을 받을 것이 틀림없는 보물들이라는 생각이 들었다.

사진자료실로 가보니 시대별 각계각층 사람들의 복장들을 보여주는 사진들이 잘 정리되어 있었다. 사진 자료만 1만 점이 넘는다고 한다. 엽서 컬렉션도 마찬가지이다. 풍속과 풍경, 도시 조경과 기념물의 사진이 있어 가치가 있다. 서민 의복 모음집, 러시아와 외국의 도시 모음집도 유용한 자료이다. 2,500여 점의 희곡과 7,500여 점에 이르는 공연 팸플릿도 공연예술의 변천사를 알 수 있는 귀중한 자료이다.

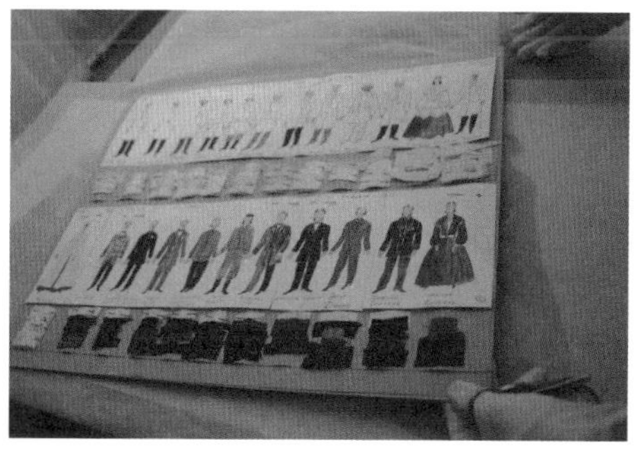

러시아의 시대별 복식 변천을 보여주는 자료들

예술도서관은 1990년대 중반부터 본격적인 전산화 작업을 시작했다. 현대화에 발맞춰 희곡 DB를 구축하고 소장 자료 중 권위 있는 서적의 전자화를 추진하고 있었다. 정기간행물 기사도 이미 21만여 건을 전자화했다고 소개한다. 전자 목록도 잘 정비되어 있었다. 이 도서관은 모스크바예술도서관협회와 러시아도서관협회의 예술도서관분과에 속하는 기본 시설로서의 역할도 한다. 전국의 여러 도서관과 관련 단체 및 예술인들에게 상담 서비스도 해주는, 예술 정보의 허브 역할을 톡톡히 해내고 있다.

러시아의 발달된 예술을 빛내주었던 전설적 스타들이 드나들었을 문을 나서니 벌써 한밤중처럼 하늘이 컴컴한 가운데 도서관 건물은 조명을 받아 하얗게 빛나고 있었다. 스타들은 스러져가도 감동은 남아 있다. 불멸의 스타는 없다. 불멸의 예술혼이 있을 뿐이다. 스타들의 인생은 짧아도 그들의 예술혼은 길다. 불멸의 예술혼은 예술도서관에 영원토록 남아 있으리!

가슴 벅찬 여정,
러시아를 떠나며

러시아의 방대한 도서관 기행을 마친 이 순간 허무한 느낌이 든다. 아마도 너무나 벅찬 일이었기 때문이 아닐까 생각한다. 시작할 때는 정말 아득한 산봉우리 같았는데, 그래도 첫걸음을 떼고 나니 한 걸음 한 걸음 걸어 올라갈 수 있었다. 매번 그렇지만 여행은 늘 아쉬움을 남긴다. 부족하지만, 장님 코끼리 만지기라 할지라도 만지긴 만졌으니, 다음을 기약할 수밖에.

러시아 사람들은 문화와 예술을 진정 사랑하는 것 같았다. 도서관에 대한 자부심도 대단했다. 독서와 산책은 러시아인의 일상생활이며 사회를 건강하게 유지하는 원동력이라고 한다. 러시아가 소비에트연방 붕괴 후 시련을 이겨내고 다시 번영의 기지개를 켤 수 있는 것도 문화와 예술이라는 보이지 않는 가치가 밑받침되기 때문이다. 러시아의 보이지 않는 지적 자원을 기억할 필요가 있다. 도서관을 애지중지하는 것을 보면 러시아의 미래는 밝을 것이라 감히 말하고 싶다. 특히 생존이냐 멸망이냐의 극한상황에서도 도서관의 문을 닫지 않은 러시아인들의 정신은 깊은 감동을 준다.

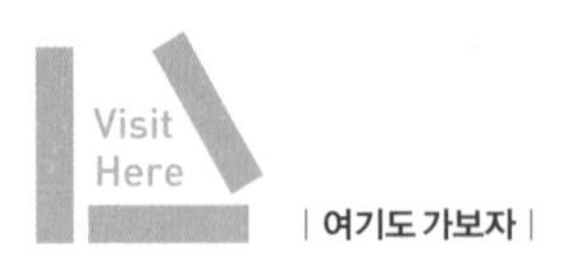

러시아 과학아카데미 사회과학연구소도서관

러시아 과학아카데미 사회과학연구소도서관은 모스크바에 있다. 1918년 사회과학기초연구도서관이란 명칭으로 설립되었으며, 1936년 두 개의 큰 사회과학도서관을 합하여 러시아의 대표적인 사회과학도서관이 되었는데, 1969년 러시아 과학아카데미 산하에 사회과학연구소가 설립되면서 그 소속 도서관이 되어 오늘에 이르고 있다. 기초연구 도서관으로서 전 러시아연방 차원의 지위를 갖고 있으며, 일찍이 1920년부터 납본도서관의 지위를 가지고 있다.

과학아카데미 사회과학연구소는 과학아카데미 산하 연구소로 설립되었으며, 러시아는 물론 전 유럽에서 가장 규모가 큰 사회·인문과학 분야의 학술정보 센터이다. 독일, 프랑스, 미국, 인도, 중국 등 해외 유수의 과학연구 문헌센터들과 협력 관계를 맺고 있다. 이 도서관은 국내에 20여 개 지부가 있으며 대학들과 긴밀한 협조 관계를 맺고 있다. 영국관, 일본관 등 외국의 문학관이 있는 문학도서관도 별도로 있다. 일반에게는 개방하지 않고 대학교수와 연구원, 사회과학 전문가, 대학원생, 졸업논문을 준비하는 대학생들에게 서비스를 제공한다. 세계 80여 개 나라의 학자를 포함하여 연간 수만 명이 이용한다. 전 세계의 자료를 수집하는데, 한국 자료도 당연히 수집하여 러시아어로 번역하여 제공한다. 역사·철학·경제학·법률 자료가 주를 이룬다. 그러나 한국어 전문가는 아직 없다.

북한과의 협력에 대해 묻자 "북한과는 1950년대부터 긴밀하게 협력해왔다. 특히 1960~1970년대에는 북한의 사회과학도서관과 대규모로 협력하면서 북한에 아주 많은 자료를 보냈다. 그러나 1990년대 중반부터는 북한에서 거의

자료를 보내지 않는다. 최근에 온 자료는 북한의 정세에 관한 저널 형태의 책 두세 권에 불과하다. 지금은 북한이 도서 교환에 대해 별 흥미를 느끼지 못하는 것 같다"라고 대답하면서 안타까운 표정을 지었다.

세계 각국에서 수집한 자료는 러시아어로 번역하여 매월 한 번씩 책자 형태로 발간하여 배포한다. 이것을 1년에 한 번씩 전자책으로도 제작한다. 전자책은 이미 1980년대 초부터 시작하여 현재 350여만 권을 소장하고 있다.

이 도서관의 특징으로는 왕성한 출판 활동을 들 수 있다. 이름에 걸맞게 주로 사회과학 분야를 분석한 도서가 대부분이다. 유럽의 여러 문제를 사회과학의 관점에서 분석한 책과 푸틴을 분석한 책을 보여주었다. 1990년대에는 《러시아와 현대의 세계》, 《문학 연구》, 《러시아와 무슬림의 세계》, 《유럽의 당면 문제》 등 분석 연구물을 창간했다. 이러한 연구 출판 프로그램은 학계에서 높은 평가를 받고 있다는 설명이다.

이 도서관은 러시아 내에서는 유일하게 유엔, 유네스코, 국제노동기구, 국제연맹 등 국제기구들의 문서 컬렉션과 미국1789년~, 영국1803년~, 이탈리아1897년~의 의회보고서를 소장하고 있다. 또 러시아 최대 규모의 슬라브어러시아어, 폴란드어, 불가리아어, 체코어, 우크라이나어 등 서적이 비치되어 있으며, 1백 년 이상 동안 수집된 잡지 컬렉션도 있다. 이러한 풍성한 소장 자료를 공개하고 일반에게 보급하기 위해 국내외 과학도서 전시회도 연다. 러시아에서 출판되는 서적과 잡지는 납본에 의해 수집하고 해외 파트너들과의 도서 교환과 구입을 상시적으로 하고 있다.

소장 자료는 도서 6백여만 책을 포함하여 1,300여만 점에 이른다. 이 중에는 고대 동양과 유럽 각국의 언어로 된 서적, 고대 러시아어 자료, 16세기의 희귀본들이 있다. 정기간행물은 7백여만 점이고, 사회과학 전 분야에 걸친 DB가 구축되어 있다. 직원은 별관 포함하여 380여 명, 이 중 박사급은 50여 명으로 인적자원도 풍부하다. 사회과학연구소도서관에 가면 한때 미국과 자웅을 겨룬 초강대국 소련의 면모를 느낄 수 있다.

러시아 의회도서관

러시아 의회는 상원인 연방회의와 하원인 국가두마로 되어 있다. 두마는 러시아어로 '생각'을 뜻한다. 국가두마의 의원 수는 450명인데, 2005년부터 전원 정당명부식 비례대표제로 선출된다. 현재 푸틴이 당수로 있는 통합러시아당이 의석의 4분의 3 정도를 차지하고 나머지는 제2당인 공산당과 공정러시아당, 러시아자유민주당이 나누고 있다. 이 정도면 푸틴이 총리지만 절대 권력을 갖고 있다고 봐도 무리가 아니다. 우리가 방문했을 때 본회의가 열리고 있었는데, 생각했던 것보다 도론이 활빌히 이루어지고 취재 열기가 뜨거운 것 같았다.

의회도서관은 우리와는 달리 국가두마의 사무처 산하에 있으며 직원 수도 50여 명으로 소규모이다. 제정러시아 시대인 1905년 제1차 러시아 혁명 발발 후 1906년 입법부로서 두마가 설치되면서 같은 해에 도서관이 설립되었다.

오늘날의 의회도서관은 1991년 설립된 것이다. 관장인 안드레예바는 2006년 우리 국회도서관이 주최한 세계의회도서관총회에 참가한 적이 있고 국제도서관협회연맹IFLA 의회도서관분과 상임위원을 역임하는 등 적극적으로 활동하는 여성이다.

자료 서비스 외에 서지 제공, 정보 서비스, 역사 서비스, 정보 분석, 상담 서비스, 참고회답, 인터넷 서비스, 디지털도서관 서비스 등 의회 정보 서비스 기능을 종합적으로 수행한다. 의원들의 의정 활동을 지원하기 위해 각종 지식정보를 제공하는데, 특히 인트라넷을 통한 법률정보시스템과, CD 및 외부 DB 제공, 러시아연방법 등 전국 서지와 색인 자료도 작성하고 있다.

소장 자료 검색 도구로는 카드 목록과 함께 디지털 목록도 함께 구축되어 있다. 주요 DB로는 요약보고서 색인, 연방권력기관 인명록, 주제어 목록집, 정보서비스 용어집 등이 있다. 이 도서관은 미국과 일본, 유럽 여러 나라, 우리나라 등의 의회도서관과 자료 교환 등의 협력 관계를 맺고 있다.

아늑한 내부 공간이 인상적인 보스턴공공도서관의 열람실 모습

시민의 일상과 밀착한 도서관 공화국

미국

| AMERICA |

미국 의회도서관 / 뉴욕공공도서관 / 보스턴공공도서관
하버드 로스쿨도서관 / 옌칭도서관 / 케네디대통령도서관
로스앤젤레스공공도서관 / 샌프란시스코공공도서관

상공에서 바라본 뉴욕의 빼곡한 마천루. 도서관은 이 삭막한 도시의 오아시스가 되어 도시인을 위로한다.

맥도널드보다 도서관이 많은 나라

미국은 도서관 공화국이라 해도 과언이 아니다. 자타가 공인하는 세계 최대 최고의 의회도서관과 뉴욕공공도서관으로 대표되는 촘촘한 공공도서관 네트워크, 일반에게도 개방되는 질 높은 대학 도서관, 그리고 대통령도서관에 이르기까지, 미국 지도를 펴놓고 도서관에 점을 찍으면 그 흔한 맥도널드 햄버거 가게보다도 더 많은 점, 점, 점이 찍히는 나라가 바로 미국이다. 맥도널드 가게는 1만 2천여 개인 데 비해 공공도서관만 1만 6,600여 개나 된다. 모든 도서관의 수는 12만 2천여 개에 이른다.

그 나라의 과거를 보려면 박물관에 가보고 미래를 보려면 도서관에 가보라는 말이 있다. 미국에서 의회도서관과 뉴욕공공도서관, 그 밖에도 미국 최초의 공공도서관인 보스턴공공도서관, 한국의 어지간한 도서관보다 한국 자료가 더 많은 하버드 옌칭도서관과 로스쿨도서관, 케네디대통령도서관, 서부 쪽의 로스앤젤레스공공도서관과 샌프란시스코공공도서관 등을 둘러보면서, 미국은 과거는 빈약하지만 미래는 탄탄하다는 사실을 재삼 확인할 수 있었다. 미국인들은 과거가 없음을 한탄하는 대신에 그만큼 더 미래에 대한 투자를 아끼지 않는다.

미국은 세계 어느 나라보다 도서관과 사서의 위상이 높다. 미국인들은 자신의 이름을 딴 도서관을 갖는 것을 최고의 영예로 여긴다고 한다. 대통령 도서관이 많은 것도 이 때문이다. 나이키의 공동 창업자인 필립 나이트가 모교인 오리건대에 2억 3천만 달러를 기부하여 '나이트도서관'이라는 명예를 얻은 것처럼 수많은 부자들이 앞다투어 도서관에 돈을 내고 자신의 이름을 도서관에 남기는 나라가 미국이다.

도서관은 학문과 사상의 자유가 있는 공간이자 정보와 문화의 중심지로서 수천 년 동안 진화해왔다. 이를 넘어서 지식정보혁명 시대인 현대의 도서관은 국가의 부를 창출하는 공장이나 마찬가지다. 틈틈이 도서관에 기부하는 빌 게이츠는 "오늘의 나를 만들어준 것은 조국도 아니고 어머니도 아니고 동네의 작은 도서관이다"라고 말했다. 젊은 시절 방황할 때 집 가까운 도서관에서 창의력과 상상력을 기르고 영감을 받아 창업을 하여 대성공을 이룬 것을 말한다. 미국은 도시를 조성할 때 학교, 경찰서, 소방서와 함께 도서관을 우선 짓는다고 한다. 도시 한복판에 위치한 도서관 입지가 모든 것을 말해준다.

기부 문화가 발달한 미국. 뉴욕공공도서관에 비치된 기부함에 달러 지폐가 가득하다.

뉴욕의 겨울, 거리 곳곳에서 크리스마스 분위기가 물씬 풍긴다.

의회도서관의 본관인 제퍼슨관의 모습

워싱턴의 심장부,
미국 의회도서관

미국 의회도서관Library of Congress. 보통 LC라 부름은 의회 건물 바로 뒤편에 자리 잡고 있다. 미국은 물론 세계를 움직이는 정치의 심장부인 워싱턴 D.C. 내셔널 몰의 연장선상이라는 지리적 위치부터가 의회도서관의 위상을 상징적으로 말해준다. 의회도서관은 워싱턴의 관광 코스에 포함된 지 오래되었다. 3개 건물 중 본관인 제퍼슨관의 본당Great hall에 들어서면 누구나 두 눈이 휘둥그레질 것이다. 도서관이라기보다 베르사유궁전이 아닌가 착각이 들 정도로 화려하고 장엄한 그림과 조각상, 온갖 형태의 장식물과 상징물로 가득하다.

23미터 높이의 천장은 스테인드글라스 채광창으로 장식되어 있고, 대리석 바닥의 중심에는 태양의 모습을 한 대형 놋쇠 세공 작품이 상감되어 있다. 천장에는 다양한 분야에서 업적을 이룬 미국인들을 기념하기 위한 모자이크가 눈을 사로잡는다. 홀 중앙에는 월계관을 쓰고 '진리와 지식의 등불' 을 상징하는 횃불을 든 여신상이 서 있다. 복도에는 의회도서관의 최고 보물인 '구텐베르크 42행 성경' 이 유리 상자 안에 전시되어 있다. 이 구텐베르크 성경은 현존하는 것으로는 가장 완벽한 양피지 성경 중 하나라고 한다. 또한 의회도서관의 자랑거리의 하나로 링컨의 자필 게티즈버

황금색으로 빛나는 화려한 주열람실의 내부. 장미 문양의 돔 천장과 대리석 열주가 인상적이다.

그 연설문 초안도 있다.

1897년 지어진 이 건물은 1980년부터 시작된 17년간의 리노베이션을 거쳐 지금의 모습을 갖추었다고 한다. 주열람실의 둥근 홀은 우람한 대리석 기둥으로 에워싸여 있고 돔 형태의 천장과 바닥, 스테인드글라스 창문에 이르기까지 모든 것이 황금색으로 빛난다. 아니, 상당 부분 실제 황금을 발라놓은 것 같았다. 주열람실을 바라볼 수 있는 방문객석 앞에는 대리석 모자이크 작품인 평화의 미네르바가 있다. 그 오른쪽에는 승리의 여신상, 왼쪽에는 부엉이가 있다. 미네르바가 손에 들고 있는 두루마리 명부에는 인문학과 과학, 예술의 여러 과목이 적혀 있다. 49미터 높이의 돔 천장은 320개의 장미꽃 문양으로 빽빽하다. 바로 아래 스테인드글라스는

궁전처럼 화려한 제퍼슨관 본당의 모습

48개 주[알래스카와 하와이는 제외]의 문장으로 장식되어 있다. 그 아래 8개의 대리석 열주가 각각 3미터 키의 여신상들을 떠받치고 있는데, 이 여신들은 종교, 철학, 역사, 예술, 시, 법률, 과학, 상업과 같은 사상과 문명을 상징한다고 한다. 여신상 아래 난간에는 16개의 청동 인물상이 자리하고 있다. 이는 여신상이 상징하는 주제를 가장 잘 대표하는 인물들에게 경의를 표하는 동시에 고전 학문의 전통과 미국의 역사를 이어주기 위한 것이다. 모세[종교], 플라톤[철학], 헤로도토스[역사], 미켈란젤로[예술], 호머[시], 솔론[법률], 뉴턴[과학], 콜럼버스[상업] 등 이들 지식인상은 고고한 자세로 열람자들을 내려다보고 있다.

세계 어느 도서관보다도 화려한 제퍼슨관의 본당과 주열람실을 둘러보면서 이런 귀족적 분위기 속에서 호사를 누리는 것은 과연 책일까, 아니면 이용하는 사람일까 하는 생각이 문득 들었다. '좋은 도서관은 아름다워야 한다'는 말이 있지만, 도대체 도서관이 이렇게까지 화려해야 하는가 의문이 들 정도였다. 어쩌면 찬란한 과거 유물이 부재한 미국의 콤플렉스가 지나치게 화려한 도서관을 낳았는지 모른다.

제퍼슨관 뒤쪽에 위치한 아담스관은 의회도서관의 주춧돌을 놓은 2대 아담스 대통령을 기념하기 위한 곳이다. 이곳은 해외자료를 보관하는데, 한국 자료는 24만 장서가 넘으며 우리나라에 없는 고서적은 물론 고지도와 고문서도 많이 있다고 한다. 가장 최근 건물인 메디슨관은 외관이 우리나라 국회도서관과 비슷하다. 두 건물 모두 그리스 파르테논신전을 형상화한 결과다. 4대 메디슨 대통령은 "지식은 영원히 무지를 지배할 것이다. 자기 자신의 통치자가 되려는 국민은 지식이 주는 힘으로 무장해야 한다"라는 명언을 남겼다. 도서관 건물 이름에서 알 수 있듯이 미국은 건국 초기부터 대통령들이 국가 도서관의 체계를 세웠는데, 특히 "나는 책 없이 살 수 없다"라는 말을 남긴 3대 제퍼슨 대통령의 역할은 특기할 만하다.

미국 도서관 시스템의 최대 특징은 행정부의 도서관이 없고 의회도서관이 모두 관장하는 것인데, 이는 제퍼슨의 철학에서 비롯되었다. 권력자들은 사실과 정보, 지식을 독점하고서 필요할 때 은폐하고 왜곡하고 조작하려는 속성이 있기 때문에 이를 다루는 도서관을 권력자의 품이 아니라 국민의 대표 기관인 의회 안에 두는 것이 좋다고 그는 판단했다.

의회도서관은 세계의 모든 지식 정보 자원을 수집한다는 목표를 내걸고 4천 명 가까운 직원이 일하고 있다. 장서는 1억 4,200만 점, 서가의 길이는 1,046킬로미터이고, 소장 자료의 언어가 무려 470종이나 된다니 그 방대한 규모를 짐작할 만하다. 도서관장은 장관급으로 대통령이 임명한다. 현 관장인 제임스 빌링턴James Billington은 프린스턴대 교수 출신의 역사학자인데 1987년 레이건에 의해 임명되어 20년 넘게 재임 중이다. 그 사이 임명권자인 대통령이 몇 번 바뀌고 정권 교체도 몇 차례 있었는데도 80세 넘도록 관장직을 유지하고 있다. 그만큼 미국에서 도서관의 무당파성nonpartisanism은 철저하게 존중되고 있음을 알 수 있다.

나는 이 세계 최고의 도서관에서 그 유명한 CRSCongressional Research Service를 비롯하여 법률도서관, 보존국, 디지털도서관 업무를 주관하는 전략실, 아시아과, 그리고 워싱턴 교외 별도의 건물에 있는 장애인도서관 등을 만 이틀 동안 꼬박 둘러보면서 그곳 책임자 및 실무자들과 토론과 대담을 나누었다. 그들은 바쁜 와중에도 나를 위해 빽빽한 일정을 짜서 체계적으로 브리핑을 해주고 하나라도 더 보여주고 설명해주려고 애썼다. 의회조사국으로 번역되는 CRS는 의원들이 요구하는 자료에 대해 완벽한 조사 자료를 제공하는 것으로 명성이 높다. 여기에는 여러 분야의 전문성을 가진 직원 660명이 일한다. CRS 보고서는 전 세계적으로 권위를 인정받고 있다.

의회도서관에는 한국인 사서가 20명 가까이 근무하면서 독도 표기 문제를 비롯하여 고국과 관련한 여러 이슈에 음으로 양으로 관여하고 있다. 영심 리, 숙희 와이드먼, 주디 최 등 한국 출신 사서들은 모두 자부심이 넘치고 행복하게 보였다. 그들의 준비와 친절한 안내 덕분에 이 거대한 도서관에서 알찬 경험을 할 수 있었다.

미국 대통령과 도서관

미국은 전직 대통령을 기념하는 공간을 '기념관' 이라 하지 않고 '도서관' 이라 이름 짓는다. 그만큼 도서관이라는 말을 좋아한다. 의회도서관의 초석을 놓은 3대 제퍼슨에서부터 오바마에 이르기까지 도서관을 가까이했던 대통령이 많다.

정규 학교를 다니지 못한 링컨은 책만 보면 닥치는 대로 읽은 덕에 오히려 명연설을 할 수 있었다. 의원이 된 이후에는 의회도서관에서 마음껏 독서를 했으며, 도서관에서 독학으로 터득한 군사학 지식은 남북전쟁을 승리로 이끄는 데 큰 도움이 되었다고 한다. 의회 앞 뉴지엄Newseum 내부 벽면에 크게 붙여놓은 그의 말은 도서관과 언론의 핵심적 사명을 짚은 것이다. "국민에게 사실을 알려주어라. 그러면 나라가 안전할 것이다.Let the people know the facts, and the country will be safe."

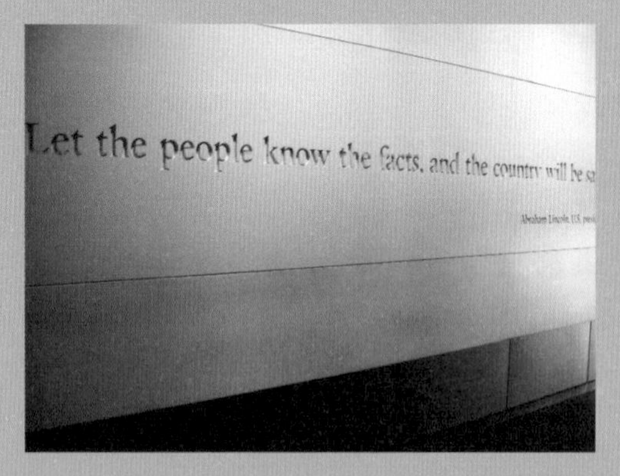

조지 부시는 사서 출신 로라를 도서관에서 처음 만났다. 로라가 제시한 교제 조건은 '도서관을 자주 이용하고 책을 많이 읽을 것' 이었다고 한다. '텍사스 카우보이' 라는 별명이 말해주는 것처럼 지성보다는 야성이 앞선 부시는 부인 잘 만나서 자신의 약점을 보완하여 대통령까지 올랐다는 평을 듣기도 한다. 공교롭게도 클린턴과 힐러리 부부 역시 첫 만남의 장소가 예일대의 도서관이었다고 한다.

오바마는 '도서관 마니아'라 해도 과언이 아니다. 그는 상원의원 시절인 2005년 3만여 명이 참석한 미국 도서관대회에서 기조연설자로 초청되어 심금을 울리는 연설로 인기를 모았다. 그는 도서관에 대해 '더 큰 세상을 향해 열린 창'이라고 정의하면서 사서는 '진실과 지식의 수호자'라고 한껏 띄웠다. 연설 말미에서 현시대를 '지식이 권력이 되고 성공의 관문이 되는 시점'이라고 말해 핵심을 정확하게 짚어냈다. 또 "잠자리에 들기 전 어린 딸들에게 책을 읽어주면서 그들이 스르르 잠이 드는 모습을 보고 있으면 이것이 천국의 한 모습일 것이라는 생각이 든다"라고 말했다. 여섯 번의 중간 박수와 마지막 기립 박수를 받기에 충분한 내용이다. 미국도서관협회의 기관지 월간 〈아메리칸 라이브러리즈American Libraries〉가 큼지막한 인물 사진과 함께 이 내용을 커버스토리로 다루었다. 제목은 '오바마는 도서관을 지지한다'라고 붙여졌다.

"미드맨해튼도서관이 아니었다면 오늘의 오바마는 없다"라고 말할 정도로 그는 도서관 친화적 인물이다. 그는 퇴임 2년여 전 '오바마도서관' 건립을 위한 모금을 시작하여 목표액 10억 달러(1조 원 이상)를 달성했다. 하와이와 뉴욕, 시카고가 유치 경쟁을 한 결과 시카고 잭슨공원으로 부지가 확정되었다. 도서관은 2021년 개관 예정이라고 한다.

맨해튼 한복판에 자리 잡은 뉴욕공공도서관의 전경

도시인을 위로하는
뉴욕공공도서관

영화 〈투모로〉를 기억할 것이다. 지구 온난화가 야기한 재앙으로 자유의 여신상을 집어삼키는 해일과 살인적 강추위가 뉴욕을 엄습할 때 시민들이 피해 들어간 곳이 바로 뉴욕공공도서관New York Public Library이다. 그만큼 이 도서관은 시민 생활과 밀착된, 아니 시민 생활의 주요 부분을 차지하는 도서관으로 세계적 명성을 떨치는 곳이다.

맨해튼 한복판에 당당하게 자리 잡고 있는 이 도서관을 찾아가니 커다란 사자상 두 마리가 반갑게 인사를 한다. '지하철 시리즈프로야구에서 뉴욕을 본거지로 하는 양키스와 메츠가 월드시리즈에서 대결하는 것을 말함. 지하철을 타고 양 팀의 구장을 왕래한다는 의미.'가 벌어졌을 때는 뉴욕 시민들의 축제 분위기에 동참하는 뜻에서 두 사자상의 머리 위에 각각 두 구단의 모자를 씌웠다고 한다. 시민의 기쁨과 슬픔을 함께 나누며, 오랜 시간 도서관

뉴욕공공도서관 앞에서 방문객을 반기는 사자상

장미열람실 입구 벽에 존 밀턴의 경구가 새겨져 있다. "좋은 책은 영혼의 보혈이니, 영원히 잊히지 않도록 소중하게 여길지어다."

을 지켜온 셈이다.

뉴욕공공도서관의 문을 열고 들어가면 바로 나타나는 넓은 중앙홀은 영화 〈섹스 앤드 시티〉에서 결혼식장으로 거론되는 곳인데, 실제로 결혼식장으로 고가에 임대되고 있다. 장미열람실 입구 벽에는 《실낙원》의 저자 존 밀턴의 명구를 고어체 그대로 적어 걸어놓았다. "좋은 책은 영혼의 보혈이니, 영원히 잊히지 않도록 소중하게 여길지어다."

2001년 9·11 테러 당시 이 도서관의 활동은 많은 것을 시사해주는 동시에 도서관이 할 수 있는 역할의 한계는 어디까지인지 생각하게 한다. 이 미증유의 재난으로 온 세계가 충격에 빠졌으니 뉴욕 시민들의 충격, 아니 공포감은 상상을 초월했을 것이다. 이때 도서관은 인터넷 홈페이지를 즉각 테러 대응 체제로 바꿔서 무너진 건물의 입주자 명단, 실종자 확인 방법, 당장의 대처 요령 등을 게시했다. 사태 수습 뒤에는 시민들이 겪는 집단적 우울증, 비탄, 공포감을 극복하는 데 도움이 되는 정보를 제공하고 관련 강좌를 개설했으며, 가족과 친지를 잃은 사람들을 연결시켜 모임을 주선하는 등 시민을 위해 많은 봉사를 하여 더욱 인기가 높아졌다고 한다. 도서관이 뉴욕 시가 제공하는 공공 서비스 가운데 10년 넘게 1위를 차지하는 이유가 바로 여기에 있다는 생각이 들었다.

이 도서관은 1901년 카네기Andrew Carnegie가 내놓은 520만 달러를 밑천으로 큰 도약을 이룰 수 있었다. 지금도 뉴욕 시는 운영비의 절반만 대고, 나머지는 기부를 담당하는 부서까지 두어 기부금을 받아 운영한다. 금융 투자까지 하여 금융 위기 때 어려움을 겪었다니 우리나라 기준으로는 이해가 안 간다.

높은 천장과 활기 넘치는 도서관 이용자들이 인상적인 뉴욕공공도서관의 장미열람실 내부

본관 바로 맞은편 미드맨해튼분관을 찾았다. 입구부터 사람들로 붐비는 것이 인상적이었다. 오바마가 이용했다는 직업정보 센터Job information center에 가보니 미국 각지의 일자리 정보를 담은 책들이 꽂혀 있다. 오바마도 이런 책들을 보았을까? 《시인의 시장poet's market》이라는 책이 이채롭다. 시인이라고 이슬만 먹고 살 수 없으니 시의 생산자와 소비자를 연결시키는 여러 정보를 담고 있다. 여기서는 이력서 작성법, 면접 요령 강좌 등 실질적인 봉사를 한다. 이곳은 시민들이 장바구니를 들고 와서 부담 없이 책을 읽고 비디오를 보는 생활 밀착형 도서관이라는 점이 특징이다. 그래서 언제나 시장바닥처럼 시끌벅적하다.

예술, 과학, 비즈니스 등 주제별 연구도서관이 4개, 지역별 분관이 83개에 이르는 뉴욕공공도서관은 하루 이용자가 10만 명이 넘을 정도로 활기 넘치는 장소이다. 외지인이 뉴욕에 이사 오면 자유의 여신상이 환영 인사를 하고 도서관이 오리엔테이션을 시켜서 진정한 뉴요커New Yorker로 만들어준다는 말이 있다. 도서관 때문에 다른 도시로 이사 가지 못한다는 사람까지 있을 정도로 시민의 사랑을 받는 도서관이다.

오마바 대통령이 이용했다는 직업정보 센터. 과연 생활밀착형 도서관답다.

도서관의 수호성인, 카네기

우리나라 사람들은 '카네기' 하면 '강철 왕'이라고 알고 있는데, 미국인들은 '도서관의 수호성인 Patron Saint of Libraries'이라는 영광스런 별칭으로 부른다. 그는 미국과 영국, 호주, 뉴질랜드, 인도, 피지 등에 도서관을 무려 2,509개나 지어주었다. 미국에 지어준 1,600여 개는 그 당시 미국 전체 도서관 숫자보다도 많은 것이었다.

빈곤한 집안에서 태어나 학교도 제대로 다닐 수 없었던 그는 동네의 작은 도서관에서 지적 욕구를 채울 수 있었으며, 그때 도서관의 가치를 알았다고 한다. 그는 기업인으로서는 상당히 냉혹한 면모를 보인 인물이다. 그가 도서관에 기부를 하겠다고 하자 "노동 착취로 번 더러운 돈으로 신성한 도서관을 지을 수 없다"라며 거부한 곳도 있었다고 한다.

어쨌든 카네기는 '개처럼 벌어 정승처럼 쓴', 탁월한 선택으로 자신의 명예를 드높였을 뿐 아니라 오늘날 미국의 발전에도 크게 이바지한 것으로 평가받고 있다.

세계 최초의 공공도서관,
보스턴공공도서관

신사의 도시, 보스턴. 그곳에 가면 세계 최초의 공공도서관인 보스턴공공도서관을 만날 수 있다. 입구 간판의 모습.

공공도서관이 '시민대학the people's university' 이라면 보스턴공공도서관Boston Public Library은 세계 최초의 시민대학이다. 이 도서관은 1848년 설립된 세계 최초의 대형 무료 공공도서관으로서 이용자 대출을 최초로 실시하였는데 당시에는 혁명적인 일이었다. 1895년 어린이 전용실을 설치하고, 1902년 최초로 어린이를 위해 '책 읽어주는story telling' 서비스를 시작했다. 그 당시 보스턴은 미국의 역사적·사회적·지적 중심지였기 때문에 공공도서관 설립과 새로운 서비스 도입은 다른 미국 도시들에 모델이 되었다.

이곳은 교육 도시이자 '신사들의 도시' 의 도서관답게 전체적인 분위기가 우아하고 신사적으로 보였다. 정문을 열

본관 내부의 사자상

아름답기로 유명한 보스턴공공도서관의 중앙 정원

고 들어가면 무표정한 사자상 두 마리가 엄숙한 기분을 강요(?)한다.

본관과 27개의 분관으로 이루어져 있으며, 약 610만 권의 책과 170만 권의 희귀서와 필사본 등 총 1,500만여 점의 자료를 소장하고 있다. 귀중한 자료로는 셰익스피어 작품의 초판본, 모차르트의 관현악 악보 등이 있다. 이 도서관은 연간 1,500만 점 이상의 자료가 대출되는 대단히 분주한 도서관이다. 제2대 대통령 애덤스의 개인 서고도 있다.

이 도서관은 보스턴의 랜드마크인 프루덴셜센터 부근에 위치하고 있다. 오래된 매킴 빌딩은 연구도서관으로 이용되고 중앙 정원과 회랑으로 연결된 존슨 빌딩은 대출이 가능한 일반 도서관으로 이용되고 있다. 매킴 빌딩은 1895년 개관했을 때 '시민의 궁전Palace for the people'이라고 불리었을 정도로 아름다운 건물로, 1986년 국가 역사보존 건물로 지정받았다.

매킴 빌딩 입구에는 두 청동상이 있는데, 작은 지구본을 들고 있는 여

실용적이며 감각적인 디자인이 돋보이는 도서관의 내부. 서가 곳곳에 의자가 비치되어 있어 아이들이 앉아서 책을 보는 모습이 종종 보인다.

빽빽하게 책으로 뒤덮인 보스턴공공도서관의 중앙 서가. 유럽의 도서관에서 볼 수 없던 현대적 서가의 모습이다.

인상 좌우의 대리석에는 뉴턴 등 과학자들의 이름이, 붓과 캔버스를 들고 있는 여인상 옆에는 미켈란젤로 등 예술가들의 이름이 새겨져 있다. 또한 건물의 벽면에는 소크라테스 등 인류의 지성을 이끈 철학자, 사상가, 예술가들의 이름이 새겨져 있다. 도서관이 인류의 지식과 지혜의 전당이라는 것을 상징적으로 보여주는 것이다.

존슨 빌딩은 1972년에 세워진 건물인데 지금 봐도 규모나 기능면에서 현대 도서관으로 손색이 없다. 이 빌딩은 매킴 빌딩과 비슷한 크기에 분홍 화강암이라는 같은 재질을 이용해 만들었다. 매킴관과 존슨관 사이에 있는 중앙 정원은 16세기 로마의 캔셀리아궁전을 모방했다고 한다. 이 세계 최초의 대형 무료 공공도서관은 지금 도서관 홈페이지에서 트위터 서비스를 운영하는 등 이용자와의 소통을 위해 끊임없이 노력하는 점이 돋보인다.

보스턴공공도서관은 퓰리처상 수상자인 역사학자 매큘러가 선정한 미국에서 가장 중요한 5대 도서관의 하나이다. 5대 도서관으로는 이 외에도 의회도서관, 뉴욕공공도서관, 하버드대도서관, 예일대도서관 등이 꼽힌다.

세계 최고 명문, 하버드 로스쿨의 입구. 이곳에 방문한 날은 간간이 눈발이 흩날렸다. 오바마 대통령이 이곳 출신이다.

오바마의 정신적 고향,
하버드 로스쿨도서관

하버드대학교가 있는 보스턴은 매사추세츠 주의 수도이고 정치 명문 케네디가의 고향이다. 하버드뿐 아니라 MIT, 보스턴대, 매사추세츠주립대, 보스턴칼리지 등이 포진된 교육 도시로도 명성이 높다. 메이플라워호가 상륙한 플리머스가 멀지 않은 곳이어서 이민 1세대의 도시이기도 하다. 그래서 그런지 지나가는 사람들이 대부분 점잖고 고상하고 교양 있어 보인다. 한편 보스턴은 미국인들이 가장 좋아하는 스포츠인 미식축구의 뉴잉글랜드 패트리어츠를 비롯하여 프로농구의 셀틱스, 프로야구의 레드삭스 등 강력한 팀의 본거지이기도 하다.

하버드대는 더 이상 설명이 필요 없는 최고 명문이다. 아이비리그 8개 대학 중에서도 하버드, 예일, 프린스턴은 HYP로 따로 불린다. 하버드대는 존 F. 케네디, 프랭클린 루스벨트, 버락 오바마 등 대통령 6명을 배출했다. 하버드 법대 하면 1970년대 유명했던 TV 드라마 〈하버드대학의 공부벌레들〉에 나오는 킹스필드 교수를 떠올리는 사람이 많을 것이다. 깐깐한 성격에 카랑카랑한 목소리가 전매특허인 노교수의 질문에 학생들이 대답하고, 대답에 대해 또다시 질문을 던지는, 소크라테스의 문답식 강의가 깊은 인상을 남겼다. 하버드 출신 작가 에릭 시걸의 소설 《러브 스토

하버드 로스쿨의 랭델도서관 내부

리》와 영화 〈금발이 너무해〉의 배경도 이 대학이며, 우리나라의 드라마 〈러브 스토리 인 하버드〉도 마찬가지이다. 내가 하버드를 방문했을 때 드라마에서 본 건물을 아무리 찾아보아도 보이지 않기에 물었더니 하버드는 상업용 촬영을 허용하지 않기 때문에 드라마는 다른 대학에서 촬영한 것이라고 했다.

하버드 로스쿨도서관인 랭델도서관Langdell Library은 이 대학 초대 총장인 랭델Christopher Langdell 교수의 이름에서 유래한다. 현재 대학의 법률도서관 중에서는 세계에서 가장 크다. 평상시에는 밤 12시까지 열며, 시험 기간에는 2층 열람실을 24시간 개관한다고 한다. 학생들은 많은데, 지나치게 깔끔하고 바늘 하나 떨어지는 소리까지 들릴 것 같은 적막감이 여느 도서관과는 판이하게 다른 모습이었다.

하버드와
'러브 스토리'

《러브 스토리》는 재벌의 아들이자 하버드 로스쿨 학생인 올리버와 가난한 음악도 제니퍼의 아름답고도 슬픈 사랑 이야기이다. 젊은이들의 순수한 사랑, 삶과 죽음의 이야기는 1970년 영화로 만들어져 전 세계 수많은 영혼의 심금을 울렸다. 지금도 눈만 오면 라디오에서 흘러나오는 오리지널 사운드 트랙 〈눈 장난snow frolic〉은 감미롭고도 애잔한 선율로 가슴을 파고든다. 젊은 두 연인이 하얀 눈밭에서 뛰고 넘어지고, 입 맞추고 눈을 먹여주고, 눕고 뒹굴면서 천진스럽게 장난치는 장면은 잊지 못할 명장면으로 꼽힌다. "사랑은 절대로 미안하다고 말하지 않는 거야.Love means never having to say you're sorry." 이 영화가 남긴 불후의 명대사이다.

두 남녀의 첫 만남은 래드클리프대 도서관에서 이루어진다. 래드클리프대는 하버드 옆에 있던 여대인데, 훗날 하버드와 통합되었다. 도서관에서 일하는 여주인공과 책을 빌리려는 남주인공의 말다툼으로 시작된 그들의 인연은 결국 25세 여주인공의 불치병으로 인한 죽음으로 끝나버린다. 누가 나에게 세상에서 가장 슬픈 게 뭐냐고 묻는다면 나의 준비된 대답은 '파란 낙엽' 이다.

옌칭도서관

로스쿨도서관에서 가까운 곳에 동양학 도서관인 옌칭도서관이 있다. 옌칭燕京은 중국 베이징北京의 옛 이름이다. 옌칭도서관은 옌칭연구소의 부설 도서관으로 출발했는데, 옌칭연구소는 1928년 알루미늄 산업으로 거부가 된 찰스 마틴 홀Charles Martin Hall의 기금으로 만든 동양학 연구소이다.

이 도서관은 동아시아권의 원어 자료를 수집하고, 동아시아의 영문 서적은 중앙도서관이 담당한다. 한국관은 고서 4천여 권을 포함하여 총 14만여 권을 소장하고 있으며, 7명의 한국인 사서가 근무하고 있다. 중국어 서적 66만 권, 일본어 서적 30만 권, 베트남어 자료 등 기타 115만여 권의 자료가 소장되어 있다.

하버드대는 한국어 강좌를 1950년대 초에 개설했고, 1960년대부터 한국학 연구를 전공 분야로 독립시켜 운영해왔는데, 옌칭도서관이 연구의 중심을 이루고 있다. 또한 이곳은 국제적인 한국학 교류의 중심지이기도 하다. 이 도서관의 한국관은 한국에 대한 모든 자료를

옌칭도서관 입구에 놓인 중국산 조형물

우아한 장식이 인상적인 옌칭도서관의 계단

망라해놓은 곳은 아니지만 한국 고유문화를 깊이 있게 이해하는 데 필요한 기본 자료들을 충실히 모아놓고 제공하고 있다. 한국학을 하는 외국인이나 미국 내 한국인 교수들은 이 도서관에 와서 한국은 물론 북한 관련 자료들을 찾아본다. 이곳은 한국에서 쉽게 볼 수 없는 북한 자료를 접할 수 있는 이점이 있다. 과거 북한 자료를 접하기가 쉽지 않았던 시절에는 이 도서관의 효용성이 매우 컸다고 한다.

지하 1층에 있는 한국관 서고에는 《리조실록》, 〈로동신문〉, 〈민주조선〉 등 북한에서 발행된 자료가 많이 소장되어 있었다. 한국 자료로는 월간 〈신동아〉가 창간호부터 보관되어 있는 것이 눈에 띄었다. 나선형의 좁은 계단을 돌아 지하 2층으로 내려가니 오래된 북한 소설과 시집들이 눈에 띄었다. 하버드대에 1년간 교환교수로 갔다 온 분이 "옌칭도서관에서 한국책만 읽다 보니 영어가 오히려 줄어서 돌아왔다"라고 농담조로 했던 말이 생각났다.

옌칭도서관의 한국 관련 자료. 북한 자료도 함께 있다.

명문가의 빛과 그림자,
케네디대통령도서관

케네디대통령도서관 겸 박물관의 입구

케네디 미국 대통령은 용기와 패기, 뉴프런티어의 상징으로 기억되는 인물이다. 1960년대 초 냉전 시기 2년 10개월의 짧은 재임 기간에 피그만 침공, 쿠바 미사일 위기, 베를린 봉쇄 등 엄청난 사건들이 줄을 이었다. 그때마다 이 40대 중반의 젊은 대통령은 초강대국 미국의 지도자로서 민주주의를 지키는 맨 앞줄에서 시원시원한 지도력을 과시하곤 했다.

1979년 그의 고향인 보스턴에 세워진 케네디대통령도서관 겸 박물관 John F. Kennedy Presidential Library and Museum에는 46세 젊은 나이에 드라마틱하게 비명에 간 케네디의 짧지만 굵은 기록이 담겨 있다.

"그러므로 국민 여러분, 여러분의 나라가 여러분을 위해 무엇을 해줄 수 있는가를 묻지 말고, 여러분이 나라를 위해 할 수 있는 일이 무엇인가를 물어보십시오. 전 세계의 친애하는 시민 여러분, 미국이 여러분을 위해 무엇을 할 수 있는지 묻지 말고, 인류의 자유를 위해 우리가 함께 무엇을 할 수 있는지 물어보십시오."

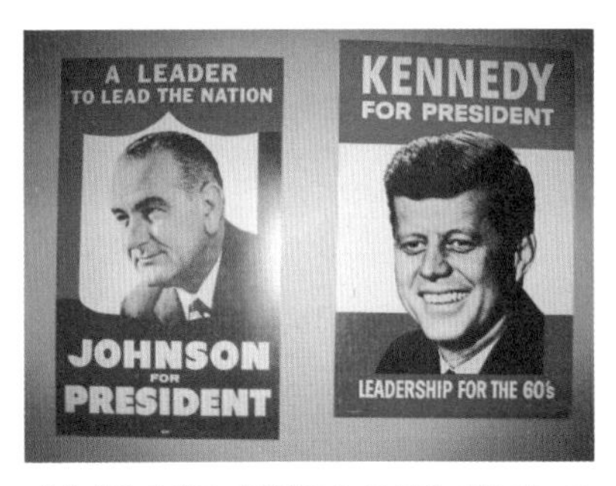

케네디의 생애를 재현해놓은 도서관 내부에는 그의 생전 자취를 생생하게 만날 수 있다. 사진은 대선 당시 후보자 홍보 포스터의 모습.

1961년 취임사에서부터 명쾌한 연설로 세계의 주목을 받은 케네디는 1963년 공산 동독의 베를린 봉쇄에 맞서 서베를린에 날아가서 공산주의를 강력하게 비판하고, 백 마디 말보다도 더 강력한 한마디를 현지어로 남김으로써 서베를린 수호 의지를 확고하게 천명했다. "나는 베를린 시민이다.Ich bin ein Berliner." 그는 말의 힘을 잘 아는 정치인이었다.

그가 문화 예술을 잘 이해한 지성인이었다는 근거가 이 도서관에 남아 있다. 대통령 취임식에서 시를 낭독한, 〈가지 않은 길The Road Not Taken〉의 시인 로버트 프로스트, 《대지》의 작가 펄 벅 등 문인들과 어울리는 모습이 전시되어 있다. 그는 연설에 프로스트의 시를 즐겨 인용했으며, 시인이 죽자 추모 연설을 했다. 그리고 한 달도 채 안 되어서 자신도 그 뒤를 따랐다.

케네디가 살던 당시 백악관 집무실도 재현해놓았다.

그는 어떤 자리에서 문인들에게 상석을 권유하는데 문인들이 사양하자 "정치는 순간적이고 문학은 영원한 것인데, 어찌 순간적인 것이 영원한 것보다 윗자리에 앉겠습니까?"라는 취지로 말했다고 한다. 정말 멋진 대통령이다. 그래서 그런지 이 도서관에서 판매하는 케네디 어록집에도 문화 예술에 관한 명언들이 맨 앞부분에 수록되어 있었다. 나는 그것이 맘에 들어 손바닥만한 그 어록집을 사서 틈틈이 읽곤 했다. "권력이 사람을 오만으로 이끌어갈 때 시는 그 사람에게 자신의 한계를 일깨워준다.When power leads man toward arrogance, poetry reminds him of his limitations." 케네디 어록집 첫 페이지에 나오는 말이다.

케네디도서관은 헤밍웨이 관련 자료의 아카이브이자 연구센터 역할을 한다. 이것도 케네디에 어울리는 일이다. 1980년 개설된 헤밍웨이실은 연구자들에게 개방되어 있다. 케네디와 헤밍웨이는 만나지는 못했지만 서로 좋은 감정을 가지고 있었다고 한다. 케네디는 취임식에 헤밍웨이를 초청하였지만 헤밍웨이가 병으로 참석하지 못했다.

케네디도서관이 헤밍웨이실을 설치한 것은 케네디가 1961년 헤밍웨이 사후 그의 부인인 메리가 쿠바로 돌아가 관련 자료를 정리할 수 있도록 도와준 인연에서 유래한다. 1968년 메리와 재클린은 메리가 쿠바에서 가져온 헤밍웨이 관련 자료들을 케네디도서관에 보존하기로 했다. 2009년에 쿠바 정부는 쿠바에 남아 있던 자료의 복제본 3천여 점을 케네디도서관에 기증했다. 그중에는 《노인과 바다》 교정 원고와 《누구를 위하여 종은 울리나》의 결말 부분을 다르게 쓴 원고 등이 있으며, 잉그리드 버그먼 영화 〈누구를 위하여 종은 울리나〉의 여주인공 역 등과 주고받은 편지도 포함되어 있다. 현재 케네디도서관은 헤밍웨이 관련 자료와 원고의 90퍼센트가량을 보유하고 있다.

미국인들을 대상으로 한 여론조사에서 수십 년간이나 미국 최고의 명문가로 꼽혀온 케네디가. 그 영광과 비극, 빛과 그림자가 함축적으로 담겨 있는 케네디도서관은 언제나 내외국인들로 붐빈다. 아무리 세월이 흘러도, 미국인들은 케네디와 재클린을 역사의 페이지로 떠나보내지 않으려는 듯, 드라마보다도 더 드라마틱한 그 부부의 기록물 앞에서 떠날 줄 모르는 것 같았다.

재클린의 이브닝드레스

재클린의 이브닝 드레스.
그녀가 좋아했던 핑크색이다.

케네디대통령도서관에서 필자의 눈을 강렬하게 잡아끌면서 많은 것을 생각하게 했던 것은 비운의 퍼스트레이디 재클린의 이브닝드레스였다. 흰색 레이스와 구슬로 장식된 이 핑크색 드레스는 재클린이 1963년 워싱턴 내셔날 갤러리에서 열린 〈모나리자〉 전시회 개막식에서 입어 유명해진 것이다. 프랑스는 〈모나리자〉의 해외 전시를 좀처럼 하지 않는데, 1961년 케네디의 프랑스 방문 때 문화부 장관 앙드레 말로소설 〈인간의 조건〉 작가가 재클린의 매력에 빠진 나머지 미국 전시를 약속해버렸기 때문에 이 전시가 이뤄진 것이라고 한다. 이 드레스에는 다음과 같은 사연이 있다.

재클린은 1962년 5월호 〈라이프〉에서 여배우 오드리 햅번이 입고 있는 노란색 드레스를 보고 자신도 그런 드레스를 입고 싶었다. 그 드레스는 프랑스의 지방시가 디자인한 것이다. 그래서 그 드레스를 스케치하여 자신의 전용 디자이너 카시니에게 주어 만들게 하여 탄생한 것이 이 드레스이다. 카시니는 지방시의 모델명을 따라 이 버전의 드레스를 재클린이 좋아하는 핑크 색상으로 바꿔서 만들었다. 인도풍의 이 드레스를 재클린은 그해 인도 대통령을 환영하는 백악관 만찬에서 한 번 더 입었다.

1960년대 초, 30대 초반의 나이에 미국의 퍼스트레이디로서 독창적이고 센스 있는 패션 감각으로 세계의 스포트라이트를 받았던 여인, 재클린은 절정의 순간에 남편을 잃고 홀로된 뒤 그리스의 선박 왕 오나시스와 재혼하면서 다시 한 번 세간의 화제가 되었다. 이후 미국 남성들로부터 온갖 비난과 조롱에 시달리다 7년 뒤 또 남편과 사별, 뉴욕의 이름 없는 보석상을 동반사로 삼았다. 결국 그녀는 만년에 쓸쓸한 뒷모습을 보이다가 조용히 본남편의 곁에 묻혔다. 전성기 때는 아무리 진기한 보석을 달아도 자신이 보석이 되고 보석은 빛을 잃게 만들었던 여인! 나는 머리도 팔도 없고, 체온이 있을 리 만무한 마네킹에 입혀진 재클린의 이브닝드레스를 한참 동안 바라보면서 인생의 덧없음과 권력 무상을 다시금 곱씹어 보았다.

1993년 증축된 도서관의 전경. 미국 최고의 도서관 건물상을 받을 정도로 외관은 물론 내부도 아름답다.

미국 속 또 하나의 세계,
로스앤젤레스공공도서관

미국 서부 지역에서 규모가 가장 큰 로스앤젤레스공공도서관Los Angeles Public Library은 다민족 사회의 특징을 잘 반영하고 있는 도서관이다. 다민족 국가인 미국 내에서도 특히 로스앤젤레스는 태평양에 접해 있는 지리적 특성상 한국을 비롯한 아시아계가 많고, 과거 멕시코 영토였기 때문에 멕시코를 비롯한 중남미계도 많이 사는 인종 전시장과도 같은 도시이다. 시민의 생활에 밀착된 도서관이 이런 지역의 특성을 반영하는 것은 당연한 일이다.

이 도서관은 본관 외에 지역별로 72개의 분관이 있는데, 분관마다 주민 구성비를 분석하여 맞춤형 서비스를 한다. 코리아타운 분관은 이용자

도서관 출입문. 만인에게 열려 있는 도서관이라는 의미의 문구와 함께 책 제작 과정을 묘사한 부조가 장식되어 있다.

'인종 전시장' 로스앤젤레스에 있는 도서관답게 본관 외에 72개의 지역 분관이 갖춰져 있다. 한글로 표기한 '한국 서적'이 눈에 띈다.

의 3분의 2가 한국계라서 거기에 맞는 장서와 직원이 준비되어 있다. 본관에도 한국인 사서 5명이 있다. 이외에도 한국어 책을 구입하는 분관이 6~7개라고 한다. 로스앤젤레스 동부는 중남미계가 대다수이고, 스페인어 책은 20여 개의 분관에 비치되어 있다. 차이나타운과 리틀 도쿄 등도 각각 특색이 있다. 무려 500여 종에 이르는 여러 언어를 배우는 방도 다민족 사회를 반영하는 것이다.

도서관 정원의 계단에는 여러 나라의 상징적인 문장들을 그 나라의 문자로 새겨서 다문화의 공존을 과시하고 있다. 《용비어천가》의 한 구절이 얼른 눈에 띄어 반갑고 자부심이 들었다. 담장에도 여러 나라 문자로 책과 독서에 관한 경구를 붙여놓았다. "독서는 마음의 양식", 길을 가다 이

로스앤젤레스는 미국에서도 문맹률이 높은 도시다. 이에 도서관은 문자해독 교육센터를 열어 일대일 교육 서비스를 제공한다.

런 글귀를 보는 한국 교민이라면 이 도서관의 시민을 위한 배려에 감사함과 함께 '우리 도서관'이라는 친밀감을 느끼지 않을 수 없을 것이다. 무뚝뚝하지 않고 시민과 상시적으로 소통하고 시민 속에서 존재하려는 도서관의 노력을 엿볼 수 있는 대목이다.

미국은 우리와 달리 문맹률이 높은데, 그중에도 로스앤젤레스는 더 높은 편이기 때문에 문자해독 교육센터Literacy Center를 운영한다. 본관뿐 아니라 21개 분관에서 읽고 쓰기를 가르침으로써 도서관이 평생교육학교 역할을 충실하게 수행하고 있다. 여기에서는 주로 가정교사 식으로 일대일 교육을 한다. 우리를 안내해준 사서 이영실 씨는 이 부서에서 2년 정도 일한 적이 있는데, 자원봉사자들의 헌신성에 많이 놀랐다고 말했다. 자원봉사자들은 낮에 직장에서 일하고 밤에 시간을 내는 경우가 많다고 한다. 그런데도 도서관 자원봉사를 하는 이유를 물으니, 자신은 책을 통해 얻은 것이 너무 많고 인생이 바뀌었는데 글자를 모르는 사람을 보면 안타까운 마음이 들어서 피곤함을 무릅쓰고 자원봉사를 하게 되었다고 말하더라는 것이다.

미국 동부의 유서 깊은 도서관에 비해 역사도 짧고 귀중본도 상대적으로 적은 이 도서관의 특색은 실용성에 있다. 문화와 교양을 비롯하여 시민의 삶에 실질적으로 도움이 되는 프로그램을 미국 내 어느 도서관보다도 풍부하게 운영한다. 창업 도우미, 사업 기획, 은행 융자를 받는 법, 주식 투자, 자산 관리, 파산 방지법, 신용카드 정리, 직업 안내, 이력서 작성법, 숙제 도우미, 다양한 취미 활동 등 종류도 가지가지이다. 심지어 연방 정부와 주 정부의 세금신고서 양식도 비치되어 있는 것이 눈에 띄었다.

여러 나라의 언어로 꾸민 도서관 정원의 담장. '독서는 마음의 양식'이라고 쓴 한글이 반갑다.

도서관 정원의 계단을 여러 나라의 상징적인 문장들로 장식해놓았다. 《용비어천가》 구절이 한눈에 띈다.

미국의 도서관은 어느 곳이나 지역 커뮤니티의 중심 역할을 하는데 이 도서관은 더욱 그런 것 같았다.

미국의 다른 도서관과 마찬가지로 '도서관의 친구' 라는 후원 그룹이 조직되어 있으며, 시민들의 기부로 구성된 도서관 재단Library Foundation이 있다. 재단에서는 생을 마감할 때 유산을 도서관에 기부하도록 유도하는 프로그램을 운영한다. 기증자들의 이름을 따서 만든 여러 개의 방, 이름을 새겨 넣은 벽 등 기증자들의 명예를 높여주는 데 인색하지 않음을 알 수 있다. 지금은 과거 유물이 되어버린 카드 목록의 서랍에 기부자들의 명패를 달아 복도에 전시해놓은 것은 산뜻한 아이디어로 보였다.

미국에서 사서가 되기 위해서는 도서관협회가 인정하는 석사 학위를 가져야 한다. 학부에 문헌정보학과가 있는 한국과는 다르다. 국공립도서관에서 일하는 사서는 성인 사서, 청소년 사서, 어린이 사서로 분류되며, 문헌정보학 석사과정에서 선택이 이루어진다고 한다. 청소년 사서라는 개념은 생긴 지 얼마 되지 않았는데, 로스앤젤레스공공도서관이 선구자 역할을 했다고 한다.

이 도서관은 다운타운의 중심가에 자리 잡고 있다. 1993년에 증축된 건물은 '미국 최고의 도서관 건물' 상을 받을 정도로 외관과 내부가 모두 아름답다. 내부 벽과 천장은 예술성 높은 벽화로 장식되어 있다. 건물 꼭대기에 피라미드 형상을 올려 마무리하고 출입문에 고대 도서관의 내부 상상도를 조각해놓은 것은 이 현대식 도서관에 역사성을 부여하고 품위를 한껏 높이는 효과를 준다.

또한 이 도서관은 어느 도서관보다 정원이 넓고 운치가 있어서 결혼식

도서관에 유산을 기부한 사람들의 이름이 빼곡하게 새겨진 벽. 기증자의 이름을 붙인 방도 있다.

과 파티장으로 인기가 높다고 한다. 알고 보니 그렇게 넓은 이유가 있었다. 도서관 바로 뒤에 로스앤젤레스의 랜드마크이자 최고층63층인 빌딩이 버티고 서 있는데, 이것은 '라이브러리 타워Library Tower'라는 별칭으로 불리는 유에스뱅크 사옥이다. 이 빌딩에 도서관의 하늘 공간을 팔아서 정원의 사용권을 얻은 것이다. 도시계획에서 우리나라에는 없는 개발권 이양Transfer Development Right 제도를 활용한 덕택이다.

이 도서관은 직원이 1천여 명, 장서 640만 점, 연간 이용자 1천700만 명, 자료 대출 1천800만 점, 회원 200만 명의 규모를 자랑한다. 그러나 방대한 규모보다도 다양한 문화에 대한 존중과 시민을 위한 실질적 서비스 정신이 돋보이는 도서관이다. 출입문 위에 "책은 모든 사람을 초대한다.

어느 누구도 제한하지 않는다BOOKS INVITE ALL, THEY CONSTRAIN NONE"라는 경구가 도서관과 책의 가치를 강조하면서 시민들을 초대하고 있다.

예술적 가치가 뛰어난 벽화와 천장, 이국적인 바닥재로 꾸민 로스앤젤레스공공도서관 본관 내부

미술관에 온 듯 착각할 정도로 도서관 전체를 조명과 조각 등으로 세련되게 꾸며놓았다.

'One City One Book'
샌프란시스코공공도서관

신비감이 감도는 주변 경관과 아름다운 금문교

샌프란시스코 하면 금문교Golden Gate Bridge를 떠올린다. 이 다리는 1937년 완공 당시에 불가사의라고 불리면서 수많은 세계기록을 보유했다. 지금은 그 기록을 대부분 넘겨주었지만 '세계적 자살 명소'라는 불미스런 별칭만은 여전히 가지고 있다. 정확한 이유는 알 수 없지만 아마 다리 자체의 아름다움과 늘 안개가 끼어 신비감을 주는 주변 경관, 거기에 이름까지 매력적이기 때문이라는 추측이 가능하다. 인생의 짐이 얼마나 무거우면 자살까지 생각하겠는가마는, 생의 마지막 순간을 특별한 곳에서 맞으려는 것도 인간의 마지막 욕심이라고 해야 할지 어떨지……. 몇 년 전 자살에 얽힌 여러 사연이 지역 언론에 연재될 정도로 이 다리와 자살의 연관성은 깊다고 할 수 있다. 시 당국에서는 지금 수백억 원의 비용을 들여 자살 방지벽 설치를 계획하고 있다고 한다.

나는 길이가 3킬로미터에 가까운 이 매력적인 다리를 걸어서 건너보았다. 직접 걸으니 과연 멀리서 바라보던 것과는 본질적인 차이가 있었다. 먹음직스러운 음식을 바라만 보는 것과 씹어서 먹어보는 것의 차이라고나 할까? 다리 한가운데쯤에서 아래를 내려다보았다. 시퍼런 태평양 바닷물이 현기증을 일으켰다. 내가 갑자기 뛰어내려버릴지 모른다는 걱정이 문득 들었다. 이곳에 이런 문구를 써놓으면 어떨까 하는 생각이 났다. "오늘 하루만 더 살아보고 내일 오세요." 내일은 영원히 내 앞에 나타나지 않는다. 왜? 내 앞에 나타나는 순간 내일은 오늘로 변하니까.

아름다운 금문교로 상징되는 샌프란시스코에 아름다운 도서관이 없을 리 없다. 웅장한 시청 건물과 마주 보고 있는 깔끔한 건물이 1996년에 신축한 샌프란시스코공공도서관San Francisco Public Library이다. "지역공동체가 정보와 지식, 스스로 학습, 그리고 독서의 즐거움을 무료로 공평하게 누릴 수 있도록 봉사한다." 이 도서관이 내건 미션이다. 도시 전체가 조용하고 산뜻한 것처럼 도서관의 분위기도 안팎이 모두 평온하게 보인다. 도서관 내부에서 가장 눈에 띄는 부분은 1층부터 꼭대기까지 시원하게 뚫린 로텐더홀이다. 이 부분이 너무 많은 공간을 차지한다는 비판도 받지만, 워낙 조형미가 뛰어나기 때문에 공간 낭비라는 생각보다는 그저 아름답다는 느낌이 압도했다.

이 도서관은 시에서 개최하는 '한 도시 하나의 책 읽기One City One Book' 운동에 주도적 역할을 한다. 시민들이 동시에 같

도서관에 들어서면 1층부터 꼭대기까지 트인 아름다운 로텐더홀에 매혹당한다.

열람실 입구에서 책에 몰두한 노신사. 한 편의 그림 같아 오래 바라보았다.

도서관 한켠에서는 저렴한 값에 도서를 판매하고 있었다.

은 책을 읽은 뒤 이야기를 나누는 이벤트이다. 그렇게 함으로써 이질적 시민들 간, 세대 간에 공감대가 형성되고 지성적인 도시가 될 수 있다는 계산이다. 도서관 회원은 물론 많은 서점과 프로그램 파트너, 언론이 참여하는 캠페인이다.

보르헤스의 자취를 간직한 고풍스러운 도서관 내부

보르헤스가 꿈꾼 천국의 도서관

아르헨티나

| ARGENTINA |

아르헨티나 국립도서관

부에노스아이레스의 보카 지구에 가면 온몸으로 정열을 느끼게 된다. 강렬한 원색의 건물이 매력적이다.

남미의 파리,
부에노스아이레스의 매력

부에노스아이레스Buenos Aires는 '좋은 공기'라는 뜻이다. '남미의 파리'라고 불릴 정도로 아름다운 건축물이 즐비하고 문화예술이 출렁이고 여유와 세련미가 넘쳐나는 도시, 공기가 좋다는 것은 바로 이런 뜻이다. 수백 개의 극장에서 밤마다 오페라와 뮤지컬, 탱고와 연극이 펼쳐지면서 '밤이 행복한 도시'라는 별칭을 자랑스럽게 여기고, 적어도 남미에서는 다른 어떤 도시와도 비교되기를 거부할 정도로 자부심이 넘치는 도시이다.

나는 꼬박 24시간 동안 비행기를 타고 우리나라와 정반대 쪽인 이곳까지 날아왔다. 거리에 넘실거리는 사람들의 물결에 합류하여 그저 물결치는 대로 거닐다 보니 장거리 비행의 피로는 사라지고 어느새 부에노스아이레스 시민이 되어 있는 나 자신을 발견하고 혼자 웃었다. 그들은 비록 경제적 풍요는 옛 추억이 되어버렸지만 일상에 아등바등하지 않고 문화예술에 파묻혀 삶 자체를 즐기면서 느긋하고 낙천적이고 마냥 행복한 표정을 짓고 있었다. 적어도 거리에서는 이 나라가 안고 있는 여러 고민을 찾아보기 힘들었다. 열정의 축구, 관능의 탱고, 그리고 지성의 도서관이 공존하는 도시, 유럽 어느 도시보다도 공기가 너무나 좋은 도시, 나는 부에노스아이레스의 좋은 공기에 흠뻑 취하고 말았다.

아르헨티나 독립의 역사가 살아 숨 쉬는 국립도서관의 정문

보르헤스와 에비타의 공존,
아르헨티나 국립도서관

나는 왜 이토록 먼 곳까지 날아왔을까? 나를 강력한 자력으로 끌어당긴 것은 바로 라틴문학의 거장 보르헤스Jorge Luis Borges이다.

"도서관은 영원히 지속되리라. 불을 밝히고, 고독하고, 무한하고, 확고부동하고, 고귀한 책들로 무장하고, 쓸모없고, 부식되지 않고, 비밀스런 모습으로." 〈바벨의 도서관〉 중에서

도서관인들로부터 가장 사랑받는 명구를 남긴 그가 시력을 잃은 상태로 무려 18년 동안이나 관장으로 있었던 도서관이 이곳 아르헨티나 국립도서관Biblioteca Nacional de la República Argentina이다. 나는 세계 도서관 탐방을 일차로 마무리할 때 이 신비스러운 작가의 체취가 남아 있을 것 같은 지구 반대편 미지의 도서관에 대한 동경으로 가슴 한구석에 허전함을 지니고 있었다. 간절한 꿈은 현실이 된다고 했던가. 초현실주의자 보르헤스에 대한 나의 오랜 동경은 드디어 현실로 바뀌었다.

부에노스아이레스의 허파라고 불리는 팔레르모 공원을 지나면서 한눈에 들어온 이 도서관의 외양은 내가 가본 세계 어느 도서관과도 닮지 않

도서관 부근에는 부에노스아이레스의 허파라 불리는 팔레르모 공원이 있다. 능숙하게 개들을 운동시키는 개 산책사의 모습이 신기하다.

은 독특한 개성이 인상적이었다. 이 건물은 이른바 브루탈리스트brutalist 양식의 건축물이다. 튼튼하고 건축비와 관리비가 적게 들고 실용성이 장점이라는데, 장식물 하나 없어도 저렴해 보이지 않고 상당한 품위가 느껴진다. 노출 콘크리트 공법을 사용한 하단부는 콘크리트 덩어리라 해도 과언이 아닐 정도로 투박한 반면, 상단부 열람실은 자연 채광을 활용하기 위해 사방을 푸른 유리로 처리하여 세련미와 신비감을 풍기고 그 안에 뭔가 있을 것 같은 기대감을 주기에 충분했다.

이 도서관의 탄생은 아르헨티나 독립운동과 직결되어 있다. 스페인의 식민지였던 아르헨티나는 1810년 나폴레옹의 스페인 침공을 계기로 5월 혁명으로 불리는 독립운동의 횃불을 들었다. 독립운동 과정에서 국립도

장식을 절제한 브루탈리스트 양식의 외관에서 품위가 느껴진다. 상단부 열람실은 푸른 유리로 처리하여 세련미와 신비감을 더했다.

서관의 필요성이 제기되어 그해 9월에 국립도서관이 설립되었다. 혁명의 기운이 도서관을 잉태하여 탄생시킨 것이다. 실제 독립의 완성은 6년 뒤인 1816년에야 이루어졌으므로 국립도서관이 먼저 생기고 독립이 나중에 이루어진 것이 다른 나라와의 차이점이다. 독립을 위해 사상과 지식의 보급이 필수적임을 인식했다는 것은 대단한 선견지명이 아닐 수 없다.

이처럼 의미심장한 역사적 배경에서 탄생한 이 도서관은 그 후로도 이 나라의 굴곡 많은 정치사와 불가분의 관계를 맺어왔다. 그 가운데 압권은 보르헤스와 에비타에 얽힌 이야기이다. 두 사람은 상극의 관계이다. 에비타의 남편인 후안 페론Juan Domingo Perón이 집권한 초기에 보르헤스는 그의 포퓰리즘 정책을 비판했다는 이유로 시립도서관의 사서직에서 쫓겨났다가[1946년] 그가 실각한 후 새 정권에 의해 국립도서관장에 임명되었다[1955년]. 하지만 18년 뒤 페론이 다시 집권하자 보르헤스는 관장직에서 물러났다[1973년]. 자유로운 영혼을 가진 보르헤스가 전체주의자 페론과 양립할 수 없었던 것은 당연해 보인다. 도서관 내부에 보르헤스의 손때 묻은 유품과 외부에 에비타의 동상이 공존하는 것 또한 수십 년이 지난 지금으로서는 당연한 일이 아닐까. 이 나라 역사의 아픈 상처가 세월에 의해 치유되고 있는 현장이 바로 도서관이라는 것도 우연만은 아닐 것이라는 생각이 들었다.

보르헤스가 관장으로 일하던 시절, 국립도서관은 다른 곳에 있었다. 1962년, 그는 도서관을 현재의 자리로 이전, 신축해달라는 탄원서를 대통령에게 보내 허락을 얻어냄으로써 현재의 도서관 건물이 있게 한 장본인이 되었다. 그런데 이 자리가 예사로운 땅이 아니다.

국립도서관 앞에 서 있는 에바 페론의 전신상

아르헨티나는 우리와 달리 대통령궁과 관저가 따로 떨어져 있는데, 에비타의 퍼스트레이디 시절 살림집인 대통령 관저가 바로 이곳에 있었다. 이곳은 에비타가 퍼스트레이디로서 6년간 살다가 죽음을 맞은 장소이고, 사후에도 방부 처리된 시신 상태로 3년이나 누워 있었던 역사적 현장이다. 1955년, 페론을 몰아내고 들어선 새 권력자는 국민의 우상인 에비타의 시신을 여기에서 빼내어 이탈리아로 내보냈다. 여기에 더하여 에비타의 체취가 강렬하게 묻어나는 대통령 관저를 뜯어내고 공원으로 만들어버렸다. 이 모든 것은 여전히 뜨거운 에비타 추모 열기와, 그 상징적 장소인 이곳이 성역화되는 것을 두려워했기 때문에 취해진 조치였다.

노년의 보르헤스 초상

따라서 새 도서관 건립이 결정될 당시 이 자리는 공원이었다. 실제 도서관 건물의 초석은 9년 뒤에야 놓였고, 완공은 신축 결정이 난 지 30년 만인 1992년에야 이루어졌다. 이는 아마도 불안정한 정치 정세와 악화된 경제 사정 때문으로 짐작된다. 엘사 바르베Elsa Barber 부관장은 "국립도서관 신축이 이렇게 시일을 끈 것은 부끄러운 일"이라고 말했다. 그녀는 내가 보여준 보르헤스 단편집 《픽션들》의 한글 번역본이 많이 닳은 것을 보고 출판 연도를 물었다. 1994년이라 밝히며 한국에 보르헤스 마니아가 꽤 많다고 하자 신기하게 여기는 것 같았다.

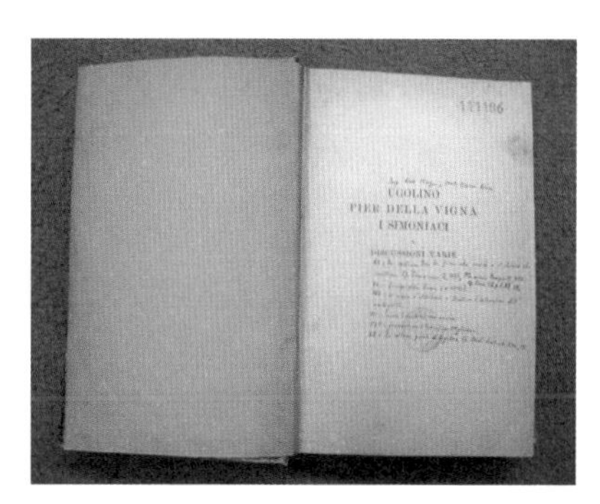

보르헤스는 읽은 책에 반드시 메모를 남겼다. 실명한 뒤에는 책을 읽어준 어머니에게 대필을 부탁하기도 했다.

널찍한 방으로 들어서니 벽에 역대 관장들의 초상화가 걸려 있는 가운데 보르헤스가 눈에 들어왔다. 위대한 소설가이자 시인이고 엄청난 독서

보르헤스가 관장 시절 사용한 이동식 미니 서가와 책상. 얼마 전까지도 보르헤스의 손이 닿은 듯 상태가 양호하다.

가인 그의 애장 도서가 있는지 묻자 그녀는 기다렸다는 듯이 책 수레를 끌고 왔다. 사실 그의 사후에 대다수 책들은 보르헤스 재단에 기증되고 이곳에는 600여 권밖에 있지 않았다.

특이한 것은 보르헤스는 책을 읽은 후 언제 어디에서 읽었는지 속표지에 기록해놓는 습관이 있었다는 점이다. 모국어인 스페인어는 물론 영어도 모국어 수준으로 능통했고, 독일어와 프랑스어, 이탈리아어까지 자유롭게 구사했다는 그의 육필 메모를 보니 각기 그 책의 언어를 사용하여 기록했음을 알 수 있었다. 실명을 한 뒤로 어머니가 책을 읽어주었는데, 코멘트를 어머니에게 대필시키는 사진도 눈에 띄었다.

이 방에는 보르헤스가 관장 시절 사용하던 책상과 이동식 미니 서가가 놓여 있는데 지금도 사용하는 물건처럼 보존 상태가 좋았다. 위대한 문호는 떠났지만 손때 묻은 책상은 그대로 남아 40년 세월의 간극을 메워주고 있었다.

나이 지긋한 재무 책임자인 마리아 에체파레보르다María Etchepareborda에게 보르헤스 관장과 함께 일한 적 있느냐고 물었다가 뜻하지 않은 대답을 들었다. 그녀가 도서관 직원으로 들어왔을 때 보르헤스는 이미 퇴임한 뒤였다. 그러나 보르헤스의 집과 가까운 곳에 살았기 때문에 근처 산마르틴 공원을 산책하기 위해 오가는 모습을 자주 보았다고 한다. 보르헤스는 고고한 풍모인데다 산책 후 집에 들어올 때면 기사가 집 앞까지 모시고 와서 들여놓고 가는 바람에 한 번도 말을 붙여본 적이 없다고 했다.

보르헤스가 42세 때인 1941년에 쓴 환상적 기법의 소설 〈바벨의 도서관〉은 늙어서 눈이 보이지 않는 한 사서의 독백 형식으로 되어 있다. 보르

지성의 상징인 도서관을 배경으로 서 있는 영성의 상징 교황 요한 바오로 2세의 동상

헤스는 1955년 국립도서관 관장 취임 당시 이미 거의 보이지 않을 정도로 시력을 상실했고 다음 해에 완전히 실명을 했다고 한다. 결과적으로 이 짧은 소설은 눈먼 천재의 예언적 자전소설이 되었다.

유네스코가 부에노스아이레스를 '2011년 세계 책의 수도'로 지정한 것은 보르헤스와 무관하지 않을 것이다. 이 도시는 자축의 의미로 여러 나라의 대사관과 시민들로부터 기증받은 책 3만 권을 쌓아 〈바벨탑〉이라는 이름의 거대한 설치미술을 내놓아 세계 지성인들의 갈채를 받았다.

도서관 정문 바로 앞에는 교황 요한 바오로 2세의 동상도 세워져 있다. 교황의 방문을 기념하기 위해 그의 조국인 폴란드의 교민들이 헌정한 것이라고 한다. 영성靈性의 상징인 교황을 지성知性의 상징인 도서관 앞에 모신 것도 이채로워 보였다. 나는 날렵한 몸매의 에비타 동상과 십자가를 든 교황의 동상, 그리고 우주선의 모습을 연상시키는 도서관을 한눈에 바라보면서 한참 동안 발을 떼지 못했다. '인류의 도서관장'으로 추앙받는 보르헤스를 가슴속 깊이 새기면서…….

보르헤스, 천국의 도서관에 잠들다

보르헤스는 20세기 대표적 지성인의 한 사람이다. 1899년, 세기말에 태어난 그는 19세기 리얼리즘 소설이 생명력을 잃어가면서 소설의 시대가 종언을 고했다는 말이 나돌 무렵 소설의 대상을 현실 너머 환상의 세계로, 당시에는 철학의 영역으로만 간주되었던 시간, 공간, 존재 등 형이상학적인 영역까지 확장시키면서 소설의 부활을 가져왔다는 평가를 받는 기념비적인 작가이다. 그는 환상적 사실주의에 기반을 둔 단편들로 포스트모더니즘 문학에 큰 영향을 끼쳤다.

움베르토 에코Umberto Eco는 "두 명의 대가가 인류에게 장차 1천 년을 먹고살 양식을 남기고 갔다"며 제임스 조이스James Joyce와 보르헤스를 꼽았다. 에코는 "새 천년의 이미지는 바로 월드 와이드 웹World Wide Web이며, 조이스는 그것을 언어로 구축했고 보르헤스는 아이디어로 구축했다"고 말했다. 보르헤스의 동시적 시공간 개념과 미로 그물이 오늘날 웹의 모태가 되었다는 말이다.

에코의 소설 《장미의 이름》에 등장하는 눈먼 도서관장은 보르헤스를 모델로 삼은 것으로 알려졌다. 심지어 미셸 푸코Michel Foucault 같은 대가도 "보르헤스의 문장을 읽고 나는 내가 지금까지 익숙하게 생각한 모든 사상의 지평이 산산이 부서지는 것을 느꼈다"라고 말할 정도로 보르헤스는 20세기 문학의 새로운 지평을 연 작가이다.

보르헤스는 페론 정권에 반대하다 수난을 당하고 유전적 요인으로 실명하게 되지만 오히려 고통을 문학적으로 승화시켜 더욱 왕성한 작품 활동을 벌였다. 시력 상실은 육신의 눈으로 보는 일상적 소재에서 벗어나 영혼의 눈으로 볼 수 있는 근본적 주제를 추구하도록 만들었다. 그는 "일생 동안 나는 다소 비밀스러운 작가였다. 사람들이 내 책을 읽기 시작했을 때 나는 쉰 살이 넘었다. 명성은 마치 실명처럼 서서히 다가오고 있었다. 여름철의 느릿느릿한 석양처럼 말이다"라고 말한 적이 있다.

언제부터인가 그는 매년 노벨문학상 후보에 올랐지만 결국 수상하지 못했다. 그때마다 스웨덴 아카데미가 거센 비난을 받곤 했다. 그가 노벨상을 받지 못함으로써 거꾸로 그 상의 권위가 의심받을 정도였다고 하니 그의 세계적 명성을 짐작하고도 남음이 있다.

아버지의 서재에서 태어난 보르헤스는 운명적으로 책과 도서관을 벗어날 수 없었던 사람이다. 11세 때까지 집에서 교육을 받았는데 집에는 수천 권의 책이 있었다. 스스로 "내 생애의 주요 사건을 묻는다면 내 아버지의 서재라고 해야 할 것"이라고 말할 정도로 큰 영향을 받았다. 어린 시절 아버지를 따라 국립도서관에 자주 갔는데 수줍음을 타는 성격이라서 사서에게 책을 부탁하지 못하고 개가식 서가에서 브리태니커백과사전을 즐겨 읽었다고 한다.

"천국은 틀림없이 도서관처럼 생겼을 것이다." "새들이 없는 세상을 상상할 수 있다. 물이 없는 세상도 상상할 수 있다. 그러나 책이 없는 세상은 상상할 수 없다." 도서관과 책에 대한 애정이 이보다 더 진할 수 있을까. 1986년, 유년의 추억이 서려 있는 제네바에서 영면에 들어간 보르헤스의 영혼은 지금 '도서관을 닮은 천국'에 가 있을지 모르겠다.

아르헨티나의 불꽃,
에비타! 에바 페론

군인 출신 대통령 후안 페론과 퍼스트레이디 에바 페론

에비타Evita는 아르헨티나의 군인 출신 대통령인 후안 페론의 두 번째 부인 에바 페론Eva Perón의 애칭이다. 사생아로 태어나 밑바닥 생활을 하다 유명 연예인이 되었고, 노동부장관인 페론을 만나 동거하다 24세라는 나이 차이를 뛰어넘어 결혼까지 했다. 1946년 페론이 대통령으로 당선되는데, 그녀의 미모와 뛰어난 대중 연설이 크게 기여했다.

그녀는 퍼스트레이디로서 공식 지위는 없었지만 에바 페론 재단을 세워 병원, 학교, 양로원 건립에 앞장서는 등 사실상 보건복지부장관이나 다름없이 활동했으며, 특히 여성의 복지와 권익 향상에 힘썼다. 노동자와 하층민을 위한 페론 부부의 다양한 정책은 오늘날 '페론이즘Peronism'이라 명명되어 포퓰리즘의 대명사로 불리지만 당시는 폭발적인 인기를 끌었다. 그러나 1952년 불행히도 에비타는 불과 33세의 젊은 나이에 자궁암으로 생을 마감했다. 국민적 애도 속에 한 달간이나 국장을 치렀다.

유서 깊은 레골레타 묘지의 가족 묘역에 에바 페론이 잠들어 있다.

그녀는 엄청난 대중적 인기로 인해 사후에도 편히 잠들 수 없었다. 시신은 방부 처리되어 대통령 관저에 안치되었다. 1955년 페론 실각 후 그녀의 인기가 부담스러웠던 새 권력자는 시신을 이탈리아로 빼돌렸고, 그 뒤 스페인에 망명 중이던 페론에게 인계되었다. 1973년 페론이 극적으로 재집권했다가 이듬해 사망했고, 1975년 페론의 세 번째 부인 이사벨 페론Isabel Perón이 대통령이 되어 에비타의 시신을 해외로부터 송환하여 대통령궁에 안치했다. 나라 밖을 떠돈 지 20년 만의 귀국이었다. 이사벨은 에비타의 후계자를 자처하면서 그녀의 국민적 인기를 최대한 이용했던 것이다.

그러나 1년 만에 이사벨이 축출되자 새로운 정부는 에비타의 시신을 대통령궁에서 다시 내보냈다. 이후 레골레타 묘지의 가족 묘역 지하 6미터에 안장되었다. 죽은 지 장장 24년 만에 땅속에 묻힌 것이다. 참으로 드라마틱한 인생 유전이요, 기구한 운명이다. 이보다 더한 인생무상, 권력무상이 어디 있을까? 죄라면 높은 인기가 죄일 뿐 죽은 사람에게 무슨 죄가 있겠는가.

오늘날 아르헨티나의 가장 값비싼 공동묘지이자 관광지로 유명한 레골레타 묘지에서 에비타의 묘역을 찾는 일은 그리 어렵지 않다. 내외국인들이 많이 모여서 웅성거리며 사진을 찍는 곳으로 가보면 검은 대리석으로 치장한 묘가 나온다. 그곳에는 사시사철 떨어지지 않는 형형색색의 꽃과 편지글들이 놓여 있어 아직도 식을 줄 모르는 에비타의 인기를 증명해 보여준다. 하지만 생전에 그토록 빈자의 대모를 자임했던 그녀가 사후에 초호화판 묘지의 부자들 사이에 누워 있는 것 또한 편안한 잠자리는 아닐 것이라는 생각이 들었다.

'지식의 등대' 중 하나인 아인슈타인도서관의 열람실 모습

신화와 지식으로 희망을 밝히는 작은도서관

브라질

| BRAZIL |

쿠리치바 식물원 전경. 과거 거대한 쓰레기장이었으나 이제는 도시의 명소로 손꼽힌다.

해발 900미터의 세계적 생태환경도시, 쿠리치바에 서다

브라질 사람들은 세계의 나라들을 단순하게 두 부류로 구분한다고 한다. 축구를 잘하는 나라와 못하는 나라. 한국은 어디에 속할까? 2002년 이전까지는 못하는 나라, 그 이후로는 잘하는 나라에 넣어준다고 한다.

한·일 월드컵축구대회 때 한국 대표팀이 골든골로 이탈리아에 역전승을 거두는 순간 전국이 흥분의 도가니에 빠졌던 기억이 생생할 것이다. 같은 시각 브라질 전역에 환성이 울려 퍼졌다는 사실을 아는 사람은 별로 없을 것이다. 세계 최고의 공격 축구를 구사하는 브라질은 단단한 자물통 축구를 하는 이탈리아를 가장 두려워한다. 대진이 짜일 때 기피 1순위가 이탈리아일 정도다. 그토록 꺼리는 이탈리아를 '축구 못하는 나라' 한국이 꺾을 줄은 몰랐고, 결국 브라질은 우승했다. 한동안 브라질 사람들은 한국 교민을 만나면 고맙다는 인사를 건네곤 했다는 이야기가 전해온다.

하지만 나는 축구 기행을 위해 브라질에 온 것이 아니다. 세계적인 생태환경도시 쿠리치바Curitiba가 나를 이끌었다. 생태환경도시란 사람과 자연이 조화를 이루는 가운데 지속 가능한 발전을 도모하는 도시를 말한다. 상파울루에서 비행기로 50분 정도 날아 해발 900미터의 쿠리치바 시내에 들어서니 고원 도시의 청량한 분위기에 여행자의 가슴이 설렌다.

파란 하늘과 멋진 조화를 이룬 도서관

인본주의적 소통의 중심, 쿠리치바 '지식의 등대'

쿠리치바는 땅 위의 지하철이라 불리는 2~3단 굴절버스와 원통형 정류장을 비롯하여 환경 재생, 빈곤 완화, 문화유산 복원 등 수많은 독창적 아이디어로 시사주간지 《타임》에 '환경적으로 가장 올바르게 사는 도시'로 선정되었다. 도시의 모든 정책은 인본주의, 즉 사람 중심의 철학에 의해 디자인되고 실행에 옮겨졌다. 인본주의적 생태환경도시에서 도서관이 빠질 수 없는 것은 너무나 당연한 일이다. 도서관이 배제된 인본주의, 도서관 없는 생태환경도시는 흡사 불빛 없는 등대와 같이 껍데기만 남을 것이다. 이 도시를 돌아다니면 세계 어느 도시에서도 볼 수 없는 등대 모양의 독특한 건물을 심심치 않게 만나게 되는데, 이것이 바로 동네 작은도서관

지하철처럼 미리 요금을 계산하여 승하차 시간을 줄여주는 원통형 정류장(왼쪽)과 '땅 위를 달리는 지하철' 굴절버스(오른쪽)

역할을 하는 '지식의 등대Farol do Saber : Lighthouse of Knowledge'이다.

왜 동네의 작은도서관을 등대 모양으로 지었을까? 현명한 그들은 그 모티프를 역사에서 찾았다. 기원전 3세기 세계 최초의 알렉산드리아도서관과 파로스 등대세계 7대 불가사의를 합성한 창작품인 것이다. 도서관과 등대 모두 프톨레마이오스 1세의 지시로 건립되었다는 것은 시사하는 바가 작지 않다. 등대가 선박을 올바로 인도하는 것처럼 지식의 등대는 사람을 좋은 길로 인도하고 세상을 밝힌다는 사실을 중의적으로 재해석한 것이다. 역사에서 영감을 얻어 도서관의 명칭과 외관을 브랜드화함으로써 작고 평범한 도서관에 큰 상징성을 부여하고 인지도와 친밀감을 획기적으로 높였다. 건물의 색깔을 빨강, 파랑, 노랑 등 원색 계통으로 하여 멀리서도 눈에 확 들어오게 한 것도 마찬가지이다.

도서관의 한쪽 문은 초등·중학교 교정으로 이어지고 다른 쪽 문은 마을로 연결되는 것도 독특하다. 바꿔 말하면 학생들과 주민들이 함께 이용

마을에서 바라본 아인슈타인도서관. 아인슈타인의 상대성이론 법칙과 사인으로 벽을 장식해놓아 재미가 있다.

도서관 인터넷실을 이용하는 마을주민. 창 너머로 보이는 초록 풍경과 도서관이 처음부터 하나였던 것처럼 자연스럽게 어우러져 있다.

하는 도서관이다. 또 어떤 것은 한쪽은 마을로, 다른 쪽은 공원으로 연결되어 있기도 하다. 약간의 차이는 있지만 대체로 1층은 책이 배열된 서가, 2층은 독서대와 컴퓨터 5~10대가 구비된 인터넷실, 3층은 경찰관이 상주하는 치안 감시 포스트로 구성되어 있다. 브라질은 우리와 달리 컴퓨터를 소유한 가정이 많지 않기 때문에 인터넷실은 가진 자와 못 가진 자의 디지털 갭digital gap을 좁혀주는 역할을 톡톡히 하고 있다. 연극과 동화 구연, 문화 강좌 등 문화센터 구실도 겸한다. 5~6명의 직원들은 학교 교사와 교육청 공무원이고, 더러는 시청 공무원이라고 했다. 내가 찾았던 곳의 관장은 바로 옆 초등학교의 교장이 겸임하고 있었다.

도서관마다 조금 다르지만 대체적으로 장서는 5천 권 이상이고 회원은 3천여 명이며 한 달 이용자는 1천 명쯤 된다. 여러 도서관의 장서를 한꺼

온화한 카리스마를 자랑하는 아인슈타인도서관의 관장과 직원

번에 검색할 수 있는 통합 전산망이 있지만 책 배달 서비스는 실시하지 않고 있었다. 장서 구입은 시청에서 절반을 일괄 구매를 하고 나머지는 이용자들에게 신청을 받아 개별 도서관에서 구매하는 시스템이다. 각각의 도서관마다 유명 과학자나 문인들의 이름을 따서 명명함으로써 주목도를 높이고 교훈으로 삼는 것도 괜찮은 아이디어로 여겨졌다.

서민과 빈민이 거주하는 변두리 지역에 50여 개가 산재해 있는 지식의 등대는 지식과 정보에서 소외되기 쉬운 사람들에게 햇볕처럼 차별 없는 지식의 빛을 고루 뿌려주고 교육과 문화, 인터넷의 기회를 제공함으로써 꿈꾸는 도시 구리치바의 사람 중심 철학을 대표하는 브랜드로 확고하게 자리 잡고 있다. 지식의 등대는 비록 우리나라 동네의 작은도서관보다 열악한 수준이지만 진정으로 시민을 배려하는 인본주의 철학과 브랜드화 아이디어는 높이 살 만하다는 생각이 들었다. 그런 면에서 쿠리치바는 '도서관이야말로 가장 좋은 복지 정책의 하나'라는 말이 실감 나는 현장이다.

"용맹스러운 우루과이여, 지혜를 가져라"

어느 나라나 동전과 지폐에는 국민적 영웅의 얼굴을 새겨 넣는다. 우루과이도 예외가 아니다. 가장 많이 유통되는 10페소 동전에 독립 영웅 호세 아르티가스José Artigas의 얼굴이 들어가 있다. 그런데 동전의 뒷면에 새겨진 다음과 같은 문구가 참 인상적이다.

> "SEAN LOS ORIENTALES TAN ILUSTRADOS COMO VALIENTES."
> (우루과이인들이여, 용맹스런 만큼 지혜를 가져라.)

우루과이의 10페소 동전. 국민적 영웅 호세 아르티가스를 기렸다.

아르티가스의 말은 동전에 새겨진 문구치고는 어쩐지 좀 튀는 느낌을 주는 것이 사실인데, 과연 무슨 뜻일까? 용맹스런 것만 가지고는 독립을 쟁취하는 데 부족하니 지식과 지혜를 갖추어서 머리가 깨어야 한다는 말이다. 다시 말하면 무장투쟁만으로는 안 되고 머리를 써야 한다, 문무를 겸비해야 한다는 의미로 다가온다.

우루과이는 우리나라와 지구상 대척점, 다시 말해 한반도에서 지구 중심을 뚫고 쭉 내려가면 나오는 나라이다. 1828년 브라질로부터 독립을 쟁취했는데, 위 문장은 독립운동을 이끌던 아르티가스 장군이 1816년 국립도서관Biblioteca Nacional de Uruguay을 만들 때 했던 말이다. 독립전쟁을 이끌던 장군이라면 용맹을 강조하는 말이 더 적합할 것 같은데, 국민이 일상적으로 접하는 동전에 용맹보다는 지식과 지혜를 강조하는 말을 새겼다는 것은 깊은 의미가 있으리라.

아르티가스는 수도 몬테비데오 한복판에 있는 독립광장에 높다란 기마동상으로 아래를 굽어보는데, 그 지하에 그의 유해가 안치되어 있다. 그곳은 우리나라로 치면 이순신 장군 동상이 세워진 곳처럼 상징적 위치이다.

그곳에서 이어지는 중심도로변에 국립도서관이 있다. 장서가 100만 권에 불

몬테비데오의 독립광장 한복판에 서 있는
호세 아르티가스의 기마동상

국립도서관 앞을 지키는 소크라테스와 세르반테스의 동상(왼쪽). 방문한 날이 휴관일이어서 실내는 둘러보지 못하고, 굳게 닫힌 국립도서관 정문(오른쪽)만 오래 바라보았다.

과한 신고전주의 건축 양식의 작은 국립도서관이지만, 그리스 교민들이 기증한 소크라테스 동상과 《돈키호테Don Quixote》의 작가 세르반테스Miguel de Cervantes 동상이 정문 앞 양옆에 서서 지식과 지혜의 큰 가치를 강조하고 있다.

호세 마르티 국립도서관 참고 자료실

혁명의 성공을 이끈 도서관의 힘

쿠바

| CUBA |

호세 마르티 국립도서관

아바나 시내 서적 가판내마다 체 게바라와 헤밍웨이, 카스트로 형제(피델, 라울)에 관한 책이 많이 있다.

과거로의 시간 여행

시간이 느리게 흐르는 곳, 흘러간 영화 속에나 등장하는 올드 클래식 자동차가 수도 중심가를 붕붕 달리고, 자동차와 마차가 경주하듯 대로에서 나란히 달리고, 음식점과 길거리에도 음악과 춤이 끊이지 않고, 아무데서나 연인들이 껴안은 채 입술을 포개고, 허름한 골목마다 서민들의 미소가 피어나는 곳, 럼주 칵테일 모히토가 목젖을 달달하게 적시고, 야릇한 시가 향이 코끝을 간지럽히는 곳, 카리브해의 보석 쿠바.

공항에서부터 체 게바라와 헤밍웨이 얼굴을 보지 않고서 이 나라를 돌아다니는 것은 불가능하다. 49년이나 집권한 피델 카스트로는 의외로 찾기 힘든데, 그가 생전 스스로를 우상화하지 않은 데다 유언에 따라 우상화금지법이 생겼기 때문이다. 쿠바는 친환경 도시 농업으로도 유명한데, 1990년대 소련 해체와 미국의 봉쇄 강화로 인한 식량 위기를 극복하기 위해 도시 유기농업을 발달시킨 결과다.

한때 제3세계 혁명의 메카였던 쿠바지만, 이제 혁명은 박물관에서나 찾을 수 있는 골동품이 되어버리고, 그 대신 개방의 물결이 넘실댄다. 지금의 낭만적 모습은 '올드 쿠바'의 추억으로만 남을 날도 머지않은 것 같다.

쿠바 국립도서관 전경. 도서관 앞은 관광용 올드 클래식카의 중간 기착지이기도 하다.

저항과 혁명의 정신을 간직하다,
호세 마르티 국립도서관

호세 마르티 국립도서관Biblioteca Nacional de Cuba José Martí은 스페인 지배에서 벗어난 후 미군정 시절인 1901년 설립되었다. 완전 독립은 1902년에 이뤄졌으므로 독립보다 도서관이 먼저이다. 호세 마르티는 독립 전쟁을 이끌다 전사한 전설적 독립 영웅이자 민족 시인으로 추앙받는 인물. 명칭에서부터 도서관의 상징성이 돋보인다. 위치도 마찬가지. 아바나 시내 드넓은 혁명광장의 주석단 위치에는 높다란109미터 혁명기념탑과 호세 마르티 석상이 있다. 광장을 사이에 두고 기념탑과 마주보는 곳에는 체 게바라 얼

혁명광장에 서 있는 호세 마르티 석상과 혁명기념탑

굴 조형과, 그가 쿠바를 떠날 때 카스트로에게 보낸 편지의 마지막 문구가 쿠바인들을 독려하고 있다. "승리를 향하여 영원히! Hasta la Victoria Siempre!"

국가 정신의 표상이라 할 혁명광장에 독립 영웅 호세 마르티와 혁명 영웅 체 게바라가 있고, 광장 다른 한쪽에 국립도서관이 자리하고 있다. 즉 두 국가 영웅과 함께함으로써 도서관에 독립과 혁명의 상징성을 동시에 부여하고 있는 것이다. 도서관의 원래 위치는 다른 곳이었는데, 1959년 혁명 이후 현 위치로 옮겼다.

이뿐만이 아니다. 혁명 초기 상당수 지식인들이 혁명에 반대하여 쿠바를 떠나자 카스트로가 남은 지식인들을 불러 모은 곳도 국립도서관이었다. 그는 이곳 도서관에서 지식인들에게 조국을 떠나지 말고 함께 새로운 나라를 건설하자고 설득했다고 한다. 카스트로는 교황을 비롯하여 외국 국가원수를 만날 때도 국립도서관을 즐겨 이용할 정도로 도서관을 중시했다니 꽤 지성적인 혁명가임에 틀림없다. 아바나대학 재학 시절에도 국립도서관을 자주 찾을 정도로 학구파였다고 한다. 도서관에는 카스트로가 교황 요한 바오로 2세와 만나는 사진이 전시되어 있다. 체 게바라 역시 연설이나 강연 준비를 위해 이 도서관을 많이 활용했다고 한다. 반면 헤밍웨이는 자택에 도서관을 잘 갖추고 있었던 데다 혁명 후 추방되었기 때문에 이 도서관을 찾을 일이 없었다는 설명이다.

국립도서관이 자랑하는 것은 지도도서관. 콜럼버스가 처음 상륙했을 당시에 만든 지도를 비롯하여 수많은 희귀본 등 2만5천 점의 각종 지도를 소장하고 있는데, 라틴아메리카 최고 수준이라고 한다. 또한 사진도서관과 미술도서관 자료, 음악컬렉션도 풍부한 편이다. 호세 마르티의 작품과

도서관 로비에 들어서면 독립영웅 호세 마르티의 흉상이 방문자를 환영한다.

도서관 내 러시아 자료실. 과거 구소련과의 밀접한 관계를 알 수 있다. 도스토옙스키, 톨스토이 등 러시아 문인들의 사진이 걸려 있다.

그에 대한 책도 1천여 권이나 있으며 국가의 보물이나 유산에 해당하는 문헌 2천여 점을 소장하고 있다. 소장 도서는 8백여만 권으로 중남미 최고라는 자부심을 갖고 있다.

국립도서관은 4백 개가 넘는 전국의 공공도서관을 지도하면서 국민의 독서와 지식 정보를 위한 다양한 사업을 전개하고 있다. 혁명 당시 20퍼센트를 넘었던 문맹률이 지금은 2퍼센트대로 떨어진 데에는 도서관의 교육 기능이 크게 작용한 결과라고 설명한다. 호세 마르티는 교육을 무엇보다 중시했는데, '한 손에는 책을, 한 손에는 호미를!' 구호에 잘 나타나듯 독서와 노동을 함께 강조한 것이 특징이다

손상된 자료를 수선하는 모습. 중남미 최고 규모의 도서관이라는 명성에 걸맞게 소장 자료의 유지와 보수에도 철저하다.

카리스마 넘치는 혁명의 아이콘, 체 게바라

카리스마 넘치는 체 게바라의 모습. 쿠바에서는 거리 곳곳에서 체 게바라의 얼굴과 명언이 들어간 다양한 상품들을 만날 수 있다.

체 게바라Che Guevara만큼 세계 젊은이들의 가슴에서 빛나는 사람은 없다. 그는 한마디로 스타 혁명가다. 좌파 혁명가이자 저항의 아이콘인 인물이 자본주의적으로 대량 소비되는 것은 아이러니가 아닐 수 없다. 한국의 청춘 남녀들도 예외가 아니다. 그의 얼굴이 인쇄된 티셔츠 차림으로 대학 캠퍼스를 거닐고 거리를 쏘다닌다. 움푹 팬 눈자위에 박힌 새카만 눈동자는 별빛처럼 영롱하다 못해 레이저처럼 강렬하고, 숯덩이처럼 짙은 눈썹과 콧수염, 헝클어진 머리카락에 비스듬히 올려놓은 블랙 베레모. 오늘날 젊은이들이 그를 사랑하는 것은 혁명보다는 자유로운 영혼을 갈망하는 의미가 아닐까?

수도 아바나의 호세 마르티 국제공항에 내리자마자 깃발과 셔츠와 책 표지에 새겨진 그의 다양한 얼굴이 환영 인사를 한다. '체Che'는 '어이, 친구!'라는 뜻으로, 스스로 개명한 것이라 한다. 이 나라 어디를 가나 도시든 시골이든 벽화와 포스터, 책과 잡지 표지, 화보집, 엽서, 쇼핑백, 도로 광고판, 배지 등 각종 기념품, 심지어 길거리 낙서까지 이 매력적인 남자가 자리하고 있다. 남미 다른 나라와 유럽의 축구장에서도 이 남자 얼굴이 들어간 대형 깃발이 펄럭이는 장면이 TV 화면에 비치곤 한다. 최근에는 첨단 패션에까지 등장하기에 이르렀으니, 지하의 그가 안다면 좋아할까, 짜증을 낼까?

그는 아르헨티나의 중상류층 가정에서 태어나 부에노스아이레스대학 의대를 다녔다. 과테말라를 거쳐 멕시코 망명 시절 쿠바의 망명객 피델 카스트로와 운명적인 만남을 계기로 쿠바 혁명에 투신한다. 혁명 성공 후 카스트로 정권에서 국립은행 총재와 산업부 장관을 지냈다. 그러나 그는 여느 혁명가와 달리 권력에 탐닉하지 않았다. 쿠바 미사일 위기와 관련하여 소련에 대한 비판도 서슴지 않았다. 결국 스스로 쿠바 시민권을 반납하고 홀연히 떠난다. 카스트로에게 남긴 편지는 이렇게 마무리된다. "승리를 향하여 영원히! 조국 아니면 죽음을! 내 모든 혁명적 열정으로 당신을 포옹합니다." 이후 아프리카 콩고를 거쳐 남미로 돌아와 볼리비아 혁명전쟁에 참전 중 생포되어 1967년

살해되었다. 죽을 때 소지한 배낭에서 시가 적힌 노트가 나올 정도로 시를 사랑한 독서가이자 지성인이었던 그는 30년 뒤 1997년 볼리비아에서 유해가 발굴되어 아바나의 혁명광장에서 추도식이 열리고 산타클라라에 안장되었다.

그가 혁명가로 변신한 계기는 23세 때 친구와 함께 고물 오토바이를 타고 라틴아메리카 여러 나라를 여행하면서 민중의 고단한 삶을 생생하게 목격한 것. 이때 이야기를 기록한 《모터사이클 다이어리》에서 그는 "이 글을 구성하며 다듬는 나는 더 이상 예전의 내가 아니다. 우리의 위대한 아메리카 대륙을 방랑하는 동안 나는 생각보다 더 많이 변했다"라고 고백한다.

식을 줄 모르는 그의 인기는 혁명가로서의 불꽃같은 삶과 죽음, 의사로서의 안락한 삶을 포기한 희생정신 등 본질적 내용 외에도 카리스마 넘치는 강렬한 용모와 고결한 품성에 상당 부분 기인하는 것으로 보인다.

쿠바에서 문학과 풍류를, 어니스트 헤밍웨이

쿠바를 찾는 외국 여행자들에게 가장 매력적인 상품은 단연 어니스트 헤밍웨이Ernest Miller Hemingway. 여행자들로선 헤밍웨이 없는 쿠바는 상상하기조차 싫을 정도로 헤밍웨이라는 존재는 쿠바 여행을 멋지고 값지게 만든다. 그는 쿠바를 좋아하여 인생 후반 28년을 쿠바에서 살면서 숱한 흔적을 남겼고, 그것들이 오늘날 소중한 관광자원이 되어 전 세계의 여행자들을 부른다. 카리브해의 훈훈한 바람이 그칠 날 없는 이 섬나라에서 그의 일과는 글을 쓰거나 낚시질을 하고, 밤이면 럼주 칵테일에 취하는 것이었다. 그는 쿠바를 너무나 사랑했다. 혁명 후 미국으로 추방된 지 얼마 안 되어 엽총으로 자살한 것도 돌아갈 수 없는 쿠바에서의 추억과 유관하지 않을까 하는 추측을 낳았다.

쿠바는 소설 《노인과 바다》로 노벨 문학상과 퓰리처상을 안겨준 곳이기에 더욱 애착이 갔을 것이다. 아바나에서 10여 킬로미터 떨어진 코히마르라는 한적한 어촌이 소설의 무대이다. 이곳 선착장에서 배를 타고 나가 늘 낚시를 하던 그는 한 노인의 경험담을 듣고 소설로 옮겼다. 위대한 작가가 식사를 하고 술을 마셨던 해변 식당은 늘 붐빈다. 이 해변에서 그리 멀지 않은 곳에 저택이 있는데, 지금은 헤밍웨이 기념관으로 쓰인다. 많은 책들과 박제된 동물들, 침실, 욕실, 식탁 등이 지금도 사람이 사는 것처럼 실감나게 보이지만, 들어가지 못하고 밖에서 유리창을 통해서만 볼 수 있다. 실외 수영장에는 그가 타던 낚싯배가 전시되어 있다.

7년간 머무르며 글을 썼던 아바나 시내 문도스 호텔은 핑크빛 외양이 낭만적이다. 로비에서부터 헤밍웨이의 친필 사인과 많은 사진이 이 호텔의 가치를 뽐내고 있다. 장기 투숙했던 511호는 손때 묻은 타자기와 낚싯대가 대문호의 숨결을 느끼게 해준다.

문도스 호텔 511호실에는 헤밍웨이가 사용하던 타자기와 낚싯대 등이 전시되어 있다.

가장 붐비는 곳은 단골 술집. 위대한 문학은 알코올과 무관할 수 없는 것일까? 헤밍웨이가 늘 찾곤 했던 술집 엘 플로리디타에는 그가 술 마시던 자리에 동상이 들어서 있다. 여행자들은 헤밍웨이가 즐겨 마셨다는 럼주 칵테일 모히토와 다이키리로 왁자지껄 건배하면서 이 낭만적인 작가와 함께 술을 마시는 것과 같은 기분을 만끽한다.

헤밍웨이가 늘 와서 럼주 칵테일을 마셨던 술집 엘 플로리디타는 늘 붐빈다. 구석에 그의 동상이 있다.

나는 아바나에서 돌아와 꼭 40년 만에 《노인과 바다》를 다시 펼쳐보았다. 헤밍웨이는 노인의 입을 통해 여전히 외치고 있었다. "인간은 부서질 수는 있어도 패배할 수는 없다.A man can be destroyed but not defeated."

중국 국가도서관의 열람실

도서관으로 만리장성 쌓는 나라

중국

| CHINA |

중국 국가도서관

북경대학도서관

청화대학도서관

상해도서관

중국 국가도서관의 4대 희귀 고전으로 손꼽히는 《사고전서》의 보관 서고

미래를 여는 도서관

중국은 지금 '도서관 만리장성'을 쌓고 있다. 포효하는 중국의 기상이 도서관 분야라고 예외일 리 없다. 개혁 개방 이후 30여 년간 오로지 경제성을 추구했다면, 이제는 문화 교육 쪽까지 범위를 넓히고 있는 것이다. 중국에 박물관 건설 붐이 일어난 지는 꽤 되었다. 이는 어느 나라보다 과거가 풍부한 중국으로서는 당연한 것이다. 지금 도서관에 집중 투자하는 것은 미래를 향한 중국의 야심 찬 기획이다.

중국이 어떤 나라인가. 종이를 발명하고, 수천 년 전부터 고유문자를 사용해온 인류 문명의 발상지 아니던가. 이런 나라에서 대대적인 도서관 건설 사업이 일어나는 것은 너무나 당연한 일로 여겨졌다. 중국 도서관 기행은 이런 들뜬 분위기에서 시작되었다. 아시아의 첫 여정은 중국의 대표적 도서관인 국가도서관에서 출발했다.

국가도서관 본관의 웅장한 전경. 뒤편에 위치한 높은 두 건물은 서고동이다.

유비쿼터스로 부활한 보물 창고,
중국 국가도서관

중국 국가도서관에 들어서자마자 눈길을 끄는 것은 수십 미터나 되는 긴 복도의 양쪽에 마련된 전국 도서관 소개 벽보판이었다. 여기에는 최근 몇 년간 건설된 각 성省의 멋지고 세련된 현대식 도서관이 소개되어 있었다. 북경 시내 교육지구라 할 수 있는 해정구海淀區에 자리 잡은 중국 국가도서관은 2,400만 권에 이르는 풍부한 장서를 소장하고 있는데, 특히 희귀본 고서가 27만 권에 달한다. 이러한 보물들을 소장하고 있는 국가도서관의 자부심은 대단하다. 그러나 막대한 보물의 상당수는 영국, 프랑스, 러시아 등에 산재되어 있으며, 무엇이 어디에 있는지 파악조차 안 되는 것도 많다고 한다. 부끄러운 중국 근대사의 음영이 오래도록 남아 있는 것이다.

국가도서관은 자랑스러운 보물들을 디지털화하여 열람하게 하고 있다. 원본은 서고에 보관하고, 각 고서의 일부를 디지털화하여 현대식 모니터를 통해 넘겨볼 수 있게 해놓았다. 노신魯迅 등 저명인사들의 친필도 이와 같은 방식으로 누구나 볼 수 있도록 해놓았다. 이 밖에도 이곳은 언제 어디서나 자료를 이용할 수 있는 유비쿼터스 도서관을 지향하고 있다. 다만 진귀한 《사고전서四庫全書》의 원본은 구정과 10월 국경절에 일주일 정도 유리창을 통해 볼 수 있도록 개방하며, 평소에는 영인본을 개가식으로 이

국가도서관의 열람실. 신관에 위치한 중앙홀로, 일사불란한 자리 배치가 인상적이다.

용할 수 있다. 원본 보관소 앞에는 진시황 병마용이 눈을 부릅뜨고 지키고 있었다.

2008년에 완공된 신관은 현대식의 세련된 외관과 인텔리전트형 내부 시설을 자랑한다. 일상적인 열람은 모두 이곳에서 이루어진다. 널찍한 중앙홀이 인상적인데, 세계 추세에 맞추어 몇 개 층을 시원하게 터서 나선형 계단식으로 올라가게 만들어놓았다. 천장은 투명 유리로 자연 채광을 할 수 있도록 하여 전체적으로 밝고 활기차게 보였다. 그 넓은 중앙홀 열람실은 빈자리가 없을 정도로 '열공熱功' 중인 학생들로 꽉 차 있는 모습이었다.

컴퓨터 검색 시스템에 원하는 자료를 입력하면 그 자료가 있는 열람실의 서가 위치까지 알려주는 자동 안내 시스템도 설치되어 있다. 신관에서 나와 본관으로 이동하는데, 바로 가까이 아파트가 있기에 무심코 물어보았더니 도서관 직원 아파트라는 뜻밖의 답변을 들었다. 세계의 도서관을 많이 다녀보았어도 직원 아파트가 있는 도서관은 처음 보았다.

국가도서관은 행정부뿐 아니라 전인대 등 입법기관에 참고 서비스를 한다. 중국은 입법부 도서관이 따로 없어서 국가도서관이 의회도서관의 역할까지 겸하고 있는 것이다. 국가기관의 각 부서나 위원회에 도서관 분관을 세워나가고 있다고 했다. 또한 중국공정원工程院, 중국과학원의 원사院士들과 백여 명의 전문가들에게는 '녹색통로'라는 명칭의 특별 서비스를 제공한다고 밝혔다.

이 도서관은 직원이 1,400명에 하루 이용자가 무려 1만 2천 명인데, 1년 365일 휴일 없이 운영하는 것이 특징이다. 세계 117개 나라 557개 기구와

2008년 완공된 세련된 디자인의 신관. 예술성과 실용성을 두루 갖췄다.

자료를 교환하고, 전국 558개 기관과의 자료 상호대차 센터 역할을 한다. 세계 115종의 외국 문자로 된 자료가 전체 장서의 절반을 차지하는 등 국제화된 도서관이다. 한국 자료는 본관에 있는데, 한국 정기간행물 30종은 구입하고 1백여 종은 국회도서관, 국립중앙도서관과의 상호 교환으로 수집한다고 했다. 북한의 인민대학습당과 김일성대도서관과도 자료를 교환한다.

이 도서관은 1909년 경사京師 도서관으로 출발하여 1916년부터 납본도서관이 되었으며, 그사이 몇 차례 명칭과 위치가 바뀌었다. 1931년 대규모의 선진적 분관현재 국가도서관 고적관을 개관할 때 노신魯迅, 양계초梁啓超 등 중국 근현대사의 저명인사들이 참여한 것을 내세우고 있다. 1951년에 북경도서관으로 개칭했고, 1975년 저우언라이周恩來 총리가 건물 신축을 제

도서 대출 기기에 앞에 늘어선 열람실 이용자들의 행렬

안하여 1987년에 완공될 때 덩샤오핑鄧小平 주석이 친필 휘호를 내렸다. 1998년 다시 중국 국가도서관으로 개칭했고, 장쩌민江澤民 주석이 휘호를 내렸다.

장쩌민이 쓴 '중국 국가도서관' 휘호는 길쭉한 바위에 새겨져 도서관 정면에 자리하고 있다. 반면 덩샤오핑이 쓴 '북경도서관' 휘호는 명칭이 바뀐 관계로 측면으로 물러나 있다. 글씨도 권력 교체를 한 것일까? 글씨 쓰기 좋아한 장쩌민이 국가 대표 도서관의 간판을 쓴 것은 너무 당연한 일이다. 그의 글씨는 어지간한 국가기관은 물론 심지어 용경협龍慶峽 같은 관광지나 고속도로 톨게이트에도 있고, 서안西安에서는 사찰에 붙어 있는 것도 본 적이 있다. 도서관 측 안내자에게 이 말을 했더니 그의 말이 걸작이었다. "장쩌민이 워낙 휘호를 많이 남겨서 후진타오胡錦濤 주석은 화장실

장쩌민이 쓴 중국 국가도서관 휘호(왼쪽)와 덩샤오핑이 남긴 북경도서관 휘호(오른쪽)

간판밖에 쓸 것이 없다고들 한다." 이런 말도 있다. "덩샤오핑은 공장을 남겼고, 장쩌민은 글씨를 남겼다." 그러나 여기서 정작 중요한 것은 글씨를 별로 남기지 않은 덩샤오핑도 도서관에는 글씨를 남겼다는 사실이 아닐까.

4대 희귀 고전

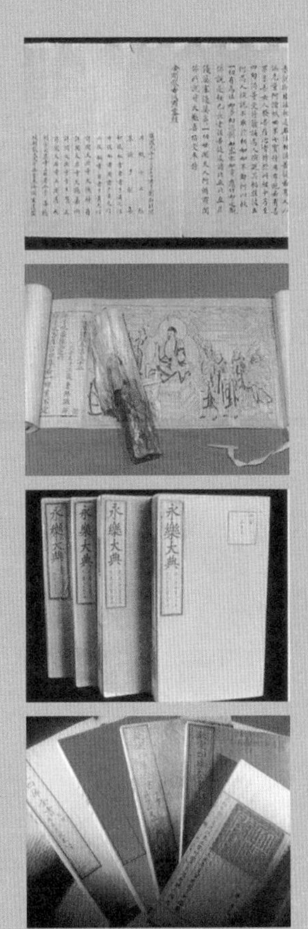

《사고전서》와 《돈황유서敦煌遺書》, 《조성금장趙城金藏》, 《영락대전永樂大典》은 중국 국가도서관의 4대 보물로 꼽히는 희귀 고전적古典籍이다. 《사고전서》는 청나라 건륭제가 천하의 책을 모두 수집하라는 명을 내려 집대성한 책으로, 동양 사상의 정수精髓로 일컬어지는 귀중한 자료이다. 1만 680종의 책을 경經. 경전, 사史. 역사, 자子. 철학, 집集. 문학의 4부로 분류하여 해제를 작성하고, 이 가운데 일부를 다시 필사했다. 궁정에 4벌, 민간에 3벌 등 모두 7벌을 만들어 보관하면서 열람토록 했는데, 그중 열하熱河의 문진각文津閣에 있던 것이 오늘날 국가도서관에 소장되어 있다. 《돈황유서》는 돈황의 막고굴에서 발견된 고서로, 고대 중국과 중앙아시아, 동아시아 등의 역사, 종교, 고고학 등의 연구에 매우 귀중한 자료이다. 《조성금장》은 금나라 때 완성한 불교 대장경의 하나이고, 《영락대전》은 명나라 영락제의 명으로 편찬한 일종의 대백과사전과 같은 책이다.

중국 최고의 명문, 북경대학도서관의 전경

혁명을 위한 대장정의 첫걸음,
북경대학도서관

북경대학北京大學 도서관은 마오쩌둥毛澤東과 리다자오李大釗 등 중국 공산당 지도자들의 숨결이 묻어나는 곳이다. 현대 중국을 건설한 이념적 토대가 여기에서 비롯되었다고 해도 과언이 아니다. 1918~1919년 도서관 신입 직원 마오쩌둥이 리다자오 도서관장의 조교를 겸하면서 이 도서관에서 잔일을 하고 있을 때, 그가 장차 이 거대한 나라의 지도자가 되리라고 생각한 사람이 과연 있었을까? 에드거 스노Edgar Parks Snow가 명명한 '중국의 붉은 별Red Star Over China'은 도서관에서 조용히, 아무도 모르게, 그러나 치열하게 미래를 준비했던 것이다. 그리하여 도서관에서 갈고 닦은 내공을 바탕으로 혁명전선에 뛰어들었다. 마오쩌둥은 대륙 공산혁명을 향한 대장정의 첫발을 도서관에서 떼었던 것이다.

마오쩌둥은 마르크스주의자인 리다자오 관장중국의 사상가. 공산당 창당의 사상적 기반을 마련했다의 영향을 받아 공산주의 이론을 학습한 것으로 전해진다. 원래 도서관 앞에 마오쩌둥의 동상이 있었는데 문화혁명 때 없어졌다고 한다. 마오쩌둥과 북경대도서관의 인연은 그가 북경대 교수로 있던 사범학교 은사를 찾아가 취직을 부탁한 것이 계기가 되었다. 이 은사가 도서관장인 리다자오에게 부탁하여 그는 도서관의 사서 보조 일을 하게 되었다.

한때 도서관 직원이었던 마오쩌둥

북경대도서관장을 맡았던 리다자오

그는 여기에서 리다자오를 비롯한 명사들을 접하고, 많은 책을 읽을 수 있었으며, 결정적으로 마르크스·레닌의 이론에 심취하여 공산주의자가 되었다. 그 이전에도 그는 고향의 도서관에서 엄청난 독서를 했으며, 말년에 시력이 약해지자 책 읽어주는 사람을 써서 독서를 했다 하니 마오쩌둥이야말로 도서관이 만들어낸 인물 중 하나이다.

북경대는 1898년 설립된 중국 최초의 국립대학이자 최고의 대학이다. 신문화운동, 5·4운동, 천안문 사태 등 중국 근현대사의 고비마다 북경대생들이 관련되어 있을 정도로 사회 참여 의식이 높다. 문학, 사학, 철학 등 인문학이 최강이다. 법학도 강하며 자연과학 중에서 기초과학이 강하다.

유서 깊은 서문西門을 통해 대학 안으로 들어섰다. '북경대학' 이라는 간판은 마오쩌둥의 글씨이다. 거대한 돌사자상은 원명원에서 가져다놓은 것이라고 한다. 서문은 북경대의 상징 중 하나이다. 그러나 무엇보다도 북경대의 랜드마크이자 명물은 일탑호도一塔湖圖이다. 하나의 탑과 호수, 그리고 도서관을 말한다. 도서관이 명물인 것이 이채롭다. 박아탑博雅塔은 북경대의 정신, 미명호未名湖는 마음, 도서관은 머리를 나타낸다. 안개 낀 호수에 비친 탑 그림자가 신비로운 느낌을 주었다. 탑은 13층으로 높이가

북경대의 명물인 미명호와 박아탑의 모습. 해가 질 무렵 미명호의 풍경을 바라보면 절로 상념에 잠긴다.

27미터이다. 개교기념일에만 개방하는데, 꼭대기에서 내려다보는 전망이 그렇게 좋을 수 없다고 한다.

미명호는 인공호수이다 보니 이름이 없었다. 마땅한 이름을 지어주기 위해 당대의 재사들이 나섰는데, 결국 '미명호' 로 낙찰되었다고 한다. 나에게는 호수 자체보다도 이름이 진한 여운을 남겼다. '이름 없는 호수無名湖' 가 아니라 '아직 이름이 없는 호수未名湖' 로 지은 것이 묘미가 있다. 누구나 무릎을 칠 정도의 기막힌 이름이 언젠가는 나오리라는 뜻을 담은 작명가의 겸손이 돋보이는 이름이 아닐 수 없다. 사람은 별로인데 이름이 운치가 있어서 호감 가는 경우도 있고, 간판 때문에 찾게 되는 카페도 있는 것처럼 이 호수가 북경대생들의 큰 사랑을 받는 것은 이름 덕이 아닐

도서관 처마 밑을 장식한 덩샤오핑의 휘호(왼쪽)와 장쩌민의 휘호(오른쪽). 중국의 도서관에는 현판에도 정치사의 흔적이 남아 있다.

까 하는 생각도 들었다. 미명호 주변에는 담소를 나누며 쌍쌍이 걷는 학생들도 있고, 호숫가 벤치에 홀로 앉아 탑과 호수를 바라보는 학생도 눈에 띈다. 어떻든 박아탑과 미명호는 궁합이 잘 맞는 북경대의 한 쌍 명물임에 틀림없었다.

도서관이 왜 학교의 명물일까, 궁금증을 안고 도서관으로 향했다. 웅장하면서도 절제 있는 처마선이 특징인 본관이 눈에 들어왔다. 그 앞에서 사진을 찍는 관광객들이 있는 것을 보니 명물은 명물인가 보다. 그러나 건물 자체가 명물이라기보다 현대 중국 건국의 아버지인 마오쩌둥의 얼이 깃들어 있고, 오늘의 경제 발전을 가져온 덩샤오핑과 장쩌민의 휘호가 당당하게 붙어 있기 때문인 것 같다.

처마 밑 현판이 바로 덩샤오핑이 1978년에 써준 휘호이다. 글씨 쓰기 좋아하는 장쩌민이 가만히 있을 리가 없다. 문을 들어서자 곧바로 장쩌민이 1998년 방문하여 써준 '백년서성百年書城' 이라는 휘호가 눈에 들어왔다. 1세대 지도자인 마오쩌둥이 서문의 현판을 썼고, 2세대 지도자인 덩샤오핑은 도서관 현판을, 3세대 지도자인 장쩌민은 덕담을 써주었다는 것은 중국의 지도자들이 북경대와 도서관을 얼마나 중시했는지 보여주는 증거이다. 후진타오도 2008년에 방문하여 중앙홀에서 학생들과 대화를 나누었다. 안내하는 도서관 직원의 말이 재미있다. "현재의 본관 뒤편에 사우디아라비아의 국왕이 기증한 고서도서관을 지을 계획인데, 이 현판은 4세대 지도자인 후진타오 주석이 쓰지 않을까 생각한다."

도서관 입구에 초대 총장 엄복嚴復의 흉상이 있다. 바로 아래 동판에 '겸수병축 광납중류兼收幷蓄 廣納衆流' 라는 그의 말이 새겨져 있다. '서로 다른 모든 사상을 받아들인다' 는 이 말은 도서관의 이념과 맞아떨어진다. 도서관이야말로 학문과 사상의 자유가 있는 공간이다. 그래서 그의 흉상을 도서관 입구에 배치해놓았을 것이다.

그런데 이와 반대되는 현상이 북경대에서 벌어지고 있다고 한다. 이 대학은 워낙 자유주의가 지배하기 때문에 유교적 봉건주의의 상징인 공자를 배격한다. 그런데 2008년 한 철학과 교수가 공자의 동상을 건립할 것을 제안했다고 한다. 서양 철학자인 소크라테스의 동상은 있으면서 중국의 대표적 철학자인 공자의 동상이 없다는 것은 언어도단이라는 것이 동상 제안자의 주장이다. 그러나 이 제안은 받아들여지지 않았다. 북경대의 학풍을 엿볼 수 있는 대목이다. 문화혁명 때도 공자는 봉건주의를 옹호한다는 이유로 배격되었다. 공자는 2008년 북경올림픽 개막식 때 논어의 '유붕자원방래 불역낙호有朋自遠方來 不亦樂乎' 구절이 카드섹션에 인용됨으로써 공식 복권되었다. 올림픽 개막 2년 전인 2006년 공자의 사당인 공묘孔廟를 방문했을 때 대대적인 복구 작업이 진행되는 것을 보고 변화를 이미 감지했던 기억이 난다.

网络资源检索

현대식으로 지어진 북경대도서관의 열람실.
특히 중국인을 상징하는 붉은색 휘장이 가히 중국적이다.

이 도서관은 7백만 점의 장서를 소장하고 있으며, 그중 3분의 2는 디지털화 작업을 이미 완료했다. 2백만여 종의 전자 도서와 4만여 종의 전자 정기간행물을 보유하고 있으며, 학교 내 어디에서나 사용할 수 있는 24시간 서비스 체제를 갖추고 있다. 이 도서관은 언제나 학생들로 붐비는데, 자리 차지하기 경쟁이 치열하다고 한다.

중국을 사랑한
에드거 스노

미명호 근처에 있는 에드거 스노의 묘

중국인보다도 중국을 사랑했던 미국 출신의 기자, 에드거 스노. 1934년 10월부터 1년간 18개의 사막을 넘고 24개의 강을 건너 1만 킬로미터를 쫓겨 간 마오쩌둥과 홍군의 대장정을 종군한 그는 서방 기자로는 최초로 마오쩌둥을 인터뷰했다. 그가 쓴《중국의 붉은 별》이라는 대장정에 관한 르포는 마오쩌둥을 처음으로 외부 세계에 알렸다. 그는 죽기 전 "내가 살아서 그랬던 것처럼 나의 일부는 사랑하는 중국에 머물고 싶다" 라고 유언을 남겼다. 그의 유언대로 유골의 반은 미국에, 나머지 반은 북경대의 미명호 근처그의 연구실 자리에 묻혀 있다. '중국 인민의 미국인 친구를 기념하여' 라는 묘비명이 인상적이다. 그의 부인 님 웨일스Nym Wales는 항일투사 김산의 일대기를 다룬《아리랑》의 저자이다.

청화대학교의 전신, 청화학당의 정문 모습

실사구시의 철학,
청화대학도서관

미국과 양강을 이루며 세계무대의 중심으로 떠오르는 중국, 그 중심에 청화대학清華大學이 있다. 청화대는 '관념보다는 현실, 이론보다는 현장'을 중시하며 중국 지도급 인물들을 대거 배출해내고 있다. 후진타오胡錦濤 주석, 차기 지도자로 꼽히는 시진핑習近平에다 우방궈吳邦國를 비롯하여 오늘날 중국을 이끌어가는 많은 지도자가 이 대학 출신이다. 주룽지朱鎔基 전 총리, 황쥐黃菊 전 부총리 등 전직까지 합하면 열거하기 힘들 정도이다.

청화대가 북경대와 두드러지게 다른 하나는 해외파 출신이 많다는 것이다. 설립 배경을 살펴보면 그 이유를 알 수 있다. 중국은 1900년 의화단 사건 때 서구 열강 8개국 연합군에 패배한 결과로 막대한 배상금을 지불하게 되었다. 이때 미국은 배상금으로 미국 유학을 준비하는 중국 학생들을 가르치기 위해 1911년에 청화학당清華學堂을 설립했는데, 이것이 바로 청화대의 전신이다. 청화대는 미국식 교육 체계와 관리 방법을 채택하고 해외에서 유학한 과학기술 분야의 저명한 학자들을 교수로 모셔왔다. 해마다 미국 독립기념일이면 주중 미국대사관에서 대학과 도서관 관계자를 초청하여 우의를 다지는 등 미국과의 특별한 인연은 지금도 계속되고 있다.

유서 깊은 이교문二校門을 통해 도서관으로 갔다. 세 개의 건물이 이어

도서관 앞을 가득 메운 자전거들

진 형태를 취하고 있는 도서관 앞에 도착하니 수백 대나 되는 자전거가 눈길을 끌었다. 도서관 앞에서, 아니 그 어느 곳에서도 이렇게 많은 자전거가 주차되어 있는 광경을 본 기억이 없다. 캠퍼스가 광대한 까닭에 생긴 필수품이다. 기숙사에서 도서관까지 거리가 4킬로미터나 되다 보니 책가방은 없어도 자전거 없이는 학교 생활을 하기 힘들다고 한다. 교내에 자전거 정비소와 방문객을 위한 대여소가 있는 것은 물론이다.

도서관에 들어서니 대학 교훈인 '자강불식 후덕재물自强不息, 厚德載物'이 금빛으로 새겨져 있었다. 《주역周易》에 나오는 말로 '스스로 끊임없이 강하게 만들고 덕을 두텁게 쌓은 위에 물질적인 발달을 꾀하라'는 의미이다. 청화대 특유의 실사구시 정신과 절제된 생활 습관이 여기에서 나왔나

청화대도서관의 열람실. 천장까지 트인 중앙홀을 중심으로 양옆에는 2층 열람석이 보인다. 담쟁이덩굴이 벽을 타고 흐르는 모습이 이채롭다.

보다. 이 구절은 정문 앞 커다란 대리석에도 새겨져 있다. 정문 앞 학교 간판은 마오쩌둥이 쓴 휘호로 새긴 것이다. 그는 중국 양대 명문대의 간판을 썼다.

도서관을 방문한 날이 휴일인데도 쉐팡위薛芳渝 도서관장이 직접 나와 안내를 해줬다. 도서관은 도서, 정기간행물, 비도서자료를 모두 포함해서 350만 점의 장서를 소장하고 있다. 이 도서관은 소장 자료의 디지털화 작업을 활발하게 진행하고 있었다. 웹 DB 4백여 종, 중문 및 외국어 전자 정기간행물 5만여 종, 전자 도서 2백만여 종 등의 전자 자료를 학교 내에서뿐만 아니라 학교 밖에서도 언제나 편리하게 이용할 수 있다고 설명했다. 1990년 중국에서는 처음으로 자동화 시스템을 도입했으며, 중국 교육부의 네트워크 시스템 관리 센터가 청화대에 있다고 말했다. 차세대 IT 분야 등 기초 연구보다 응용과학을 중심으로 이공 계열을 집중 육성하고 있는 이 대학이 도서관 디지털화 사업에 집중하는 것은 당연한 일이다.

명문의 라이벌, 북경대 vs 청화대

북경대와 청화대는 중국 최고의 명문 라이벌로 치열하게 경쟁을 벌이면서 중국을 이끌고 있다. 두 대학은 여러 면에서 대조적이다. 북경대가 사회 참여형이라면 청화대는 개인 능력 배양을 중시한다. 그래서 북경대의 모토는 '중화를 진흥시키자振興中華'인 반면 청화대는 '나부터 시작하자從我做起'이다. 북경대는 인문학과 기초과학이 강하고 청화대는 응용과학이 강하다. 북경대는 자유로운 분위기, 청화대는 엄격한 기율 등등 두 대학은 학풍이 대조적일뿐더러 경쟁심이 지나치다 보니 적대감을 표출하는 경우도 있다고 한다.

어느 대학이 더 좋은지 물으면 각자 자기네가 더 좋다고 한다. 그러나 두 대학은 우열을 가리기 어려울 정도로 비등하다. 만약 두 대학을 합치면 중국 최대 최고의 대학이 나올 것인가? 아니다. 당연한 말이지만, 철학과 개성이 서로 다른 두 대학을 결합하는 것은 둘 다 죽는 것과 같다. 참기름과 들기름을 섞으면 무엇이 되는 것이 아니라 둘 다 버리는 것처럼.

경제 중심에 솟은 지식 마천루, 상해도서관

상해도서관Shanghai Library은 그 높이가 106미터24층로, 도서관 건물로는 세계에서 두 번째로 높다. 하늘을 향해 뻗어 있는 두 개의 타워가 팔을 벌려 방문자를 환영한다. 전체적인 모습은 선박을 형상화한 것인데, 지식에 대한 인류의 끊임없는 추구를 상징한다. 이처럼 이 도서관은 처음 보이는 외관부터 내부까지 유독 지식의 중요성을 강조하는 점이 가장 큰 특색이다. 무릇 모든 도서관은 지식과 정보를 수집·가공·활용·보존·전승하는 기관이고, 한 권의 책은 '지식 도시락'이나 마찬가지이다. 나는 중국 제일의 비즈니스 도시 상해에서 이토록 지식의 가치를 강조하는 도서관을 만날 줄은 몰랐다. 다른 것은 다 그만두고서라도 상해도서관의 이런 점은 정말 맘에 들었다.

내부 홀에서 내다보이는 중앙 정원에는 공자상을 세우고 그 옆에는 조

중국 경제의 중심에 인류 지식의 전당으로 자리 잡은 상해도서관

지식의 중요성을 강조하듯 우뚝 솟은 106미터의 높이를 자랑하는 상해도서관

중앙 정원에 서 있는 공자상. 그 옆에 나무를 조경하여 '지식을 추구하라'고 꾸며놓았다.

경술을 활용하여 '求知 구지 : 지식을 추구하라'라고 만들어놓았다. 논어의 첫 구절이 "學而時習之 학이시습지 : 배우고 때때로 익히다"인 것은 공자의 수많은 말씀 중에서 학습의 중요성을 강조한 것이다. 인간이 동물과 구별되는 것은 학습능력이다. 동물은 학습을 하지 않기 때문에 1천 년 전이나 오늘이나 발전이 없는 반면 인간은 학습을 하기 때문에 어제의 나와 오늘의 내가 다르다. 복도를 걷다 보니 '아는 것이 힘이다 Knowledge is power'와 똑같은 의미의 문장을 세계 20여 개 언어로 새겨놓은 커다란 벽이 나타났다. 나는 한국어 문장은 어디 있는지 물었다. 대형 화분을 밀치니 한글이 나타났다. 그런데 "지식은 결코 힘이다"라고 되어 있는 것이 아닌가. '결코'라는 말이 들어간 것은 잘못이라고 가르쳐주자 나를 안내하던 도서관장은 즉시 수정하겠다고 약속했다. 지식에 대한 강조는 여기서 그치지 않는다. 도서관

복도 벽에서 발견한 한글 문장. 부사 '결코'가 잘못 쓰이긴 했지만, 그 여운은 길었다.

앞 광장에도 '지식 광장'이라는 명패가 있고, 그 옆 대형 조각품인 〈생각하는 사람〉에 '대사상자大思想者'라는 명칭을 달아놓았다.

처음부터 끝까지 친절하게 안내해준 사람은 우지엔중吳建中 도서관장이다. 그는 상해 엑스포 기획을 담당했던 엑스포 전문가이자 도서관 연구자라고 자신을 소개했다. 세계 각국의 도서관 건물에 관한 책을 두 권 편찬하기도 했다.

1995년, 상해도서관은 상해과학기술정보연구소와 합병함으로써 과학기술 연구 기능을 결합한 도서관으로 거듭났다. 긴 복도에 상해과학원의 저명한 과학자들 사진을 많이 걸어놓은 데서 이 도서관의 과학기술 중시 정책을 엿볼 수 있었다.

북경이 중국 정치의 중심이라면 상해는 세계적인 상업, 금융 도시로 경

아치형 돔 모양의 천창으로 하늘이 보이는 중앙 홀 내부. 낮에는 자연 채광이, 밤에는 별빛이 아름답다.

제의 중심이다. 그에 걸맞게 상해도서관은 글로벌한 면모까지 갖추고 있다. 100여 종의 외국 신문, 6천여 종의 외국 잡지를 구독하고 수많은 외국 서적을 소장하고 있으며 세계의 저명한 도서관들과 폭넓은 교류를 한다. 한국 국회도서관과도 정보 교류 협정을 맺고 자료 교환과 인적 교류를 하는 등 밀접한 관계를 유지하고 있다.

상해도서관은 장서 규모와 면적 면에서 세계 10대 도서관에 든다고 한다. 직원이 800여 명이고 200개가 넘는 분관이 있다. 총장서는 5천 500만여 점이고, 그 가운데 족보가 중국 내 최다인 1만 8천 점이 넘는다. 과거 시험지 8천여 점, 비문 및 탁본 15만여 점, 고서 170만여 점을 보존한다. 국가 지정 문화재만도 1천여 점이 넘는다. 고서적의 보수, 복원 기술이 상당한 수준이라고 자랑할 만하다. 중국에서 최초로 전자책e-book을 대외 개방하고 있으며 3만 8천 개의 전자책이 있다. 디지털 도서관 프로젝트도 꾸준히 추진하는 등 현대적 도서관으로서의 면모를 갖추었다.

이 도서관의 중앙홀에서 위를 올려다보면 아치형 돔 모양의 천창으로 하늘이 보인다. 이 창을 통해 낮에는 자연 채광이 되고 밤이면 별빛이 흘러든다. 도서관 건물을 둘러싸고 있는 1만 1천 제곱미터의 넓은 녹지대는 도서관이 '문화 오아시스'라는 의미를 강조한다.

죽간 모양을 본떠 만든 조형물

국립국회도서관 도쿄 본관의 시원스런 내부

진리를 수호하는 도서관 선진국

일본

| JAPAN |

일본 국회도서관

가깝고도 먼 나라, 일본의 수도 도쿄에 도착했다. 맑게 갠 하늘과 멋진 스카이라인이 눈을 즐겁게 한다.

역사가 남긴 도서관 체제

일본은 도서관과 책에 관한 한 선진국 대열에서 결코 빠질 수 없는 나라이다. 많은 일본인들이 책을 좋아하기 때문에 출판이 활발하고 도서관 역시 고르게 발달해 있다. 도시 지역의 경우, 걸어서 10여 분이면 갈 수 있는 동네 도서관이 많고, 열람석보다는 대출 위주라는 점이 특징이다. 이번 여정에선 수많은 도서관 중에서 대표 격인 국립국회도서관을 방문하기로 했다.

일본 유일의 국립도서관인 이 도서관은 그 체제가 미국의 의회도서관과 매우 비슷하다. 일본도 미국처럼 행정부의 도서관을 별도로 두지 않고 국회도서관이 겸하는 시스템이다. 이는 1947년 미국 의회도서관에서 파견 나온 팀의 조언을 수용한 결과다.

2차 대전 직후 미국은 일본으로 하여금 다시는 전쟁을 일으키지 못하도록 세 가지를 만들어주었다. 군대를 두지 못하도록 규정한 평화헌법, 내각책임제의 민주주의 제도, 그리고 도서관. 그만큼 도서관을 중히 여겼다는 의미다. 일본이 태평양전쟁을 일으킬 때 '서양 제국주의의 동양 압제로부터 동양을 해방시키는 성전'으로 국민을 세뇌시킬 수 있었던 것은 바로 권력자에 의한 사실과 정보의 독점 때문이라고 보고, 이 구조를 해체시켜 자신들과 똑같은 도서관 체제로 재편시킨 것이다.

국립국회도서관의 도쿄 본관 전경. 아담한 층수와 간결한 건축미가 돋보인다.

진리가 힘이다,
일본 국회도서관

'眞理がわれらを自由にする진리가 우리를 자유롭게 한다'는 일본 국회도서관에서 가장 눈에 띄는 벽면에 붙어 있는 경구이다. 도쿄東京의 본관에는 일본어로, 교토京都의 간사이關西관에는 영어로 되어 있다. 도서관은 진리만을 말해야 한다. 사실적 정보가 도서관의 힘이다. 이러한 스스로의 다짐을 대내외적으로 선포한 것이다. 2008년 개관 60주년을 맞아 '知識はわれらを豊かにする지식은 우리를 풍요롭게 한다'라는 비전도 함께 제시하고 있다.

일본 국회도서관은 국립국회도서관법에 의해 1948년에 설립되었다. 제국의회 산하 귀족원과 중의원의 각 도서관, 문부성 소속의 제국도서관 등 세 개의 도서관이 통합된 것이다. 일본 국회도서관은 1989년부터 국제도서관협회연맹IFLA이 세계 6개 대륙에 지정하여 운영하는 보존센터 중 아시아보존센터로서 아시아 각국에 보존 기술을 보급하고 교육을 실시하고 있다.

'진리가 우리를 자유롭게 한다'고 적힌 본관 중앙홀 벽면의 경구

우리가 둘러본 본관 옆 신관 서고는 지하 8층까지 되어 있는 점

지하 8층까지 있는 신관 서고. 이렇게 깊숙하게 지어진 데에는 그럴 만한 이유가 있었다.

이 특색이었다. 이처럼 지하 깊숙하게 서고를 마련한 이유는 외부 기후의 영향을 덜 받고 국회의사당보다 높지 않게 하기 위해서라고 했다.

국회도서관의 장서 보관 모습. 움직이는 서가, '모빌랙'에 장서를 보관하여 공간 활용을 극대화한다.

도쿄의 본관을 둘러보고 간사이관이 있는 교토로 향했다. 신칸센新幹線은 우리 고속철보다 폭이 넓다. 일반석은 한 줄에 5인, 특석은 4인씩 앉는다. 창밖 풍경이 우리나라와 별반 다를 게 없는 것이 특색이라면 특색이다.

교토의 간사이 문화학술연구도시 내에 있는 간사이관은 2002년 개관한 지하 4층, 지상 4층의 현대식 건물이다. 넓은 잔디밭 위에 서 있는 심플하면서도 단정한 모습의 유리벽이 인상적이었다. 이 도서관은 국가 전자도서관 및 아시아정보센터의 역할 담당, 일본 고서적의 보존, 장애인도서관 서비스, 자료 급증에 따른 서고 부족 해소를 위해 건립한 것이다. 지진이 많은 일본의 특성상 자료의 분산 보존도 한 이유라고 한다.

간사이관의 아시아정보실에는 한국 책이 2만 2천여 권 있는데, 그중 잡지가 2,300종이다. 간사이관은 향후 2천만 권을 소장할 수 있도록 서고 확장을 추진 중이라고 했다. 도쿄에 있는 국제어린이도서관도 국회도서관 산하이다. 국회도서관은 직원이 9백여 명이며, 소장 자료는 책 9백만 권을 포함하여 3,470만 점에 이른다. 의회도서관으로는 미국에 이어 두 번째 규모이다.

일본 국회도서관을 방문했을 때 그들의 성의 있는 태도에 감동한 일이 하나 있다. 안내를 받으며 둘러보던 중 몇 가지 질문을 했더니 상세한 자료를 우리가 도서관을 떠나기 전에 전달해주고, 또 다른 자료는 다음 날 교토의 간사이관으로 보내준 것이다. 대충 답변해도 넘어갔을 일을 그리 해주니 우리 일행 모두가 기분 좋았던 기억이 난다.

반면 일본의 도서관을 이틀간 둘러보면서 내내 마음이 착잡했던 것은 불법 반출된 우리의 귀한 고서적들이 어디에 있을까 하는 생각 때문이었다. 2006년 일본 내 조선서지학의 권위자인 후지모토 유키오藤本幸夫 교수가 작성한 목록만 해도 5만여 권에 이른다. 임진왜란과 일제강점기에 약탈된 것이 대부분일 것으로 추정된다. 후지모토의 목록은 궁내청 도서관과 국회도서관, 동양문고 등 일본 내 대형 도서관 1백여 곳에서 직접 확인하여 작성한 것이니 신빙성이 높다. 김종직의 문집《이장길집李長吉集》, 안평대군의 문집《비해당선반산정화匪懈堂選半山精華》, 김인후의 문집《하서선생집河西先生集》등 한국에 없는 일본 유일본이 다수 포함되어 있다.

이토 히로부미伊藤博文가 1백 년 이상 '대출 중'이었던 규장각 서적도 66종 938책이나 일본 궁내청 도서관에 있다가 2011년 말 반환되었다. 최치원의《계원필경》, 이수광의《지봉유설》,《퇴계언행록》,《우암집》등 귀중서들이다. 말이 대출이지 사실상 약탈해가서 반환하지 않았던 것이다. 히로부미博文라는 이름은 그가 성인이 되어 개명한 것으로, 논어의 '君子博學於文군자는 글을 널리 배우고'에서 따온 것이다. 그 정도로 그는 학문을 숭상한 인물이다. 그를 사살한 안중근 의사 역시 감옥에서 '一日不讀書 口中生荊棘하루라도 글을 읽지 않으면 입 안에 가시가 돋는다'이라는 붓글씨를 남길 정도로 뛰어난

교토의 간사이관 서고. 방대한 장서를 보관하고 있으면서도 곳곳에 빈 서고가 많았다.

독서가이자 사상가였으니, 책과 학문을 좋아한 두 위인이 하얼빈에서 만난 것은 운명의 장난일까?

일본은 한국 병탄과 동시에 규장각에 사서를 투입해, 고서적을 정리하는 대로 마포나루를 통해 일본으로 실어갔다고 하니 파악되지 않은 귀중본도 많을 것이다. 이래저래 아쉬운 마음을 달래며 발길을 돌렸다.

'초등학생들에게 1년에 책 1백 권을 읽히겠다'고 공약한 시장

2005년 일본 홋카이도 에니와 시의 시장 선거에서 나카지마 코우세이中島興世 무소속 후보는 자민당 소속의 현직 시장을 예상을 뒤엎고 무너뜨려 이번의 주인공이 되었다. 그의 승리 요인은 시민단체와 언론으로부터 최우수상을 받은 매니페스토에 있었는데, 핵심은 '초등학생들에게 1년에 책 1백 권을 읽히겠다'는 것.

시는 생후 아홉 달 난 아이가 건강 진료를 받을 때 동화책 2권을 주는 '북스타트' 운동을 벌이고, 노인 자원봉사자를 모집하여 모든 유치원에서 동화책을 읽어주도록 했다. 또 관내 모든 초·중등학교에 비상임 공무원 사서를 파견하여 독서 지도를 하도록 했다.

그 결과 에니와 시는 초등학생 독서 목표를 이루고 인구도 늘었다. 학교에서의 왕따 문제도 크게 줄었다고 한다.

어린아이들에게 독서는 그 어떤 교육보다도 중요하다. 초등학생들에게 책을 가까이하는 환경을 만들어주는 것은 그 나라의 미래를 보장하는 가장 쉬운 방법일지도 모른다. 사진은 우리나라 김해시의 도서관 풍경.

인민대학습당의 일반 강의실

인민의 학습을 독려하는 도서관 현장

북한

| NORTH KOREA |

인민대학습당

평양 인민대학습당에서 바라본 대동강 건너편의 모습. 광활한 김일성 광장을 건너 맞은편에 주체사상탑이 보인다.

오롯이 떠오른 평양의 추억

세계 곳곳에 걸친 기나긴 여정이 마무리될 무렵, 2005년 방문했던 북한의 도서관이 기억 저편에 떠올랐다. 때는 2005년 10월, 백범 김구 선생과 관련된 남북한 공동사업을 협의하고자 평양에 갔을 때 국가도서관인 인민대학습당을 방문했다. 당시만 해도 내가 지금과 같은 라이브러리언Librarian이 될 것이라고는 상상도 못했기 때문에 직업적 관점에서 살펴보지는 못했지만, 조심스레 구경했던 인민대학습당의 모습은 지금까지 강렬한 인상으로 남아 있어 이 도서관 기행의 한 부분으로 자리할 수 있게 되었다.

북한의 대표적인 도서관이자 종합 사회교육 시설인 인민대학습당의 전경

인민을 위해 복무하라,
인민대학습당

인민대학습당은 1982년 4월 1일 김일성 주석의 70회 생일에 맞춰 개관한 북한의 국가 대표 도서관이자 복합 문화센터다. 동시에 과학기술의 전당이자 인민 평생교육기관으로 활용되고 있다. 평양 시내 한복판 김일성광장 주석단 바로 뒤라는 지리적 위치는 이 도서관의 문화적 상징성을 말해준다. 그 앞에서 대동강을 바라보니 강 건너 주체사상탑이 한눈에 들어온다. 사상을 최우선으로 하는 그들의 의도를 엿볼 수 있는 대목이다.

이 도서관은 모두 10개 동으로 이뤄진 10층짜리 전통식 청기와 팔작八作 지붕 건물로, 단일 도서관으로는 세계적 규모를 자랑한다. 연면적 10만 평방미터, 높이 63.56미터, 길이 190.4미터, 폭 150.8미터라면 그 규모가 가히 짐작이 될 것이다. 대동강을 향해 학이 무리 지어 날아오르는 모습을 형상화했다고 하는데, 그 시원하고 웅장한 모습이 보는 사람을 압도하기에 충분하다. 도서관이라기보다는 마치 궁전과 같은 위용이다.

도서관 내부에 들어서자 백두산 천지를 배경으로 앉아 있는 거대한 흰색 김일성 석상이 방문자를 압도했다. "조선을 위하여 배우자!"를 비롯하여 도시관 여기저기 붙어 있는 붉은 구호들이 끊임없이 인민들을 독려하고 있었다. 김일성 교시도 당연히 걸려 있다. "과학자, 기술자들뿐 아니라

간부들도 학습을 많이 하여야 합니다. 앞으로 간부들의 학습날을 정하고 간부들이 한 주일에 한 번씩 의무적으로 인민대학습당에 가서 공부하도록 하여야 하겠습니다." 그들의 학구열을 엿볼 수 있는 대목이었다.

23개의 열람실, 14개의 강의실, 6백여 개의 방이 있으며 하루 수용 인원 1만 2천 명에 3천만 권 수준의 장서 소장 능력이 있고, 외국어 교육, 컴퓨터 강의, 교양 강좌, 음악 감상, 전문가 상담 등을 담당하고 있다는 설명을 들으니 이 도서관이 얼마나 복합적 기능을 수행하고 있는 교육 현장인지 알 수 있었다.

열람실을 둘러보는데 이용자들이 별로 없기에 왜 그런지 물어보았더니 평일 낮 시간이라서 그렇다는 대답이 돌아왔다. 대출 데스크에선 북 컨테이너가 오고가는 모습이 보였다. 우리네와 마찬가지로 대출용 책을 싣고 서고와 대출대 사이를 자동으로 오가는데, 컨테이너가 플라스틱이 아니라 함석 재질이라서 그런지 요란한 소리를 내는 것이 이채로웠다.

북한은 도서관에 대한 선진적인 법 조항을 규정하고 있다. 1998년 처

음악감상실에서 음악을 듣는 여학생

화려한 궁전 같은 중앙홀의 모습. 우측에 김일성 석상이 보인다.

어학학습실에선 영어 회화 강의가 한창이다.

음 채택되어 이듬해 개정된 '조선민주주의인민공화국 도서관법' 은 '도서관' 에 대해 '인민들의 사상의식 수준과 기술문화 수준을 높여주는 인민학습의 중요 거점' 2조으로, '도서관 일군' 은 '새로운 과학과 기술의 보급자, 사회적 학습의 조직자' 6조로 규정하고 있다. 나는 지금까지 어느 나라에서도 도서관과 사서에 관한 이런 적극적인 규정을 본 적이 없다. 국회도서관장이 된 이후 혹시 사회주의권은 모두 이런 규정을 가지고 있는 것은 아닌지 궁금해져, 국회도서관의 해외 전문가를 통해 주요국의 도서관과 사서에 대한 규정을 모두 조사하도록 했다. 그러나 러시아, 중국을 포함하여 어떤 나라도 이런 규정을 가진 나라는 없었다. 혹시 조사 대상에서 빠진 나라에 이런 것이 있어서 북한이 원용했는지는 모르지만, 적어도 북한에 1940년대 교육과 도서관 분야에서 많은 영향을 준 러시아에서는 이런 규정을 찾을 수 없었다. 후에 러시아 국가도서관의 고위 관계자들과

중앙 로비의 모습. '전당 전군 전민이 학습하자' 는 구호가 시선을 끈다.

인민대학습당의 민족 고전 전시실

북한에도 《직지》가 있다. 민족 고전으로 전시 중인 《직지》 하(下)편은 1970년대 이후 제작된 것으로 추정되는 영인본이다.

대담할 때 나는 북한의 도서관법을 소개하면서 이것들이 러시아 또는 다른 사회주의권 나라의 영향을 받은 것인지 물어보았는데, 그곳 도서관장은 "이것은 북한이 독자적으로 만든 규정일 것"이라고 대답하였다.

북한은 인민대학습당이 김일성의 인민 사랑이 어려 있는 곳이라고 설명했다. 애초에 정부청사로 지으려던 것을 김일성이 인민을 위한 도서관으로 돌려놓았다는 것이다. 그래서인지 김일성이 생전에 남긴 어록에는 유독 책과 도서관의 중요성을 강조한 것들이 많다. 어록에는 그가 학창 시절 좋은 책을 보면 부잣집 아이들을 부추겨 사게 하여 빌려 읽었다는 이야기, 중국 길림吉林 소재 육문중학교 재학 때 학교도서관 운영 책임을 맡았다는 이야기가 나온다. 그는 인민 학습의 중요성을 늘 강조하였으며, 인민대학습당을 지어 1백만 인텔리 양성과 외국 과학기술 서적 1백만 권 번역의 포부를 밝히기도 했다.

북한이 지폐의 도안으로 인민대학습당 전경을 사용한 것을 보면 그들이 이 도서관을 얼마나 자랑스레 여기는지 짐작할 수 있다. 이 때문에 이곳은 북한의 외국 귀빈 안내 코스에 늘 포함되어 있으며, 2007년 평양에서 열린 남북정상회담 당시 권양숙 여사가 참관하기도 했다. 현재 북한은 도마다 인민학습당을 두어 인민의 학습을 독려하고 있다.

인민대학습당이 인쇄된 북한 지폐

김일성과 도서관

김일성은 도서관의 가치에 대해 일찌감치 의식이 깨어 있었던 인물인 것 같다. 공산주의의 창시자 마르크스가 대영도서관의 단골손님이었고, 레닌은 러시아혁명 후 도서관을 진흥시켰으며, 마오쩌둥도 북경대도서관에서 공산주의 이론을 공부했다는 사실을 그는 알고 있었다. 그의 담화에서 도서관과 관련된 내용을 찾는 것은 그리 어렵지 않은 일이다.

한국전쟁 직후 그는 "도서관 사업을 강화하기 위하여 중앙에 국립도서관을 복구, 확장할 것이며 도 소재지, 주요 도시들에 도서관을 설치할 것을 인민경제계획에 포함시켜야 할 것입니다"라며 도서관 진흥정책을 선포했고, 1970년대에는 "청소년들이 책을 읽도록 하기 위하여서는 학교들과 공장, 기업소들에 도서관을 꾸리고 그것을 잘 운영하여야 합니다. (중략) 고등중학교도서실에는 대학교재를 몇 부씩 비치하는 것도 나쁘지 않을 것입니다." 1973년, "학교 도서관 일군들의 역할을 높여야 합니다. 학교 도서관 일군들은 학생들에게 책을 빌려준 다음에는 그들이 읽은 책에 대한 감상문을 꼭 써내도록 하여야 합니다. 감상문은 한 장도 좋고 두 장도 좋고 반드시 써내도록 하여야 합니다. 그래야 학생들 속에서 책을 가져갔다가 읽지 않고 바치는 현상을 없앨 수 있으며 도서관을 재미있게 운영할 수 있습니다." 1975년 등으로 그의 의지를 피력했다.

이와 같은 김일성의 담화는 최고지도자의 담화로서 상당히 구체적인 내용을 담고 있다. 스스로 이 문제에 대해 고민한 흔적이 역력하며, 사안을 잘 파악하고 있음을 알 수 있는 대목이다. 앞서 언급한 담화에는 도서관의 핵심 요소들이 두루 언급되어 있다. 도서관 진흥을 국가경제계획에 포함시켜야 한다는 점에서부터 각급 학교와 공장 등 현장 도서관의 중요성, 도서관 일꾼들의 역할, 독서 감상문 의무 제출까지, 참으로 흥미로운 대목이다.

국회도서관의 로텐더홀

문화유산과 디지털이 어우러진 풍경

한국

| REPUBLIC OF KOREA |

규장각　느티나무도서관　김대중도서관　한국점자도서관
LG상남도서관　아르코예술정보관　종달새전화도서관　제주 한라도서관
우당도서관　바람도서관　국립중앙도서관　국회도서관

우리나라 도서관을 찾아 나선 길. 규장각 뒷길에서 조선을 만났다.

인문 숭상의 조선을 걷다

우리나라 도서관의 효시는 무엇일까? 고대에도 왕실도서관 형태의 기구가 있었을 것으로 추정되지만, 역사에 확실하게 기록된 것으로는 조선시대 세종대왕이 설립한 집현전을 들 수 있다. 집현전은 왕실도서관 역할은 물론 백성들의 삶을 향상시키기 위한 자연과학 연구소의 기능까지 수행했다. 그러나 이 학문의 전당은 세조 때 단종 복위 운동과 연관되어 폐지되고 말았다. 올곧은 학자들이 세조의 왕위 찬탈을 용납하지 못한 것은 당연한 일이었다.

정조가 즉위한 1776년에 세운 규장각奎章閣은 오늘날 서울대학교 규장각으로 연결되어 존재한다. 정조 때 규장각은 왕실도서관 겸 학술 기관이었다. 서적을 출판·간행·수집·보존하고 중요 문서와 인장을 보관했다. 세계의 사례와 마찬가지로 우리나라 역시 성군으로 추앙받는 세종과 정조 두 임금이 도서관을 설립한 것은 결코 우연이 아니다. 두 임금의 공통점은 선왕으로부터 '건강을 해치니 책을 그만 읽으라'는 금서령禁書令을 받을 정도로 지독한 독서광이었으며 학문이 신하들보다 뛰어났다고 한다.

햇살 좋은 날, 창덕궁을 방문했다. 부용지 뒤편으로 규장각 건물이 보인다.

정조의 위대한 실험,
규장각

정조대왕이 세운 규장각을 찾아서 창덕궁으로 향했다. 그동안 세계 유수의 도서관을 다니며 그 지리적 위치, 거대한 규모, 아름다운 외관, 장엄한 내부, 진귀한 장서를 보고 수없이 감탄했지만, 18세기에 세워진 우리나라 국가 도서관의 위치를 보고 신선한 충격을 받았다.

정조 때 건립한 규장각 건물은 지금 우리가 비원秘苑이라고 부르고 있는 곳, 즉 창덕궁 후원에 자리 잡고 있다. 원래는 금원禁園이라고 하여 임금과 가족들만 출입할 수 있는 왕실 전용공간이었는데, 임금의 휴식처인 그 자리에서도 가장 경치가 좋은 언덕에 규장각 건물이 서 있었다. 자신의 전용공간을, 더욱이 그중에서도 가장 좋은 명당자리를 학자들에게 내준 임금은 보통 임금이 아닐 것이다.

학문을 사랑하는 정조대왕의 마음을 헤아려보면서 어수문魚水門을 통해 들어갔다. 어수문이란 임금과 신하의 관계를 물고기와 물의 관계로 비유한 수어지교水魚之交에서 따온 말이다. 왕은 어수문으로, 신하는 그 옆 쪽문으로 출입했다고 한다. 1층은 도서를 보관하는 규장각이고 2층은 열람실로 이용된 주합루宙合樓이다. 건물 전면에 주합루 편액현판이 붙어 있어서 건물 전체를 주합루라고 부르기도 한다. 주합루 편액은 정조가 친히

규장각 건물의 모습. 1층은 규장각, 2층은 주합루다.

써서 내린 것이다.

주합宙合이란 《관자管子》에 나오는 것으로, 우주와 합일되는 경지를 말한다. '학문을 통한 우주와의 합일' 은 서양 수도원 도서관의 '지식은 천국에 이르는 통로' 라는 말과 대동소이하다. 높은 경지에서는 동서양이 통하는 법이다.

2층 열람실로 들어가보았다. 그리 넓지 않은 나무 마루방이다. 여기에서 당대의 학자들이 학문을 연구했다. 때로는 정조와 신하들이 토론을 하고 정사를 논하기도 했으리라. 정조대왕과 정약용을 비롯한 대학자들의 숨결이 느껴지는 것 같았다. 여기에서 아래를 굽어보니 그윽한 분위기가 정말 좋았다. 속세의 공기와는 전혀 다른 신성한 공기로 목욕하는 기분이 들었다. 부용지芙蓉池 연못의 절경은 말할 것도 없고, 봄에는 어

주합루 내부 모습. 당대의 학자들이 경연하던 곳이다.

린 나뭇잎, 여름에는 짙은 녹음, 가을엔 낙엽, 겨울엔 설경이 그만이라 한다. 주합루 옆에 있는 서향각書香閣은 서고로 사용된 곳이다. 이곳 규장각은 좁은 공간이라서 정조 5년에 창덕궁 정문 부근에 많은 전각을 지어 대폭 확장했으며 후일 소실된 것을 1990년대에 동궐도東闕圖를 근거로 복원했다.

이곳에 검서청檢書廳 간판이 눈에 띄었다. 검서청은 검서관들이 근무하던 전각인데, 검서관은 오늘날 사서처럼 새로운 서적이 들어오면 내용을 파악하여 분류하고 보관하는 일을 했다. 당시 검서관은 비록 관직은 낮지만 학식이 뛰어난 사람이 맡는 중요한 자리였다. 정약용, 이가환, 유득공, 박제가 등이 검서관을 지냈다면 짐작이 갈 것이다.

규장각은 점차 단순한 학문의 전당이나 도서관을 넘어서 정조 개혁정치의 산실 역할을 했다. 정조는 과감한 탕평책을 펴면서 당파를 가리지 않고 인재를 등용했다. 당파별로 벼슬을 안배하는 방법이 아니라 당파를 묻지 않고 학문이 있는 자를 뽑아 쓰거나 당파에 속하지 않는 자도 등용했다. 결과적으로 규장각은 정조의 친위대 양성소 역할과 함께 최고의 권력기관이 되었다.

개혁은 '칼로 하는 개혁'과 '붓으로 하는 개혁'으로 나눌 수 있는데, 정조는 규장각을 활용하여 붓으로, 즉 학문의 힘으로 개혁을 했다. 칼을 이용한 개혁은 과거지향적인 반면 붓을 이용한 개혁은 미래지향적이다. 만일 정조가 아버지 사도세자의 한을 풀기 위해 보복적, 정략적 개혁을 지향했다면 업적을 남기기는커녕 연산군처럼 임금 자리 보존도 어려웠을지 모른다. 정조가 학문의 전당인 규장각을 활용하여 객관적이고 미래지향적 개혁을 했던 것은 지성이 바탕이 된 올바른 판단력을 갖추었기에 가능했을 것이다. 즉위하자마자 도서관을 설립하여 학문을 진흥시키고, 학자들을 중용하고, 생산적 개혁을 추진한 정조야말로 진정 훌륭한 임금이라는 생각이 든다.

정조는 1782년 왕실 서적을 안전하게 보관하기 위해 강화도 행궁行宮, 유사시 임금의 피난지 궁궐에 외규장각外奎章閣을 설치하여 의궤儀軌를 비롯해 총 1천여 권의 서적을 보관했다. 강화도에 행궁을 마련한 것은 드넓은 개펄과 조수간만의 차로 인해 선박의 접안과 군대의 상륙이 어려운 지리적 이점 때문이었다. 그러나 1866년 병인양요 때 프랑스군이 강화도를 습격하여 일부 서적은 약탈하고 나머지는 불태웠다.

의궤란 의식과 궤범을 뜻하는데, 왕실과 국가의 중요 행사에 대해 발의와 준비 과정, 의식, 절차, 진행, 사후 처리 등을 정리한 기록이다. 내용은 물론 화공들이 그려 넣은 행사의 모습은 오늘날의 사진처럼 귀중한 자료로서 유네스코 세계기록유산으로 등재되었다. 의궤는 여러 부를 만들어서 사고史庫에 분산해서 보관했는데, 특히 임금이 보는 어람용 의궤는 대부분 강화도의 외규장각으로 보내졌다. 종이와 글씨, 그림의 질이 일반용에 비해 훨씬 우수하다.

병인양요는 대원군의 천주교 박해로 인해 프랑스 선교사들이 처형되자 조선교구장인 리델 신부가 중국으로 도망가 로즈 제독이 이끄는 프랑스 함대를 안내하여 강화도를 침탈한 사건이다. 리델 신부는 당시의 상황을 객관적으로 기록하여 형에게 보냈는데, 이 기록문이 1993년 〈한국일보〉에 연재된 바 있다. 내용 중에는 조선군의 대포가 10여 미터밖에 나가지

현재 규장각의 도서는 서울대학교 규장각이 승계하여 보관하고 있다. 규장각 제3서고의 모습.

서울대학교 관악 캠퍼스에 위치한 규장각의 전경

않아서 너무 쉽게 점령한 반면 아무리 가난한 집이라 해도 서적은 있었다는 사실이 나온다. 또한 비단에 싸인 왕실 서적에 경탄했다는 것과 금박 인쇄와 구리 경첩 등 제본술이 뛰어난 데 놀랐다는 내용이 나온다. 이것은 어람용 의궤를 지칭하는 것이다.

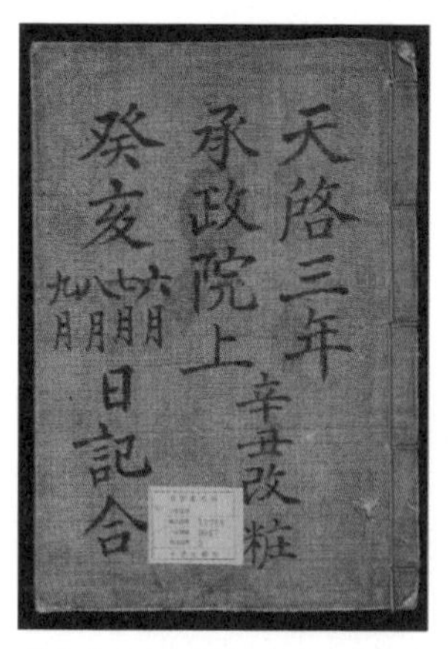

국가의 중대사에서부터 의례적인 일에 이르기까지 국정의 중추적 내용을 기록한 《승정원일기》

규장각 도서는 현재 서울대학교 규장각에 승계되어 있다. 이곳에는 조선왕조 의궤[2,940책] 외에도 《조선왕조실록》[1,276책], 《승정원일기》[3,243책] 등 찬란한 세계기록유산을 비롯하여 고도서 17만 5천여 책, 고문서 5만여 점, 책판 1만 8천여 점 등 총 30만여 점의 자료가 소장되어 있다. 국보로 지정된 것은 정조의 일기인 《일성록》[2,329책], 《삼국유사》[2책]

등 7종 7,125책이나 되고, 보물은 《대동여지도》22책, 《동의보감》41책 등 26종 166책이 있다. 관악 캠퍼스 내 규장각은 전시실을 일반에게 개방하고 있다.

과거와 싸우지 않는 권력

정조대왕이 세운 규장각을 거닐며, 그의 미래지향적 개혁을 되돌아보게 되었다. 아버지 사도세자의 한을 풀기 위해 과거에 얽매였다면, 지금 우리는 정조를 어떻게 기억하고 있었을까. 미래를 도모하려면 과거를 접을 줄 알아야 하는 법이다.

중국 전국시대 합종책으로 유명한 소진蘇秦이 조나라 군주 숙후肅侯를 유세차 방문했을 때 마침 숙후는 과거 청산에 골몰하고 있었다. 대개의 경우 과거 청산은 단죄와 보복이 수반된다. 소진은 이를 걱정한 나머지 다음과 같은 말로 군주를 설득했다. "과거 청산은 중요한 일이지만 너무 과거에 집착하면 나라의 미래에 해를 끼친다. 과거 청산을 하되 과거와 싸우는 방식으로 하지 말고 미래의 청사진으로 과거 청산을 하라. 미래의 밝은 빛으로 과거의 어둠을 몰아내야 나라의 장래가 밝아진다."

남아공의 만델라는 독재정권 하에서 30여 년을 감옥에서 보냈다. 그가 집권하자 많은 사람들이 과거 청산을 주장했다. 그러나 그는 "갈 길이 멀다. 과거를 단죄할 시간이 없다"라면서 자신을 탄압했던 세력을 포용했다. 그 결과 오늘날 남아공이 갈라지지 않고 있는 것이다.

중국의 덩샤오핑은 문화혁명 때 세 번 숙청되고 죽을 고비를 여러 번 넘겼다. 그가 집권하자 과거 청산 주장이 많았지만 그는 "마오쩌둥 동지는 공이 7할이고 과는 3할이다"라는 유명한 말 한마디로 과거를 정리하고 미래를 보고 나간 결과 오늘의 중국을 건설할 수 있었다. 싱가포르의 리콴유李光耀 전 총리는 자서전에서 "덩샤오핑이 아니었으면 중국은 문혁 이후 내부 투쟁으로 인해 소련처럼 여러 갈래로 나뉘었을 것"이라며 그를 높게 평가했다.

영국의 처칠은 "과거와 싸우면 미래가 죽는다"라는 멋진 말을 남겼다. 이런 세계적 지도자들이 역사의식이 부족하여 과거 청산 작업을 하지 않았다고 볼 수는 없다. 과거보다는 미래가 중요하다는 것을 투철하게 인식했기 때문일 것이다.

경기도 용인 수지마을에 위치한 엄마와 아이들의 놀이터, 느티나무도서관 전경

공부하는 놀이터,
느티나무도서관

느티나무도서관, 이름이 참 좋다. 시골 마을에는 으레 마을의 수호신 역할을 하는 당산나무가 있는데, 거의가 느티나무이다. 그 느티나무 그늘에 어른 아이 할 것 없이 모여 놀면서 마을 공동체를 형성한다. 실제로 이 도서관에 가보니 동네의 젊은 엄마들과 아이들의 놀이터 역할을 하고 있었다. 시골 마을 앞 느티나무의 뜻을 담아서 이름을 지은 센스가 돋보인다.

나는 흔히 "도서관에서 놀자!"라는 말을 많이 하는데, 여기가 그 개념에 딱 맞는 곳이다. "공부하러 도서관에 가자"라는 말은 재미가 없다. 엄마가 아이에게 "도서관에 놀러 가자"라고 말하는 것이 좋다. 가벼운 마음으로 놀러 가서 놀다 보면 책을 가지고 놀고, 책을 가지고 놀다 보면 읽게 되고, 읽으면 빠지게 된다. 그러면 성공이다. 맹자의 어머니처럼 도서관 가까이 사는 것이 자식 교육의 첫 번째가 아닐까? 그보다 국가와 자치단체에서 모든 국민들이 집에서 걸어서 갈 수 있는 도서관을 만들어주면 더욱 좋을 일이다.

경기도 용인 수지에 있는 이 도서관은 2000년 '느티나무 어린이도서관'이라는 사립 문고로 수지의 한 아파트 상가 지하층에서 출발하여, 2007년 전망 좋은 이곳에 지하 1층 지상 3층의 멋진 건물을 지어 이사 왔

느티나무도서관의 박영숙 관장. 그 뒤로 재미있게 배치한 책꽂이가 보인다.

다. 땅값 16억 원, 공사비 16억 원, 모두 32억 원의 적지 않은 비용이 들었다. 뜻있는 기업과 개인의 후원금을 모은 것이다.

특기할 만한 것은 이 도서관 운영자가 설계를 위해 6개월간이나 건축가와 협의를 했다는 사실이다. 학교를 가장 잘 아는 사람은 선생님이고, 병원을 가장 잘 아는 사람은 의사와 간호사이다. 즉 실제 운영자가 가장 잘 안다. 따라서 모든 건물은 설계부터 운영자와 이용자의 의견이 반영되는 것이 바람직하다. 그런데 도서관을 짓는 데 사서가 배제되는 경우가 많다. 행정가와 건축가가 건물을 다 지어서 내부 설비까지 마친 뒤 사서들을 채용하여 운영하게 한다.

박영숙 관장이 설계를 놓고 반년이나 건축가와 씨름을 한 것은 의미 있는 일이다. "돈에 맞게 잘 지어주세요"라고 했다면 현재와 같은 개성 있는 도서관은 탄생하지 못했을 것이다. 좋은 도서관은 겉모양부터 다르고 내부 구조는 더욱 다르다. 이 도서관은 구석구석 이용자들이 좋아할 만한 공간 배치가 돋보인다. 이곳에는 대형 휠체어와 북트럭이 들어갈 수 있는 엘리베이터가 있는데, 공간을 너무 많이 차지한다는 반대를 뚫어내느라 힘들었다고 한다.

이 도서관은 아파트 숲 한복판에 자리 잡고 있다. 이 점이 중요한 포인트다. 현재의 위치에서 5백 미터만 뒤로 가면 총비용을 3분의 1로 줄일 수 있고, 조금 더 가서 뒷산 밑으로 가면 5분의 1로 줄일 수 있었는데도 많은 비용을 무릅쓰고 현 위치를 택했다고 했다. 이것은 박 관장이 도서관의 핵심적 요소인 접근성을 간파한 것이다. 아무리 건물을 잘 지어놓아도 이용자가 적다면 훌륭한 건물이 무슨 소용이 있겠는가.

느티나무도서관은 IMF 관리 체제 아래의 상처와 좌절 속에서 '누구나 꿈꿀 권리를 누리는 세상, 도서관으로 더 나은 세상을 만들고 싶습니다'라는 모토로 출발하여 이제는 어엿한 사립 공공도서관으로 성장했다. 도서관을 소개하는 동영상의 첫 화면에 나오는 말이 설립 당시의 상황을 잘 설명해준다. "순식간에 아파트 숲으로 탈바꿈한 신도시는 경쟁, 소외, 단절, 양극화 등 온갖 사회문제의 전시장 같았다." 신도시의 공통적 문제점의 하나는 서로 '과거'를 모르는 사람들끼리 익명성을 즐기다 보니 체면도 예의도 없는 '무례한 도시'가 될 개연성이 크다는 것이다.

이런 삭막한 콘크리트 바닥에 심은 느티나무 한 그루가 주민들에게 그늘을 제공하고 따뜻한 공동체를 형성하고 있다. 태어난 지 몇 년 안 된 아이들이 사람을 만나 경쟁보다는 서로 돕고 어울리는 것을 배우는 공간이 되고 있다. 아기에게 주는 최고의 선물이라는 북스타트bookstart 정신과 일

느티나무도서관의 1층 열람실. 아이들에겐 놀이터보다 더 좋은 공간이다.

외국
그림책

맥상통한다. 생후 1년 미만의 아이에게 그림책을 선물하는 이 프로그램은 최근 지방자치단체를 중심으로 확산되고 있는 사회 운동이다. 엄밀한 의미의 북스타트는 아니지만, 아이들이 철없는 시절부터 책과 가까이할 기회를 주는 것은 무엇보다 값진 선물이다.

이 도서관은 기존 관념을 뛰어넘는 것이 한두 가지가 아니다. 우선 도난 방지 시스템이 없다. 책을 가져가면 누가 읽어도 읽을 테니까 크게 신경 쓰지 않는다는 것이다. '책 잘 버리는 도서관, 책 잘 잃어버리는 도서관'을 지향한다니 더 이상 말이 필요 없다. 차를 마시면서 책을 읽을 수 있게 조성해놓은 북카페는 서가를 다이아몬드형으로 만들어 벽 중앙에 배치했다. 운치도 있고 파격적이어서 차 맛도 나고 읽는 재미도 더해준다. 이뿐만이 아니다. 계단을 표시하는 사인보드 대신 계단 모양의 서가를 벽에 붙여서 계단 표시를 한 것도 참신한 발상이다. '느티나무도서관의 친구들'이라고 하여 후원자들의 이름을 붙인 게시판, 신간의 표지를 컬러로 스캔을 하여 전시한 신간 코너 등도 신선한 아이디어이다.

파격은 여기서 그치지 않는다. 책을 구입할 때도 10만 원 넘는 비싼 책부터 우선 구입한다고 한다. "비싼 책은 일반 이용자들이 사서 보기 힘드니까"라고 설명한다. 그렇다고 돈이 풍족해서 그런 것은 아닐 것이다.

이 도서관은 뉴욕공공도서관처럼 NPO Non Profit Organization, 비영리공공단체 를 지향하고 있다. 후원금에 의존하는 이 도서관은 더 어려운 작은 도서관을 후원하기도 한다. 난곡도서관을 비롯한 세 곳의 도서관에 월 2백만 원씩 사서 인건비를 지원한다니, 대견한 일이다. 뉴욕의 도서관을 탐방할 때 '뉴욕 시민 가운데는 도서관 때문에 다른 도시로 이사 가지 않는 사람까

누가 책을 훔쳐갈까 걱정하지 않는 도서관의 철학은 '책 나눔터' 코너에서도 엿보인다.

지 있다'는 말을 들었는데, 이곳도 그런 일이 있다고 한다. 주민 가운데는 외국에서 살다가 귀국할 때 도서관 때문에 다시 이곳으로 왔다는 사람이 있고, 가장이 지방으로 전근 가는데 도서관 때문에 가족은 남는 경우도 있다고 한다. "도서관은 자본주의적 논리가 아닌 사회주의적 시설이다"라는 박 관장의 말은 도서관의 공익성을 강조함과 동시에 느티나무도서관의 철학을 단적으로 나타내는 말이다.

도서관과 접근성

선진국에서 도시를 조성할 때 도서관 위치를 먼저 결정하는 것은 접근성을 그만큼 중요시하기 때문이다. 뉴욕공공도서관이 시민 친화적 공간이 될 수 있었던 것은 맨해튼 한복판에 있기 때문이다. 지하철 타고 장바구니 들고 언제든 쉽게 드나들 수 있는 곳이 뉴욕공공도서관이다. 시골 초등학교의 도서관 위치를 바꿨더니 학생들의 이용이 급증했다는 신문기사가 나온 적이 있다.

초등생들을 대상으로 한 조사에서 도서관을 이용하지 않는 이유 1위가 '집에서 멀다' 34퍼센트로 나왔다. 학교를 지을 때도 '육체의 양식'을 취하는 식당은 운동장 건너 멀리, '마음의 양식'을 취하는 도서관은 오다가다 들를 수 있도록 교실 가까이 위치를 잡는 것이 좋다. 식당이 멀면 오며 가며 운동까지 할 수 있어 일석이조이다.

한국 현대사의 회전무대,
김대중도서관

김대중은 '살아 있는 역사' 이다. '죽었다' 고 하기엔 너무 생생하고, '현실' 이라고 하기엔 너무 '역사적' 이다. 따라서 살아 있는 역사인 것이다. 그는 현실에 대한 영향력이 너무 크고 현재진행형인 인물인 한편, 현실 이상의 드라마틱한 요소를 갖고 있다. 1960년대 초 이후 지금까지 한국 현대사는 박정희와 김대중의 역사라 해도 과언이 아니다. 산업화와 민주화를 동시에 이룰 수는 없었고, 결과적으로 선先산업화 후後민주화를 이룬 것이 우리 현대사이다. 박정희의 산업화와 김대중의 민주화는 대한민국이라는 수레의 양 바퀴이자 동전의 양면이다.

김대중도서관은 민주화 과정에서 늘 중심에 서 있던 김대중 전 대통령의 개인사를 통해 한국 현대사를 보여주는 훌륭한 단면도 역할을 하고 있다. 또한 이 도서관은 한반도 분단 극복과 평화체제 구축을 위한 그의 일관된 행동, 그 결과물인 남북정상회담 사료를 통해 민족의 명운에 대한 한 정치인의 필생의 고민과 집념을 잘 보여준다.

"역사는 기록하는 자의 것이다." 김대중은 이런 말을 잘 알았던 사람 같다. 보통학교초등학교 통신부, 부급장 임명장부터 시작하여 각급 학교의 기록부, 임명장, 졸업장, 상장, 수료증 등, 마치 그는 자신의 기념관에 전시

김대중도서관이 재현한 김 전 대통령의 청와대 집무실 모습

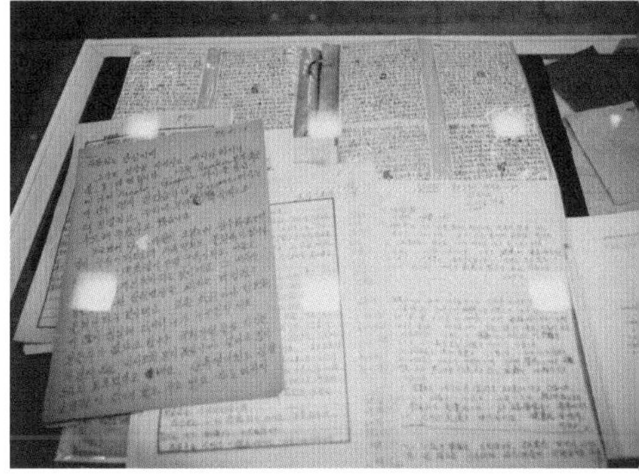

인간 김대중의 인생을 파노라마처럼 전시했다(위). 아래는 부인 이희호 여사와 주고받은 옥중 서신과 원고들.

할 물건을 어릴 때부터 챙긴 사람처럼 꼼꼼히도 모아놓았다. 국회의원 선거와 대통령 선거의 유세 원고, 민주화 운동 때의 각종 성명서와 기자회견문의 육필 원고, 옥중 서신, 언론 기고문, 자신의 저서 등등은 당연히 전시되어 있다.

민주화 운동의 훈장이자 트레이드마크인 지팡이, 감옥에서 입었던 수의, 도장, 2002 월드컵 4강 선수들의 사인이 들어간 축구공, 각종 국제회의에서 입었던 개최국의 민속 의상들, 세계로부터 받은 진기한 선물들이 볼만하게 전시되어 있다. 그의 마지막 유품 코너도 마련되어 있다. 성경책과 수첩, 볼펜, 안경, 돋보기, 녹음기, 시계, 벙어리장갑과 덧양말 등. 장갑과 양말은 이희호 여사가 뜨개질로 만든 것이고, 녹음기는 더 이상 일기를 쓰기 힘들어 구술하기 위한 것이었다는 설명이다. 시계는 여전히 살아서 정확한 시각을 가리키면서 주인의 체온을 실감케 했다.

연세대학교가 운영하는 이 도서관의 사료 사업은 김대중과 관련 있는 정치사 사료를 발굴·수집·보존·관리하는 것인데, 수집된 사료는 20만

김대중도서관의 깔끔한 전시실

점이 넘으며, 이 중 절반가량은 디지털로 전환되어 홈페이지에서 서비스하고 있다. 특히 구술사 프로젝트는 민주화와 통일 운동에 헌신한 국내외 인사들의 증언을 동영상으로 기록하는 사업인데, 현대사의 귀중한 자료가 될 것으로 보인다. 김대중 본인의 경우 41차례 총 43시간의 인터뷰가 동영상으로 녹화되어 있다.

아시아 최초의 대통령도서관인 이곳은 대한민국 역사의 한 부분인 전직 대통령을 연구하고 그 자료를 전시하는 데 모범을 보이는 곳이다. 장서는 김 전 대통령이 기증한 1만 6천여 책 가운데 1만 3천여 책은 연세대 도서관에, 나머지 3천여 책은 김대중도서관 지하 1층 카페형 열람실에 있다. 위치는 서울 마포구 동교동 사저 옆이고, 월 평균 1천여 명의 관람객이 찾는다.

관련 문헌을 보관하고 있는 서고의 모습

김대중과 도서관

김대중은 책이 만든 인물이다. 제도 교육을 충분히 받지 못한 그는 젊은 시절 타고난 지적 호기심을 책으로 채웠다고 한다. 국회의원 시절 국회도서관 이용을 가장 많이 한 의원으로 꼽혔으며, 그 결과 그의 국회 발언은 사실과 숫자 인용이 많은 것으로 유명하다.

그는 오랜 감옥 생활을 절호의 독서 기회로 활용함으로써 '지식의 힘'으로 자신을 철저하게 무장하였다. 감옥에서의 독서와 사색, 이는 지성과 논리가 결여된 한국 정치에서 김대중을 독보적인 존재로 만들어준 중요한 요인이 되었다.

그는 아태평화재단에도 사서를 두었으며, 동교동과 일산 사저에 서재를 만들었고, 대통령이 된 직후에는 청와대 관저에 서재를 마련했다. 그는 만년에 몇 시간씩 신장 투석을 할 때도 책 읽어주는 사람을 통해 독서를 할 정도로 왕성한 독서가였다. 그가 남긴 일기2009.3.18를 읽다가 '지식과 권력'여기서 지식은 정보를 포함한 개념이다의 관계에 대한 탁월한 인식을 보고 나는 적잖이 놀랐다.

"인류의 역사는 (중략) 지식인이 헤게모니를 갖는 역사였다.

1. 봉건시대는 농민은 무식하고 소수의 왕과 귀족, 그리고 관료만이 지식을

가지고 국가 운영을 담당했다.

2. 자본주의 시대는 지식과 돈을 겸해서 가진 부르주아지가 패권을 장악하고, 절대 다수의 노동자, 농민은 피지배층이었다.

3. 산업사회의 성장과 더불어 노동자도 교육을 받고, 또한 교육을 받은 지식인이 노동자와 합류해서 정권을 장악하게 되었다.

4. 21세기 들어 전 국민이 지식을 갖게 되자 직접적으로 국정에 참가하기 시작했다. 2008년의 촛불 시위가 그 조짐을 말해준다."

밀레의 〈이삭 줍기〉를 점자화한 페이지. 손으로 읽는 그림이다.

그들의 눈을 대신하다,
한국점자도서관

신은 인간에게 삶을 선사하면서 이 세상을 느끼고 즐길 수 있도록 시각과 청각, 촉각, 후각, 미각을 함께 내렸다. 그런데 어떤 이로부터는 그 일부를 박탈해갔다. 사람이 세상의 정보를 취득할 때 90~95퍼센트를 시각을 통한다는 연구가 있다. '우리 몸이 백 냥이라면 눈이 아흔 냥' 이라는 속언이 근거 없는 말이 아님을 알 수 있다. 이런 말이 아니라도 눈과 시각의 중요성을 부인할 사람은 없을 것이다.

우리나라 시각장애인은 등록자만 28만여 명, 비등록 장애인을 포함하면 50만 명 이상으로 추산되고 있다. 이들의 정보 취득과 평생교육은 물론 재활, 문화 향유, 친목과 교류의 마당인 점자도서관은 전국에 35개가 있지만 국가가 운영하는 곳은 하나도 없다.

1969년 시각장애인인 육병일 선생이 사재를 털어 국내 최초로 한국점자도서관을 설립한 이래 대부분의 시각장애인도서관들은 시각장애인이 운영 주체로 활동하고 있다. 이들 도서관들은 정부와 지방자치단체의 지원을 받지만 운영비 대부분은 후원금과 수익 사업 등으로 자체 조달하느라 등이 휠 지경이다. 그러나 이들은 열악한 환경 속에서도 꿋꿋이 일하면서 많은 성과를 내고 있었다.

한국점자도서관의 육근해 관장

서울 암사동에 있는 한국점자도서관을 찾았다. 육근해 관장은 설립자의 5남매 중 막내딸로 어릴 적부터 학교에 갔다 온 후에는 아버지를 도와서 점자타자기로 점자 인쇄를 하는 것이 일이었다고 한다.

이 도서관은 이용자가 직접 찾아와 책을 읽는 도서관의 역할보다는 사회적 기업인 (주)도서출판점자를 통해 다양한 점자책을 만들어 제공하는 일에 주력하고 있다. 한국점자도서관에서는 우리나라에서 한 해 출판되는 5만 종의 책 중 2퍼센트 정도를 점자책으로 만들고 있다. 점자 도서를 제작하기 위해서는 첫째, 워드프로세서로 묵자일반 글자를 입력하고 둘째, 원고를 교정한 후 점역 소프트웨어로 점자로 변환하고 셋째, 점자 프린터로 점자 인쇄를 하고 넷째, 절지기에 넣어 종이를 자른 다음 제본하고, 표지를 붙이는 과정을 거치게 된다. 이 도서관에서는 셋째 단계에서 점자 원판을 제작하고 이를 인쇄하는 과정을 거쳐 하나의 책을 다량으로 생산하기도 한다. 이들 점자 도서를 제작하는 과정에는 많은 자원봉사자들이 참여한다고 한다.

이 도서관은 장애인 개인에 맞는 맞춤 서비스의 중요성을 일찌감치 인식하고 시각, 청각뿐 아니라 촉각 등을 이용한 다양한 정보 서비스를 제공하고 있다. 초기에는 단순히 점자책이나 테이프를 만들어주는 곳이었으나 지금은 약시자를 위한 큰 글자책Large Print Book, 묵자와 점자를 한 지면에 표현한 묵·점자 혼용도서Two Way Book, 일반 그림책에 점자 라벨을 덧붙인 통합 그림 도서, 일반 그림책에 점자 비닐 페이지를 간지처럼 끼운 책, 페이지 상단에 음성 변환 바코드를 두고 보이스 아이Voice Eye를 이용해 음성으로도 들을 수 있도록 한 책, 아날로그 방식의 카세트테이프와 디지털 방식의 오디오 CD, MP3, DAISYDigital Accessible Information System 방식의 CD 등 녹음 도서, 맹인들이 감각을 느낄 수 있도록 그림 부분을 종이나 천으로 모형을 만들어놓은 촉각 도서, 지적장애인을 위해 일반 책을 매우 쉽게 풀어 쓴 책Easy to Read Book 등 다양한 종류의 책을 제작하고 있다.

이 도서관은 '북Book소리 버스'라는 이동도서관도 운영한다. 점자책 등 독서 장애인에게 필요한 서적을 버스에 비치하고 이동 서비스를 하는 것이다. 또한 시각장애인들을 위해 차량을 이용하여 체험 학습의 기회도 제공한다고 한다.

현재 점자도서관과 일반 공공도서관 간의 협력이 원활하지 않은 실정

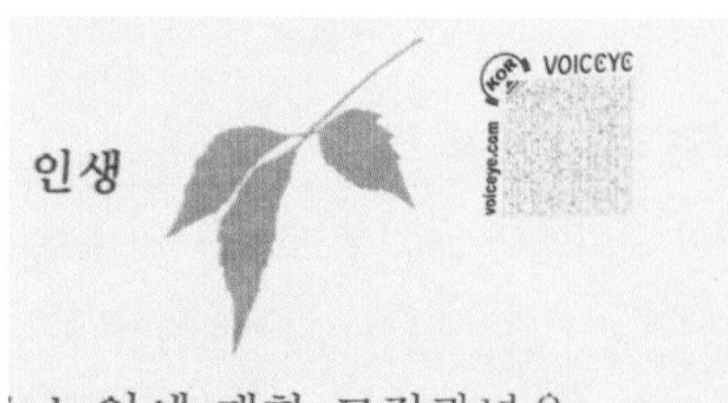

기기를 갖다 대면 음성이 나오는 음성변환 바코드 '보이스 아이'(위)와 그림 부분을 입체적으로 만든 촉각 도서(아래)

이다. 점자도서관은 지역에 필요한 소식들을 점역이나 음역을 하여 장애인에게 제공하고, 공공도서관은 보편적 도서관 서비스를 담당하는 식으로 역할 분담을 하는 것이 바람직하다고 한다. 예를 들어 시각장애인들에게 직접 책을 읽어주는 대면 낭독 서비스는 지역의 공공도서관에서 담당해야 한다는 것이다.

선진 외국의 시각장애인 정보 서비스에 뒤지지 않게 하고 싶지만 예산이 부족해 어려움이 많다고 한다. 공간 부족도 해결해야 할 과제이다. 현 건물은 1998년 문화관광부와 서울시에서 지어 기부한 것인데, 공간이 부족해 새 책을 제작하려면 기존 자료를 버려야 하는 상황이라고 한다. 실제로 둘러보니 점자 인쇄기가 많은 공간을 차지하며, 작업실과 출판사는 인근 건물에 흩어져 있었다. 자원봉사자를 비롯하여 약 60여 명이 일하고 있다.

시각장애인의 90퍼센트 이상이 생후 1년 이후 장애가 발생한 후천성 장애이고, 그중 절반은 40세 이후라고 한다. 이는 누구라도 시각장애인이 될 수 있다는 것을 의미한다. 시각장애인에게 점자책을 제공하지 못하는 것은 두 번 실명하게 하는 것이라는 말이 있다. 장애인에게 나타나는 중복 장애는 큰 문제이다. 중복 장애에는 시각장애-청각장애, 정신지체-시각장애, 중도 행동장애-시각장애, 감각장애-기타장애 등이 있다. 특히 시각장애와 청각장애가 함께 나타나는 시청각장애인은 세상을 보고 들을 수 없기 때문에 하루 종일 집 안에 갇혀 있는 경우가 많고, 가족과 함께 산다고 해도 할 일이 없어 매일 아침부터 밤까지 점자도서를 읽는 것이 유일한 즐거움이다. 한국점자도서관은 시각장애인과 독서 장애인들을 위해 점자·녹음도서 및 아동용 묵·점자 통합 교재를 제작하기 위해 1만 원 후원가족을 모집하고 있다. 후원금은 소득공제를 받을 수 있다.

LG상남도서관

독특한 외관이 인상적인 LG상남도서관

1990년대는 미국 부통령 엘 고어가 정보고속도로Information Super Highway를 주창하면서, 인터넷을 통한 정보 혁명의 가시적인 변화가 하루가 다르게 우리 실생활을 변화시키던 때였다. 전자도서관Electronic Library, 디지털도서관Digital Library, 종이 없는 도서관Paperless Library이라는 용어가 국내에 소개되어 화두가 된 것도 이 무렵이었다. 1996년 디지털도서관에 대한 개념이 뚜렷이 정립되지 않은 가운데, '국내 최초의 디지털도서관' 이라는 수식어를 자신 있게 내걸고 출범한 도서관이 있었다. 바로 LG상남도서관이다. 서울 종로구 원서동, 2층 창밖으로 창덕궁과 비원이 내다보이는 곳에 있다.

LG상남도서관은 LG그룹의 구자경 명예회장이 기증한 사저에 설립된 과학기술 분야의 전문 도서관이다. 미래를 선도하는 디지털 기술을 집약시켜 도서관을 만들고 과학기술 정보를 자유롭게 제공함으로써 LG그룹의 연구 개발에 대한 투자를 상징하고자 했다. 당시는 "디지털도서관이란 바로 이런 것"이라고 어느 곳도 자신 있게 내세우지 못하던 때였기에 세간의 이목이 집중되기에 충분했다.

LG상남도서관은 1996년부터 지금까지 국내에서 입수하기 힘든 해외 과학기술 논문 168만 편을 디지털화하여 인터넷을 통해 무료로 제공하고 있다. 또한 1천여 기관 5,600여 명의 도서관 관계자가 견학을 다녀갈 정도로 디지털도서관의 벤치마킹 대상이 되었다.

변화하는 사회 환경과 정보기술을 어떻게 수용하여 디지털도서관을 구현하고 새로운 정보 서비스를 개발해왔는지를 주목할 필요가 있다. 국내 최초의 디지털도서관이라는 수식어에 뒤이어, 전문가 서비스와 소셜 네트워크social network 서비스를 도입한 'LG-ELIT', 에듀테인먼트형 과학 포털 사이트 'LG사이언스랜드', 유비쿼터스 기술을 적용한 '책 읽어주는 도서관' 서비스 등 LG상남도서관은 개관 이래 개혁과 변신을 거듭하면서 국내 도서관계에 발전 방향과 미래상을 제시하는 모델이 되고 있다.

2000년 7월 저작권법 개정으로 디지털 자료 전송권이 처음으로 법률적으로 규정되어 디지털 자료를 활용하는 데 제약이 생기면서, 디지털도서관의 서비스 근간을 위태롭게 하였다. 이때 LG상남도서관에서 탄생시킨 것이 과학기술 분야의 전문 포털 사이트인 LG-ELITElectronic Library Information Tour 시스템이다. ELIT 서비스는 인터넷에 흩어져 있는 양질의 과학 정보를 한 번에 찾아주는 통합 검색 시스템을 기반으로 과학기술 정보의 길라잡이 역할을 수행하고 있다. 학술 논문뿐만 아니라 국제 학술회의 실황 및 유명 석학의 특강, 과학 실험 영상 등 총 1,800여 종의 학술 영상 자료를 제공하고 있다. 소장하고 있는 학술 비디오의 82퍼센트가 국내 유일의 정보이기 때문에 질적으로 차별화된 서비스를 제공할 수 있다고 한다.

최근 국내외 도서관계의 관심은 네트워크 세상에서 이용자들과 소통하기 위하여 어떻게 하면 성공적으로 소셜 네트워크 서비스를 도입할 것인가로 모아진다. 이러한 배경 속에서 LG상남도서관은 2009년 1월 LG-ELIT 웹사이트에 소셜 네트워크 개념을 선도적으로 적용하여 '유학 노하우'와 '발표 논문 노하우' 서비스를 도입함으로써 네티즌과의 소통의 공간을 열었다. 과학기술 연구자 및 전문가들이 유학을 가기 위해 준비해야 할 정보나 국외 저널에 논문을 기고하기 위해 필요한 정보를 공유할 수 있도록 커뮤니티를 형성한 것이다.

또 청소년들의 이공계 기피 현상을 해소하고 과학 마인드를 키워주기 위해 2003년부터 시작한, 에듀테인먼트형 과학 포털 사이트 'LG사이언스랜드'는 구축된 지 불과 2년 만에 독창적인 과학 정보 제공 실적과 과학 문화 확산의 공헌을 인정받아 2005년 대한민국 과학콘텐츠 대상을 수상하기도 했다. 특히 매년 '과학송 UCC' 공모전을 통해 플래시 애니메이션송을 제작하여 제공하고 있는데, 과학송 서비스는 교육 현장에서 학생들에게 선풍적인 인기를 얻으며 LG사이언스랜드의 최고 인기 코너로 자리매김하고 있다고 한다. 현재는

LG상남도서관의 내부. 오른편에 사저를 도서관으로 내놓은 LG그룹 구자경 명예회장 흉상이 보인다.

학생들을 대상으로 서비스하고 있지만 향후에는 교사와 학부모를 위한 맞춤형 정보 서비스를 확대할 예정이라고 한다.

한편 LG상남도서관은 개관 10주년인 2006년부터 유무선 인터넷과 휴대폰을 이용해 음성 도서를 들려주는 '책 읽어주는 도서관' 서비스를 개시하였다. 시공간의 제약을 없애 시각장애인의 정보 접근성을 획기적으로 향상시킴으로써 진정한 유비쿼터스 환경을 구현하고자 시도한 것이다. 2006년 서울에서 열린 세계도서관정보대회WLIC에서 책 읽어주는 도서관 사례를 발표했으며, 우수 논문으로 선정되어 IFLA 저널에도 게재되었다. 책 읽어주는 도서관 프로젝트에는 LG상남도서관뿐만 아니라 유비쿼터스 관련 기술을 보유하고 있는 LG CNS, LG전자, LG텔레콤 등 LG그룹 내 IT 분야 회사들이 공동 참여하고 있다. 몸이 불편한 분들을 만족시킬 양질의 콘텐츠를 제공하기 위하여 장애인용 멀티미디어 전자책 표준인 DAISYDigital Accessible Information System를 준수하고 있다.

책 읽어주는 도서관 웹사이트를 통해서 음성 도서관에 들어가면, 신간도서, 베스트셀러, 추천도서, 신문기사 등의 메뉴가 보인다. 약시자를 위하여 홈페이지 화면의 크기를 조절할 수 있고 색맹자를 위하여 색깔 조절도 가능하다. 모든 메뉴는 단축번호를 통하여 바로 접근할 수 있다. 신간도서 코너에는《백야행》,《일본, 저탄소사회로 달린다》등 음성 도서 2,300여 권이 서비스되고 있다. 음성 도서 '재생' 표시를 누르면 독서 장애인이 아니더라도 이어폰을 통해 도서 안내와 본문 내용을 들을 수 있다. 독서 장애인들은 음성 안내를 통해 희망 도서를 선택하여 청취할 수 있으며, 무선인터넷에 연결하여 희망 도서를 검색한 뒤 휴대폰으로 내려 받으면 원할 때 어느 곳에서나 꺼내서 들을 수도 있다.

상상 속에서만 존재했던 유비쿼터스 도서관이 마침내 세계 최초로 한국에서 구현된 것이다. 지금의 소박한 '책 읽어주는 도서관'은 첨단의 유비쿼터스 정보 서비스로 더욱 진화될 것이 분명하다. 그동안 기술 진보의 혜택을 누리지 못했던 정보 소외 계층, 장애인들을 지원하기 위해 유비쿼터스 도서관이 탄생했다는 사실만으로도 LG상남도서관은 충분히 가치가 있다.

아르코예술정보관

아르코예술도서관의 문헌정보실

우리나라에도 음악 CD를 듣거나 공연 DVD를 볼 수 있고, 또 대출까지 해주는 도서관이 있다. 그곳은 혼자서 혹은 단체로 음악 감상을 할 수 있는 음악감상실도 갖추고 있다. 한국문화예술위원회가 설립해 운영하는 아르코예술정보관은 공연예술을 중심으로 한 28만여 점의 문화 예술 정보 자료를 소장하고 있다. 서울 서초동 예술의전당 한가람디자인미술관 안에 있으며 문헌정보실

수준 높은 음향 시설을 자랑하는 공동 음악감상실

과 영상음악실로 구성되어 있다.

문헌정보실에는 공연 대본, 예술사 구술 채록 코너, 기증 도서 코너 등이 있다. 공연 대본과 희곡은 출판되는 자료가 아니기 때문에 연극 등 무대예술을 공부하는 사람들에게 인기 있는 자료이다. 이 자료를 보기 위해 지방에서도 많이들 찾아온다고 한다. 희곡과 무대 대본은 이런 도서관에서 보존하지 않으면 후일 소멸할 수밖에 없는 것이라서 이 도서관의 의미가 작지 않다.

공연 팸플릿도 마찬가지이다. 꽤 많은 팸플릿이 수집되어 있기에 이런 자료를 디지털화 하는지 물어보았다. 돌아온 대답은, 팸플릿 자체에 대한 저작권을 허락받더라도 그 속에 등장하는 사람들에게 각기 초상권 허락을 받아야 하기 때문에 디지털화 하기가 어렵다는 것이었다. 이는 정보관에서 소장한 사진 자료도 마찬가지이다. 저작권자인 사진작가에게 허락을 받아도 콘텐츠화를 위해서는 초상권 동의까지 받아야 한다. 그래서 문화 예술 콘텐츠는 DB화가 어렵다는 것이다.

이 정보관의 의미 있는 작업 가운데 하나는 원로 예술인의 예술적 생애를 구술 채록한 예술사 구술 채록 컬렉션이다. 그중 한 권을 펼쳐보니 당사자의 비공개 요청 부분을 가려놓은 페이지가 나타났다. 인터뷰 때 증언은 했지만 당분간 공개하지 말 것을 요청했기 때문이다. 이 부분들은 구술 당사자와 그 대상 인물이 모두 세상을 뜬 이후에 공개할 것을 조건으로 인터뷰를 했던 경우이다. 공개할 때는 유가족의 동의를 얻도록 되어 있는 경우가 많다고 한다.

영상음악실에는 CD, DVD, LD, 비디오, 팸플릿, 포스터, 사진 등의 자료가 소장되어 있으며, 약 40석의 개인 부스, 심포니50명 내외·체임버20명 내외·소나타5명 내외 등과 같은 공동감상실, 세미나실을 갖추고 있다. 특히 공동감상실을 무료로 빌려주는데도 잘 알려져 있지 않아 이용하는 이가 많지 않다고 한다. 대관을 하려면 희망하는 날로부터 2개월 이내에 전화 또는 팩스로 신청하면 된다.

이곳은 문학, 희곡, 만돌린 등 다양한 예술 교육 프로그램을 제공하고 있다. 또한 원로 예술가, 개인 소장자로부터 기증받은 문화 예술 자료를 전시하고, 공연 예술의 순간을 느낄 수 있도록 자료와 기록 등을 전시하며, 예술동호회 활동도 지원하고 있다.

한국 문화 예술 아카이브를 지향하고 있는 아르코예술정보관은 개관한 지 30년이 넘었는데도 아직 잘 알려져 있지 않다. 자료를 대출하려면 소액의 평생회비를 내고 정회원으로 가입하면 된다. 대출은 1인당 5건 이내이며, 기간은 15일이다. 이번 기회에 나도 정회원으로 가입했다.

종달새전화도서관

종달새전화도서관의 간판

전화를 걸면 자동응답시스템ARS으로 신문과 잡지, 일반 도서를 음성으로 전해주는 특수 도서관이 있다. 종달새전화도서관은 이용자가 직접 방문해 책을 보는 곳이 아니라 전화를 걸어 인터넷을 서핑하거나 책, 신문 등을 들을 수 있는, 시각장애인들을 위한 도서관이다. 한국 최초의 무형 도서관인 이 도서관은 최근 전화로 쉽게 인터넷 서핑을 할 수 있는 소프트웨어를 세계 최초로 개발하여 무료로 보급하고 있다.

이런 것들은 시각장애인 스스로 눈물겨운 노력 끝에 얻은 성과라 더욱 값진 일이다. 신인식 관장은 네 살 때 사고로 시력을 잃은 시각장애인이다. 그는 가난과 장애의 이중고 속에서 신문 배달, 전화교환원 일 등 힘든 일을 하면서 신학대학을 졸업하고 목사가 되었다. 1994년 종달새전화도서관을 설립하였으며 (사)한국시각장애인선교회 대표이사, 한국시각장애인도서관협의회 회장을 맡고 있다. 그는 자신도 앞을 보지 못하는 처지에 다른 시각장애인들에게 한 줄기 빛을 선사하기 위해 온몸을 짜내고 있었다.

신문이나 잡지를 전화로 읽어주는 서버 시설

이 도서관이 전화를 통해 읽어주는 신문은 〈한국일보〉, 〈국민일보〉, 〈미션투데이〉 등이고, 잡지는 〈시사저널〉, 〈서울장애인정보신문〉, 〈리더스다이제스트〉, 〈샘터〉 등이다. 또한 〈십대들의 쪽지〉, 〈주부편지〉 등의 점자 간행물을 제작하여 시각장애인학교 및 전국의 점자도서관에 보급한다. 컴퓨터를 사용할 수 있는 시각장애인을 위해 이미지를 텍스트화하여 읽어주는 기능이 탑재된 웹브라우저인 '종달컴' 을 개발하여 무료로 배포하는 등 활동 영역을 넓혀나가고 있다.

시각장애인들이 느끼는 세 가지 큰 불편은 문자 생활의 불편, 이동의 불편, 그리고 일반인들의 편견이다. 종달새도서관에서 개발한 전화를 이용한 인터넷

웹서핑 기능인 '종달넷'은 문자 생활의 불편과 이동의 불편을 해결하기 위한 것이다.

시각장애인도서관을 방문했을 때 그들은 한결같이 정안인正眼人들의 따뜻한 눈길과 작은 후원을 호소했다. 지난날 어려운 시절의 무관심과 냉대는 그렇다 치고, 소외 계층에 대한 관심이 크게 높아진 오늘날도 장애인에 대한 우리 사회와 정책 당국의 인식은 근본적인 문제를 안고 있다는 것이 그들의 생각이다. 무엇보다도 장애인 문제를 장애인의 입장에서 보려 하지 않고 일반인의 시각에서 일방적으로 처리하는 데 대해 시각장애인들은 뿌리 깊은 불신을 가지고 있다.

이 도서관은 연간 4억 원의 운영비가 드는데 서울시와 중구청에서 1억 원 가량을 지원받고 나머지는 기부금으로 충당해야 하는 어려움이 있다. 서울 회현동에 있으며, 6명의 직원이 일한다.

도서관의 섬,
제주도

제주도의 바다가 여행자를 유혹한다. 멀리 성산 일출봉의 모습이 보인다.

제주도는 바람과 돌, 여자가 많다 하여 삼다도三多島라 일컬어지는 섬인데, 뜻밖에 도서관이 많은 곳이다. 그곳에 가면 육지와 다른 무언가 특별한 것이 있지 않을까 막연히 기대했는데 맨 먼저 도서관 숫자에 놀라고 말았다.

국회도서관의 국제 협력 업무의 일환으로 세계의 주요 도서관을 탐방하면서 서양의 지적 전통을 이어온 지식 기관의 하나인 도서관이 일반 국민과 어떤 방식으로 소통하는지 살펴볼 기회가 많았다. 외국을 돌다 보니 자연스럽게 우리나라 쪽으로 관심이 옮아갔고, 서울을 중심으로 의미 있는 도서관을 살펴보고 나니 지방으로 시선이 갔다. 지방의 고유한 역사와 전통이 도서관이라는 공간에 어떻게 반영되었는지 알고 싶었다. 가장 먼저 찾아 나선 곳이 제주도였다.

제주특별자치도의 인구는 약 55만 명, 공공도서관은 22개이다. 해안선과 한라산을 따라 촘촘하게 표시된 제주도 내 도서관 위치 지도를 들여다보았다. 얼른 봐도 전국에서 인구 비례로 도서관 시설이 가장 많은 곳이 제주도가 아닐까 하는 생각이 들었는데, 통계상으로도 확인되었다. 게다가 민간에서 자율적으로 운영되어 통계에 포함되지 않은 작은 도서관도 10여 개가 더 있다.

문화체육관광부 2008년도 공공도서관 통계조사에 따르면, 우리나라의 공공도서관 수는 총 644개관으로 공공도서관 1관당 봉사 대상 인구는 76,900여 명, 국민 1인당 장서 수는 1.18권이다. 1관당 봉사 인구수가 가장 적은 지자체는 제주25,483명, 강원33,524명, 전남36,904명 순이며, 1인당 장서 역시 제주 2.73권으로 전국 1위를 차지함으로써, 제주도는 여러 면에서 전국에서 도서관 서비스 환경이 가장 양호한 것으로 나타났다. 제주도는 적어도 1관당 인구수나 1인당 장서 수 등 단순 통계상으로는 주요 선진국에 견주어도 손색이 없다.

전국 제1호 지역대표도서관, 한라도서관

서울에서 비행기로 출근하듯 제주공항에 내려 승용차로 갈아타고 시트를 덥히기도 전에 한라도서관에 도착했다. 이 도서관은 2008년 11월 개관과 함께 전국 제1호 '지역대표도서관'으로 지정된 곳이자 품격 높은 문화 사회를 지향하는 제주의 상징적인 지식 정보 인프라이다.

한라도서관에서 지역 특성화 도서관으로서 개성이 가장 잘 드러나는 곳은 제주문헌실이다. 제주의 정체성 확립 연구와 제주 지역 지식 자원의 아카이브화를 위해 만들어진 제주문헌실은 소장 자료 1만여 권 대부분이 도민이 자발적으로 기증한 것이다. 1956년 발간된 《제주도지濟州道誌》 제1집부터, 보물 제652-6호로 지정된 《탐라순력도耽羅巡歷圖》 사본, 《제주4·3 유적지》, 《제주저널》 등 제주의 역사와 문화를 연구할 수 있는 향토 문헌이 집대성되어 있다.

《탐라순력도》는 1702년 조선시대 제주목사 이형상이 제주를 순례하고 순시한 것을 그림으로 기록한 화첩이다. 감귤을 조정에 진상하는 〈감귤봉진〉, 한라산 중턱 마을에서

제주문헌실이 소장중인 《탐라순력도》

알록달록한 한라도서관의 열람실 로비. 때로 도서관은 이야기의 꽃을 피우는 공간이 된다.

꿩 사냥을 하는 〈교래대렵〉 등 18세기 초 제주인의 삶과 역사가 화폭에 그대로 옮겨져 있다. 이 도서관에 와야만 볼 수 있는 가치 있는 제주 문헌의 확보와 집중화 전략, 지역 전문가 네트워크와 향토 자료 수집 인프라 구축 목표 등은 미래 한라도서관의 가치를 분명히 나타내주는 것들이다.

한라도서관에는 국제자유도시를 지향하는 제주특별자치도의 영어 상용화를 지원하기 위하여 외국자료실 및 외국대사관 코너가 있고 도내 거주 내외국인들의 다문화 정보 교류 및 지역공동체의 문화 공간으로 '도서관 친구/문화예술 사랑방' 도 마련되어 있다. 멀티미디어실에는 국회디지털도서관 원문 서비스 코너가 마련되어 있는데 매월 평균 50건 정도의 검색 요청이 있다고 한다. 1억 면이 넘는 국회디지털도서관 자료를 직접 찾아가지 않고 제주에서 이용할 수 있는 코너이다.

어린이자료실은 빨강 파랑 노랑의 앙증맞은 원색 통을 신발장으로 사용하고 있는 입구부터가 눈길을 끈다. 이런 작은 배려가 꼬마 손님들을 유인하기에 충분하다. 엄마들과 미취학 어린이들 20여 명이 의자에 앉거나 앉은뱅이책상 주위에 편안한 자세로 모여 앉아 책을 보고 있었다. 작게 나뉘어 있는 6개의 방에는 '어린왕자', '오즈의 마법사', '강아지똥' 등 동화책 제목이 붙여져 있는데, 이는 여럿이 떠들면서 이야기를 나눌 수 있는 이야기방이다. 또한 수유실도 있다. 주말에는 온 가족이 함께 모여 책을 읽으면서 놀기도 하고, 삶에 지친 아빠가 아이에게 책을 읽게 하고는 잠시 쉬어가는 장소로도 많이 사용된다고 한다.

'도서관, 보다 나은 세상으로 열린 문', '책을 펼치면 꿈이 열립니다' 등 출입구와 열람실마다 이용자들을 환영하는 글이 반겨준다. 휴게실 벽에

앙증맞은 어린이자료실의 원통형 신발장

는 '글로 읽는 도서관 여행' 코너를 마련하여 '도서관의 위인들'을 소개하고 있다. '한국 도서관의 아버지 박봉석,' '도서관학의 개척자 멜빌 듀이', '정보학과 도서관 정보 시스템의 선도자 랭커스터'와 함께 '민족의 독립을 위해 도서관에서 역사를 연구한 단재 신채호' 등 국내외 도서관 학자들과 모범적 이용자들을 소개해놓은 것도 볼만한 거리이다. 세계 최초의 도서관인 이집트 알렉산드리아도서관, 세계 최고의 공공도서관인 뉴욕공공도서관, 유럽 디지털도서관과 한국의 도서관 역사 등 도서관과 관련된 역사와 상식을 알기 쉽게 정리해놓은 것은 다른 도서관들이 본받아도 좋을 듯싶다.

이 도서관은 다양한 교양 프로그램을 통해 지역공동체의 문화 공간으로서 도민들의 삶과 배움의 현장이 되고 있다. 개관기념일 등 특별한 날에는 연극 공연과 북아트 체험, 전통차 체험 행사도 연다. 전체 직원 30명이 부지런히 움직여서 하루 평균 650여 명의 이용자에게 정보와 문화에 가치를 더하여 제공해주는 한라도서관은 역사는 짧지만 전국 제1호 지역대표도서관이란 명칭에 걸맞게 지역 공공도서관의 모범을 만들어가고 있다.

한라산 끝자락에 자리 잡은 한라도서관은 주변 경관이 아름다워 호젓하게 쉬거나 생각을 정리하기에 좋은 반면 접근성에 문제가 있다. 시내버스 노선이 2개 있다고 하나 불편한 접근성을 메우기에는 부족해 보인다. 자가용이 있어야 불편 없이 이용할 수 있다는 것은 '대중' 도서관으로서 약점이 아닐 수 없다.

5형제가 지어 기증한
우당도서관

제주에서 으뜸으로 손꼽히는 10대 절경을 일컬어 영주 10경이라 하는데, 성산 일출과 더불어 사라봉에서 해 떨어지는 모습을 가리키는 '사봉 낙조'가 영주 10경의 하나다. 그 사라봉에 우당도서관이 자리 잡고 있다. 말이 봉우리이지 지금은 공원과 산책로로 조성되어 거의 평지나 다름없다. 뒤편으로 오현고등학교를 비롯해서 초중고교 시설이 이어져 교육 벨트를 형성하고 있다. 제주도를 동회선으로 일주하는 도로와 조천, 남원 등을 잇는 교통의 요충지에 위치하여 대중교통 시설도 잘 정비된 곳이다. 이 도서관 가는 길에는 국립제주박물관, 청소년수련관, 체육센터, 김만덕 기념비 등이 돌담으로 구역을 나눠 열 지어 있다.

우당도서관은 이름에서 짐작되듯 개인이 기증한 공공도서관이다. 제4대 제주도지사를 역임한 우당愚堂 김용하 선생의 교육 정신과 향토애를 기리고자 김우중 전 대우그룹 회장 등 아들 5형제가 뜻을 모아 1984년 도서관을 건립하여, 선친의 호를 따 우당도서관이라 이름 짓고 이듬해인 1985년 제주시에 기증했다.

지하 2층, 지상 3층 건물에 4개 열람실성인, 남학생, 여학생, 아동과 장애인 열람실이 있고, 향토자료실, 신문보존실 등 6개 자료실이 배치되어 있으며, 단

우당도서관의 로비 전경

우당도서관의 향토자료실에는 지역 현안 기사를 스크랩한 자료들도 있다.

체연구실과 서예실, 소강당 같은 시설이 있다. 건립 당시에는 경관 좋은 사라봉에 자리 잡아 학원 없고 과외수업 없는 제주도에서 꿈 많고 도전적인 학생들에게 사라봉의 정기를 받으며 공부에만 정진할 수 있는 환경을 제공하는 지역사회의 상징적인 정보 서비스 공간이었을 듯하다. 이제 이용자들이 북적대고 프로그램이 다양한 완연한 공공도서관의 모습이다.

지금은 도심이 팽창하여 교육 시설과 교통을 생각하면 도서관 위치가 오히려 잘 잡혀 있다는 생각이 들지만, 1984년 건립 당시 사라봉에 도서관을 짓는 것은 모험이 아니었을까. 그런데 당시를 기억하는 제주의 지인이 색다른 설명으로 의미를 부여한다. 《정조실록》에 제주 의녀義女 김만덕金萬德의 이야기가 나온다. 정조 18년 제주목사로부터 제주에 태풍이 불어 쌀 2만 섬을 보내지 않으면 백성들이 굶어 죽게 되었다는 구호 요청이 있었다. 이에 정조는 쌀 2만 섬을 보냈으나 수송선이 침몰하면서 제주에 굶어 죽는 사람이 속출하게 되었다. 당시 제주에 무역으로 부자가 된 김만덕이라는 여인이 전 재산을 희사해 곡물 450석을 구휼미로 내놓아 기아자 1,100여 명을 구했다고 한다. 우당도서관이 들어서기 3~4년 전에 사라봉에 김만덕 기념비가 제막되었다. 쌀을 풀어 백성들을 살린다는 취지가 지식과 정보를 베풀어 미래 제주도민들을 이끌어나갈 우수 인재를 키운다는 도서관의 설립 목적에 잘 들어맞는다는 설명이다.

도서관 입구에는 '희망이 있고 꿈이 실현되는 공간', '오늘 걷지 않으면 내일은 달려야 한다' 등 교훈적인 구호가 이용자들의 뜻을 북돋우고 있다. 향토자료실 서가에는 향토 문헌들과 족보, 자치·조례집, 향토 자료 번역 목록 등이 가득 꽂혀 있다. 특히 1987년 이래 꾸준히 클리핑 해온 지방지의 지역 현안에 대한 연재 칼럼 스크랩 자료는 그 자체가 귀중한 자료가 될 듯하다. 아무리 온라인 시대라 해도 오프라인의 중요성을 무시할 수 없다. 또 디지털 시대라 해도 아날로그의 중요성은 반감되지 않는다. 세계 최고의 공공도서관인 뉴욕공공도서관에서도 스크랩을 하고 있는 것을 필자는 보았다. 스크랩북의 편리성은 이용해본 사람만이 실감할 수 있다. 여기 이 자료들이 그런 자료들이다. '제주 10대 현안', '제주인의 항일사', '제주 해녀', '제주의 오름', '제주의 나무', '제주의 물' 등 제주의 현안을 알고 싶은 사람은 이 신문 스크랩북만 봐도 한눈에 이슈가 파악될 수 있도록 일자별로 차곡차곡 정리되어 있으며 오늘도 계속되고 있다.

이 도서관은 시민과 함께하는 열린 도서관을 지향하여 야간 개관 시간을 열람실은 24시까지, 자료실은 22시까지로 확대하고, 이용자들이 안전하게 귀가할 수 있도록 심야 무료 셔틀버스를 운행한다. 또한 주민들의 취업과 교양을 위하여 이러닝e-Learning 서비스도 제공한다. 특히 독서와 마라톤을 접목시킨 우당독서마라톤대회를 통하여 독서 문화를 확산시키고 도서관을 홍보하고 있었다. 생활 속 문화 행사로서 도서관 문화학교와 어린이 독서교실, 가족과 함께 하는 독서캠프도 마련하였고, 이용자에게 직접 찾아가는 이동도서관, 장애인 도서 택배 서비스, 아동 및 노인 등을 대상으로 하는 책 읽어주는 도서관도 운영하고 있다. 우당도서관은 지역 주민 속에서 지역사회와 함께 성장하는 공공도서관 역할을 수행하고 있어 설립자들의 높은 뜻이 빛나는 현장이라는 생각이 들었다.

기발한 북커버 활용법

우당도서관 로비에 들어서면 '새로운 책이 들어왔습니다' 라는 커다란 안내 문구와 함께 컬러풀한 북커버책의 겉표지를 잡지 서가에 층층이 쌓아올러 장식한 신간 안내 코너가 눈에 들어온다.

책을 만들 때 독자들의 시선을 끌기 위해 저자는 물론 출판사에서도 상당히 공을 들여 만드는 것이 책표지이다. 북커버는 책을 홍보하기 위한 중요한 정보가 요약되어 있기도 하고 디자인도 고급스럽다. 안타까운 것은 도서관에서는 자료를 조직하는 과정에서 북커버를 벗겨내야만 레이블링 작업을 하거나 RFID 칩을 부착할 수 있다는 것이다. 이렇게 아름답고도 정성이 담긴 북커버를 벗겨내버리는 것은 아깝기도 하고 자원 낭비에다 인간적(?)이지도 않은 일이다. 이런 북커버를 신간 안내 용도로 활용하는 것은 저자나 출판사, 도서관, 그리고 다름 아닌 이용자들에게 유익한 일이다.

느리고 여유로운 삶을 꿈꾼 젊은 부부가 지은 바람 도서관. 이곳에서 그들은 책을 매개로 사람들을 만난다.

책이 있는 여행길,
바람도서관

바람 많은 제주에 바람처럼 와서 사는 젊은 부부가 바람 많은 언덕에 자리 잡은 작은 도서관이 바람도서관이다. 이름이 암시하는 것처럼 여행과 휴식을 테마로 하는 도서관이다. 서울대학교와 KAIST를 각각 졸업한 엘리트 부부의 귀농 스토리로 KBS TV 〈인간극장〉 '이보다 더 좋을 순 없다' 편에 소개되었던 부부를 기억할 것이다. 이들이 바람도서관의 주인이다.

욕심 많은 자 제주를 떠나고 욕심을 버린 자 제주로 들어온다는데, 이들도 그런 사람들인가 보다. 남편인 박범준 도서관장은 일간지의 생태 칼럼을 통해서 자연과 세상을 겸허한 시선으로 돌아보는 글을 꾸준히 집필해왔다. 중심지로부터 떨어져 느리고 여유로운 삶을 살고 싶어 제주까지 오게 됐다는 그의 고향은 서울 마포다. 마포에서 무주로, 다시 대전으로, 담양으로, 바람 같은 삶을 살아왔다. 마침내 제주에 흘러들어와 '바람스테이' 라는 펜션을 짓고, 여기 살면서 책을 매개로 사람들을 만나고 싶어 도서관을 운영하고 있다고 한다. 바쁘게 돌아가는 육지 생활에서는 빨라야 살아갈 수 있지만, 제주에서는 아등바등 살지 않아도 되니 이제는 제주에 정착할 것 같다며 살짝 웃는다.

제주시 조천읍 와흘리. 바람도서관은 화산섬이라는 제주의 환경 조건

이 생성해낸 만장굴, 거문오름으로 알려진 김녕 선흘 일대에 자리하고 있다. 마당에 나서면 한라산 봉우리가 눈에 들어온다. 제주에 들어와서, 자신에게는 글을 쓰는 서재가 필요했고 아내에게는 공예를 하는 공간이 필요했는데, 그 공간을 개방한다는 뜻을 담아 2007년 4월에 바람도서관을 열었다. 30분이면 제주 어디든 닿을 수 있었고, 1시간 단위로 일정을 짜도 충분히 소화할 수 있는 위치이다. 느려도 되고, 쉬엄쉬엄 다녀도, 여유를 부려도 아무 문제가 없는 곳이다. 문제는 운영비인데 펜션 운영과 부인이 공예를 하여 버는 돈으로 충당하지만 넉넉하지 못한 형편이다.

열람 시간은 오전 11시부터 오후 6시까지이며, 열람실, 자료실, 사무실을 포함한 총면적은 약 13평, 소장 책 수는 약 2천 권이다. 신간이 들어오면 주제에 맞게 재배치하여 1,200권가량을 열람용으로 배가해두었다. '나를 찾아서', '생의 동반자', '녹색의 바람' 등 서가상의 주제 분류표가 보통의 도서관과는 다르다. 큰 도서관에서 쓰는 DDC나 KDC 같은 분류표는 바람도서관의 장서 특성에 맞지 않아 직접 주제를 분류하였다고 한다. 이곳을 찾은 이용자들에게 원하는 책들이 눈에 쏙쏙 들어올 것 같다. 동네 주민, 혹은 현지인들이 주말 나들이에 이용하고, 육지에서 온 여행자들은 쉼터로 많이 이용한다. 여름 성수기에는 하루 10명 정도가 다녀가기도 하고 평상시에는 동네 꼬마들의 놀이터가 되기도 한다. 박 관장은 '여행길 책 1권 읽기 운동'을 펼친 선상도서관 운영 사례를 예로 들면서, 바람도서관에서 책을 대출하여 제주공항에서 반납하는 시스템을 구상 중이라고 밝혔다.

그는 유네스코 세계자연유산인 제주를 알기 쉽게 소개하기 위하여 《세

바람도서관 마당에 서면 멀리 한라산 봉우리가 보인다.

계자연유산 제주》라는 책을 썼다. 제주도 세계자연유산관리본부에서 사진과 감수를 맡은 이 책의 영문판은 2009년 10월 독일 프랑크푸르트 도서전에도 출품되어 전 세계에 제주를 알리는 역할을 하고 있다. 책을 쓰면서 제주도 현지인보다도 제주를 더 잘 알게 되었다는 그는, 지방에 할 일이 없다는 것은 편견에 불과하다고 한다. 지역의 문화 인사들을 비롯한 지역공동체와 만나면서 할 일이 너무나 많다는 것을 알게 되었다는 것이다. 그는 제주도에서 지역 밀착형 정보 서비스를 통해 지역 주민들과, 세상 사람들과 소통하고 싶다고 한다. '설문대 어린이도서관', '여성도서관 달리' 등 제주에서 작은 도서관을 하는 사람들과 늘 함께 한다고 한다. 아직 아이가 없는 이 부부는 아이를 갖게 되면 설문대 어린이도서관에 보내고 싶다고 했다. 내가 찾은 그날은 아내와 함께 제주여성영화제를 준비하는 사람들을 만나고 왔다고 한다. 제주의 여성들은 제주도 자연과 어울린다는 게 그의 관찰 결과이다. "눈빛이 쎄고 생활력이 강하다. 아내도 닮아가는 것 같다. 아니, 닮았다"라고 말했다.

언젠가 한 젊은 의사가 바람도서관을 찾아와, 하루 종일 책을 보다가, 숲을 산책하다가, 펜션에서 쉬다가 다시 책을 보면서 '놀멍 쉴멍' 여름휴가 9일을 다 보낸 적이 있다고 한다. 제주에 이곳저곳 둘러볼 곳도 많은데 도서관에만 틀어박혀 있어서 내심 걱정을 많이 했는데, 육지로 돌아가면서 그는 지친 일상에서 너무나 소중한 휴식을 보낼 수 있어서 고맙다는 말을 남겼다고 한다. 책을 통한 휴식! 책은 정보와 지식을 전달해주기도 하지만, 책을 통하여 자신의 내면과 소통할 때 책은 휴식의 매개체도 된다.

바람도서관에서는 억새풀이 바람에 부대끼며 나는 소리인지 파도 소리인지 모를, 시원한 소리가 들려온다. 이름 모를 새소리도 함께 들린다. 외딴 곳, 13평의 좁은 공간이라는 아쉬움은 있지만 대자연의 일부가 되어 삶에서 중요한 순간을 마주할 수 있는 작은 도서관이 거기 있었다.

제주 문헌 전문 출판사 '도서출판 각'

제주의 도서관을 탐방하다 뜻하지 않게, 아니 자연스럽게 마주친 것이 제주 문헌 전문 출판사인 '도서출판 각'이다. 한라도서관에서 제주문헌자료실 장서를 구성할 때 이 출판사의 자문을 받았다고 들었다. 우당도서관의 향토자료실에서도 '각'에서 발간된 책들이 많이 눈에 띄었다. 제주도에서 유일하게 향토자료를 집약하여 발간하고 있는 출판사이기 때문이다. 출판 목록이라도 볼 수 있다면 좋겠다는 생각에서 약속도 없이 찾아갔다.

1999년 제주에서 문을 연 '각'은 현재까지 총 1백여 종의 출판물을 기획하고 발간해왔다. 출판 도서 목록에는 제주4·3연구소에서 펴낸 각종 자료집, 현기영의 소설 《순이 삼촌》의 영문판 《Aunt Suni》, 민속 사진집 《영靈》 등 제주도의 민속, 문화, 예술, 환경, 역사에 대한 저작물들이 망라되어 있었다. 원래 그림과 벽화를 전공했다는 박경훈 대표는 앞으로도 제주 4·3의 완전한 해결에 뜻을 같이하면서, 제주의 역사·민속·문화·예술의 가치를 제주를 넘어 모든 독자들에게 알리고 싶다고 했다.

제주도는 도서 구매 인구가 너무 적어 출판사를 유지하기 힘들다. 그래서 본격적인 출판사가 '각' 하나뿐이다. 제주 문헌 발굴에 대한 사명감과 출판에 대한 애정 때문에 수지가 맞지 않는데도 명맥을 이어나가는 제주 유일의 출판사다.

우리나라 대표 도서관 탐방, 국립중앙도서관과 국회도서관

: 국립중앙도서관

국립중앙도서관은 한국의 국가 대표 도서관이다. 우리나라 지식 정보의 총보고로서 국가의 지적 문화유산을 총체적, 체계적으로 수집하고 보존하여 활용케 하고, 후대에 전승하는 임무를 수행하고 있다. 국보 및 보물급 문헌을 과학적으로 보존하는 자료보존관과 국립어린이청소년도서관, 국립디지털도서관 등 3관 체제로 운영하고 있다. 정부로부터 한국 도서관 정책 수립 기능을 이양 받아 국내의 도서관 관련 종합 계획을 수립하고 실행하고 있다.

국립중앙도서관은 자료를 보존하고 관리하는 데 다른 어떤 도서관보다 노력하고 있다. 초기에는 전국에 산재해 있는 고서 및 고문헌을 수집하는 데 주력하였으며, 오늘날에는 해외에 산재한 한국 관련 자료를 발굴하고 복원하는 데 역점을 두고 있다. 또 국가 문헌을 납본을 통하여 망라적으로 수집·관리·보존하고 도서의 서지를 표준화하여 유통을 활성화하는 데도 힘쓰고 있다. 더불어 전국의 공공도서관과 행정부처 자료실에 소장된 자료를 통합하여 검색할 수 있도록 '국가자료종합목록DB'를 구축하여 시민들이 원하는 자료를 가까운 도서관에서 이용할 수 있는 기반을 마련하고 있다.

서울 서초구에 위치한 국립중앙도서관

이 밖에도 한국형 목록 규칙을 지속적으로 연구 개발하고 보급하는 일도 중점 사업 중 하나이다. 도서관연구소를 설립하여 도서관에 관한 종합적인 조사 연구를 통해 선진 형태의 도서관 봉사를 위한 기초를 제공하고 현장에서의 문제 해결 등 도서관 발전 연구에 일익을 담당하고 있다. 또한 국립장애인도서관지원센터를 설립하여 장애인에 대한 국가 도서관 서비스 시책을 수립하고, 장애인이 이용할 수 있는 자료를 제작하고 배포하는 등 장애인들의 정보 접근을 보장하는 사회적 장치로서 장애인의 정보 격차 해소에도 중추적 역할을 담당하고 있다.

국립중앙도서관이 2009년 야심 차게 개관한 디지털도서관, 디브러리Dibrary는 인터넷2.0의 이용자 '참여와 공유'를 바탕으로 하는 'Library 2.0 서비스'를 기반으로 한다. 즉, 디지털 정보를 보유하고 있는 기관들이 서로 협력해서 '디

국립중앙도서관이 2009년 개관한 디지털도서관, 디브러리의 내부

지털 정보 공유 협력망'을 구성하고, 포털 서비스를 통해 정책 정보, 지역 정보, 다문화 정보, 장애인 정보 등으로 특화된 서비스를 하는 것이다.

디브러리의 정보광장은 안팎으로 자연과 함께하는 공간으로 꾸며져 있다. 디지털 열람실 중앙의 그린스퐅, 지하 5층까지 자연 채광이 가능한 선큰가든, 정보광장 전체를 덮고 있는 잔디 광장 등이 그 예이다. 이용자들에게 열려 있는 공간은 지하 3층부터 지하 1층의 3개 층이다. 지하 3층은 디브러리 정보광장의 주출입구로 상징 조형물, 첨단 영상 매체 등의 인테리어가 첨단 IT 세계임을 잘 나타내고 있다. 그 밖에 전시실, 대회의실, 다국어정보실이 있다. 지하 2층은 이용자 열람 서비스를 위한 집중 공간으로 노트북이용실, 디지털 정보를 검색하고 문서를 작성할 수 있는 디지털열람실, 세미나실, 그룹별로 디브러리가 보유한 멀티미디어 콘텐츠를 감상할 수 있는 복합상영관, 장애인을 위한 도움누리터 등이 있다.

'책바다' www.nl.go.kr/nill는 국립중앙도서관이 주관이 되어 방문한 도서관에 없는 도서를 다른 도서관에서 빌려 서비스하는 상호 대차 서비스이다. 전국의 책을 모으면 바다를 이룰 수 있다는 의미라고 한다. 책바다에는 현재 공공도서관 4백여 개, 대학도서관 1백여 개 등 전국 5백여 도서관이 참여하고 있다. 제주도 도서관의 책을 서울의 도서관에서 빌릴 수 있는 시스템을 구축한 것이다.

국립도서관은 1945년 10월 15일 소공동에 위치한 조선총독부도서관의 건물과 장서를 인수함으로써 탄생하였다. 이후 혼란기 해방 정국에서 전국에 산재한 귀중본 등의 도서관 자료를 수집하는 데 총력을 기울였다. 당시 모습을 《국립중앙도서관 60년사》에서는 다음과 같이 기록하고 있다.

> 해방과 함께 1945년 8월 16일 조선총독부도서관에는 한국인 직원들만이 출근하여 도서관을 접수할 것을 결의하였다. 당시 한국인 직원 16명은 먼저 장서를 접수한 후 일본인 직원들로부터 각 서고의 열쇠를 인수하였으며 장서의 피해가 없도록 매일 3명씩 불침번을 서서 지켰다. (중략) 문헌수집대는 거리로 나가 등사판이나 활판 등으로 인쇄되어 마구 뿌려지고 있는 인쇄물들을 전력을 다해 수집함으로써 중요한 건국 사료로 남겼다.

국립중앙도서관은 건국 초부터 한국전쟁 등 어수선한 환경 속에서도 소중한 장서를 보존하는 데 노력하였다. 1945년 개관을 준비할 때도 해방 이전 개성에 소개되어 있던 우리나라 고서의 안전 여부를 확인하고 보관에 만전을 기했으며, 개관 후에는 아현동 서고와 개성의 귀중서를 이관하는 일에 중점을 두었다. 전쟁 중에는 국립중앙도서관을 점령한 북한군이 고서를 우이동에 은닉했는데, 서울 수복 당시 무엇보다 먼저 군 병력의 도움을 받아 우이동에 있는 고서를 탈환하였다. 이 과정에서 초대 관장 이재욱과 부관장 박봉석이 행방불명되었다. 이들은 오늘날 한국 도서관의 기틀을 마련한 역사적 인물들이다. 1세대 사서들의 이런 희생과 노력이 있었기에 오늘날 국립중앙도서관의 귀중한 고서가 보존될 수 있었다.

국립중앙도서관에 소장된 고서의 특징은 족보, 문집, 지지地誌 등 민간에서 간행된 자료가 많은 점이다. 특히 이 가운데에는 국보 또는 보물 등 국가지정 문화재와 서울시 유형문화재로 지정된 고서 13종이 있으며, 조선총독부 시절 수집된 한국 관련 자료도 풍부하다.

첨단 장비로 채비를 갖춘 자료보존관에는 국보급 귀중서와 보물, 서울시 유형문화재 등이 잘 보존되어 있다. 소장 고서 중 《십칠사찬고금통요十七史纂古今通要》국보 제148호는 1403년 조선 최초의 동활자인 계미자로 찍은 서적으로, 고려와 조선의 주자술과 조판 발달사를 연구하는 데 큰 가치를 지닌 것으로 평가된다. 《석보상절釋譜詳節》보물 제523-1호, 《동의보감東醫寶鑑》보물 제1085호 25책, 《언해태산집요諺解胎産集要》보물 제1088호 등 귀중본도 다수 소장하고 있다. 이 밖에 광개토대왕릉비 탁본과 구한말 조선이 청淸, 러시아, 영국, 독일, 프랑스와 체결한 통상조약문도 있다.

: 국회도서관

여의도 국회의사당 옆에 자리한 국회도서관

'지식과 정보가 나비처럼 자유로운 세상!' 국회도서관이 꿈꾸는 세상이다. 국립중앙도서관과 함께 한국을 대표하는 양대 국가 도서관인 국회도서관은 세계의 지식 정보 자원을 수집하여 국회와 국민에게 제공함으로써 의회민주주의의 발전과 국민의 알 권리 확대에 기여하고, 입법부의 역사적 활동 및 인류의 지적 문화유산을 보존하여 후세에 전승하는 것을 미션으로 삼고 있다.

국회도서관은 국회에 대한 입법 정보 지원 활동을 위해 설립되었지만 일반 국민에 대한 정보 서비스를 점차 확대하고 있다. 국회도 결국 국민 속에 존재하기 때문이다. 수집 자료 역시 국회의 목적에 적합하게 사회과학을 중심으로 전문화, 특화된 자료를 해당 주제 분야의 박사학위 소지자로 구성된 주제 전문가들이 엄선한 결과, 국내 최대 사회과학 도서관으로서 그 양이나 질적인 면에서 해당 분야 전문가들의 인정을 받고 있다. 그러나 학문의 다변화와 다양한 국민들의 요청에 부응하기 위해 인문 및 자연과학에 이르기까지 그 주제를 확대하고 있다.

국회도서관의 일차 서비스는 국회에 대한 입법 정보 지원 활동이다. 이는 국회도서관이 존립하는 주된 이유이며, 이를 통하여 국민에 대한 봉사가 이루어진다고 생각하기 때문이다. 국회도서관은 주제 및 언어 관련 전문가와 사서가 협업하여 국회의원과 국회 내 입법 관련 부서에서 제기된 입법 정보와 관련한 질의에 대해 회답하고, 최근 외국 의회의 입법 동향 및 정치·사회·경제 관련 기사를 요약해 소개하는 등의 외국어 서비스를 실시하고 있다. 또한 엄선된 정책 주제에 대해 핵심 현안을 요약보고서 형태로 정리하고 참고 자료 및 관련 전문가또는 기관를 망라해 정리한 지식 자료를 시의성 있게 데이터베이스로 구축하여 국회의원과 관련 기관에 제공한다.

최근에는 정보 수집과 가공의 단계를 뛰어넘어 '정보를 생산하는 도서관'으로서 활발하게 활동하고 있다. 국회의원뿐 아니라 청와대를 비롯한 정부 기관, 공공 기관, 연구 기관, 언론계, 학계 등에 배포하고 있는 '팩트북fact book'이 그것이다. 도서관의 강점은 사실과 정보에 있다는 데 착안하여 창안한 사업이다.

'한눈에 보기' 라는 명칭처럼 팩트북은 특정 주제에 대한 모든 사실 정보들을 책 한 권에 정리한 것이다. 팩트북을 통해 정보와 지식의 기본 출발점인 팩트의 강력한 힘과 변하지 않는 가치가 증명되고 있다. 이렇게 부가가치가 더해진 팩트들은 다양한 연구 조사와 분석의 기초가 되고 각종 정책에 대한 판단 근거가 될 수 있다. 정보가 무차별하게 과다 생산되는 시대에 몇몇 전문가의 의견과 보고서만으로 국가 정책을 결정하는 것은 위험한 일이기 때문에 팩트북의 가치는 더욱 높아지고 있다. 팩트북 서비스는 이용자들의 큰 호응을 받아 국회도서관의 명품 브랜드로 자리매김하고 있다.

외국의 최신 법률 정보를 수집하고 활용하는 것은 국회도서관으로서 빼놓을 수 없는 첨예한 관심 주제이다. 국회도서관은 세계 각국의 최신 입법 동향과 법률 정보를 확보하여 입법에 효과적으로 활용하도록 지원하고 국제적으로 한국 법률을 소개하고 이용토록 하기 위해 세계법률정보망Global Legal Information Network, GLIN 사업에 적극 참여하고 있다. 세계법률정보망 사업은 세계 각국의 법률을 일괄 검색하고 활용할 수 있도록 미국 등 국가 대표 기관이 참여하여 구축하고 있는 법률 데이터베이스로서 국회도서관은 1996년부터 한국의 국가 대표 기관으로 이 사업에 참여하고 있다.

국회도서관은 일반 국민에게 최대한으로 봉사하기 위해 국가서지를 작성해 일반 국민의 연구 활동을 지원하고 전자도서관을 구축해 시공간의 제약을 받지 않고 국회도서관을 이용할 수 있도록 하고 있다.

국회도서관의 국가서지 작업은 크게 한국 석·박사학위 논문에 대한 총목록을 작성하는 작업, 국내외 정기간행물의 기사에 대한 색인을 작성하는 작업으로 나뉜다. 매년 한국에서 생산되는 8만여 건의 석·박사 학위논문에 대한 종합 목록과 원문 DB를 구축하여 국내에서 학위논문을 가장 많이 보유한 도서관이 되었다. 국내 모든 석·박사 학위 취득 대상자들이 선행 연구 조사를 위하여 반드시 거쳐야 할 데이터베이스가 학위논문 DB이다. 아마 대부분의 학위 과정에 있는 연구자들은 논문을 마무리하기 위해 국회도서관을 이용한 경험이 있을 것이다.

정기간행물 기사 색인은 국회도서관이 소장한 정기간행물 중 학술적 성격이 강한 연속간행물을 중심으로 색인을 만든 것이다. 현재 국내외 8,700여 종 250만여 건의 기사 색인을 보유하고 있다. 이 밖에도 정부간행물, 인터넷 자원 등이 국회전자도서관의 대표적인 콘텐츠이다.

1997년에 6개 분야별 국가 대표 도서관, 곧 국립중앙도서관, 국회도서관, 법원도서관, 산업기술연구원, 연구개발정보센터, 첨단학술정보센터 등이 공동으로 세운 '국가전자도서관 구축 기본계획'에 따라 국회도서관은 2009년 말 현재 정부간행물, 학위논문, 학술지 약 1억 1천5백만 면의 원문 DB를 구축하게 되었다. 이 DB를 국회도서관과 상호협력협정을 체결한 1천여 개 학술·공공 및 언론도서관에서도 이용할 수 있도록 했다. 지식 정보는 공유할 때 가치가 배가된다는 철학에 따른 것이다. 국회전자도서관은 세계적 수준의 전

방대한 DB를 구축한 국회도서관의 정보열람실 모습

자도서관으로서 하루 평균 4만여 명의 이용자를 자랑한다.

우리나라에서 가장 해가 일찍 뜨는 국회도서관 독도 분관

또 국회도서관은 2009년 11월 20일 우리나라 영토 주권의 상징인 독도에 분관을 설치함으로써 우리나라에서 가장 먼저 해가 뜨는 도서관이 되었다. 독도 분관은 독도경비대 건물 3층 회의실을 도서관으로 개조한 것으로 컴퓨터 2대를 인공위성을 통해 국회 디지털도서관과 연결해서 독도 경비대원들이 언제든지 인터넷을 통해 국회도서관의 정보를 원문 DB까지 이용할 수 있도록 한 것이다. 독도 분관은 국토의 막내인 독도에 대한민국의 역사와 철학이 연결되었다는 의미가 있다. 독도와 관련한 또 하나의 노력은 독도 관련 서적의 영문 번역본 발간 사업이다. 주요 독도 자료를 영문으로 번역하여 세계의 주요 도서관에 보냄으로써 독도에 관한 역사적 사실을 국제사회와 공유하고자 하는 노력이다.

Is library useless?

"도서관은 영원히 지속되리라. 불을 밝히고, 고독하고, 무한하고, 확고부동하고, 고귀한 책들로 무장하고, 부식되지 않고, 비밀스런 모습으로."

우리말로 소개되는 이 명구는 보르헤스의 단편 〈바벨의 도서관〉에 나오는 스페인어 원문에서 한 단어를 빼고 번역한 것이다. 그 단어는 바로 'inútil' 이다. 영어의 'useless' 와 같은 의미의 단어이다. 왜 우리나라에선 이 단어를 빼고 번역하는 걸까? 여기엔 그럴 만한 이유가 있다. 도서관이 돌연 '쓸모없는' 것이 되어버리기 때문이다. 그렇다면 누구보다 도서관을 사랑했던 보르헤스가 왜 이처럼 납득하기 힘든 악평(?)을 남긴 것인가.

장자莊子는 〈외물外物〉편에서 "땅이 아무리 넓어도 사람이 서 있기 위해서는 발이 닿는 부분만 있으면 된다. 하지만 그렇다고 해서 발이 닿는 부분만 남기고 둘레의 땅을 파버린다면 어찌 걸을 수 있겠는가. 무용하기 때문에 쓸모가 있는 것이다"라고 말했다. 언뜻 보기에 당장은 쓸모없는 것 같지만 크게 쓸모가 있다는 것이다. 이것이 바로 무용지용無用之用이다.

동양사상에도 조예가 깊었고 역설의 대가였던 보르헤스가 도서관에 대해 쓸모없다고 한 것은 장자의 무용지용을 인용한 것이라고 나는 감히 해석한다. 보르헤스의 말처럼, 도서관이 쓸모없게 보이는 것은 그것이 없어도 당장 사는 데 지장이 없기 때문이다. 그러나 그의 말을 깊게 되뇌면 도서관은 언뜻 쓸모없는 것 같지만 큰 쓸모가 있는 존재라는 뜻이 된다. 이 글을 읽는 독자가 이 한 가지를 깨달았다면 저자로선 소기의 목적을 이룬 셈이니, 그 이상은 바랄 게 없다.

졸저를 위해 여의도 사무실에서 한 달 이상을 휴일도 없이 컴퓨터 앞에서 머리를 싸매고 씨름을 했다. 글을 쓰는 것만큼 세상에 머리 아픈 일이 또 있을까 싶었다. 지나온 여정을 되돌아보며 행복하기도 했고 아쉽기도 했지만, 이젠 자유다, 해방이다. 또다시 어디론가 훌쩍 떠나고 싶은 심정이다. 여행이란 나를 찾기 위해 떠났다가 길을 잃는 것이라고 했던가. 도서관을 찾아 떠난 기나긴 여행, 위대한 지성이 남긴 수만 갈래 길 위에서 길을 잃기도 했다. 그러나 책이 있어 행복한 곳, 아늑한 서가에서 꿈꿀 수 있는 곳, 내가 돌아온 이곳은 다시 도서관이다.

부록

서울 관악구 '걸어서 10분 거리 작은도서관' 운동

1. '달동네' 에서 '지식문화도시' 로

2010년 필자가 국회도서관장으로 재직하던 중 서울 관악구청장에 출마하기로 한 이유에는 지역에서 도서관 운동을 한 번 전개해보자는 뜻도 담겨 있었다. 어떤 일을 좁은 범위에서 성공시켜 전국적으로 확산시키는 방식이 바람직하다는 것이 나의 지론이다. 16쪽 분량의 선거 공약서 대부분을 도서관과 독서 문화 운동으로 꾸몄다. 주변의 걱정을 물리치고 과감하게 시도한 것인데, 주민들의 반응이 생각보다도 훨씬 좋은 데 놀랐다. 그동안 경제 제일주의로 앞만 보고 달려온 우리나라 사람들이 전반적으로 지식 문화에 목말라하는 것을 알 수 있었다. 인생의 궁극적 목적은 행복이다. 경제만으로 진정한 행복을 얻을 수 없다. 경제는 하나의 수단에 지나지 않는다. 인생을 풍부하게 하려면 지식 문화가 필수적 요소이다.

가장 좋은 도서관은 어떤 것일까? '집에서 가까운 도서관' 이 그중 하나다. '걸어서 10분 거리 작은도서관' 이 필요한 이유이다. 그러나 유휴 토지가 없고 재원이 부족한 대도시에서 작은도서관 하나를 지으려면 최소 수십억 원의 돈이 들어가기 때문에 도서관을 많이 짓기는 매우 어렵다. 따라서 기존 공공건물의 유휴 공간을 활용하는 방식으로, 도서관 '건립' 이 아닌 '설치' 로 방향을 잡았다. 작은도서관은 자료가 충분하지 않으므로 반드시 관내 모든 도서관을 통합전산망으로 묶고 책을 배달해주는 방식, 이른바 '지식도시락(책)' 배달(상호대차)로 보완해야 도서관으로서 제 역할을 할 수 있다.

7년이 지난 2017년 현재 관악의 도

서관은 5개에서 43개로 늘었고, 회원 수와 대출 등이 2배 이상 급증했다. 특히 집 가까운 도서관으로 책을 배달해주는 '지식도시락' 배달은 1년에 45만 권을 넘을 정도로 주민들의 사랑을 받는다. 도서관 사업은 과거 '달동네' 이미지에서 '지식 문화 도시'로 탈바꿈하는 데 결정적 역할을 했다. 도서관은 지역 대표 브랜드가 되었고, 주민들의 절대적 지지와 국내외의 벤치마킹 대상으로 많은 성과를 거두었다.

표 1. 관악구 도서관 현황 및 이용 실태

구분	2010년	2017년
도서관수(개)	5	43
등록회원(명)	73,092	171,278
장서수(권)	221,064	662,501
이용자수(명)	989,285	1,904,667
대출(권)	480,017	928,764
상호대차배달(건)	3,570	451,488

2. 지역 특성에 맞는 운동

관악구는 인구 51만의 전형적인 주거지역으로 생산적인 기반시설이 미흡하다. 관악산 자락에 서울대가 있고, 그 줄기를 따라 주택들이 형성되어온 지리적 여건 때문이다. 지방자치단체의 발전 전략은 지역의 특성을 우선 고려해야 하는데, 사람 중심인 관악구에 가장 적합한 미래 성장 동력이 지식 문화이기에 도서관 사업을 본격적으로 추진하게 된 것이다. 도서관 수, 자료 수, 정보화 등 관악구의 도서관 지표와 재정 자립도가 서울 자치구 평균에도 미치지 못하는 상황에서 많은 예산으로 도서관을 일시에 건립하기 어려운 실정이므로, 기존의 다양한 인적·물적 자원을 활용하여 시너지 효과를 거두는 것이 좋겠다고 판단했다. 이를 실현하기 위해 구청에 전담 조직을 만드는 것이 필요하다고 보아 2010년 10월, 전국 최초로 지식문화국과 도서관과를 신설하고 6대 중점 시책(도서관 중장기발전계획 수립, 10분 거리의 작은도서관 확충, 새마을문고의 작은도서관화, 모든 도서관 자료의 통합 이용 서비스, 책 읽는 분위기 조성, 도서관 내 복합 문화 공간 조성)을 추진하였다.

3. 접근성 뛰어난 작은도서관

'지식과 정보가 나비처럼 자유로운 관악'을 만들기 위한 대표 사업은 10분 거리 도서관 확충이다. 도서관의 접근성은 주민의 이용률과 직결된다. 누구나 손쉽게 이용할 수 있는 장소에 도서관을 설치하는 것이 중요하다. 하지만 도서관 건립에는 많은 예산이 소요된다. 기존 공공청사나 공공시설의 유휴 공간을 최대한 활용하여 도서관을 확충하는 것은 예산의 한계를 창조적으로 극복하는 바람직한 방안이다. 물론 재정적인 면이 충족되면 큰 도서관을 건립하는 것이 좋겠지만, 그렇지 않은 여건에서 도서관 '한 개를 건립' 할 수 있는 예산으로 '여러 개를 설치' 하는 것이 현실적이다.

새마을문고 도서관(20개)

'걸어서 10분 거리 작은도서관'을 공약했더니 선거 후 새마을문고의 회장단이 찾아왔다. 새마을문고는 1970년대부터 각 동사무소에 자리 잡은 민간 독서운동 단체. 그들이 우려와 함께 이렇게 물었다. "구청에서 도서관 사업을 벌이면 이제 우리 새마을문고는 어떻게 되는 겁니까?" 나는 다음 요지로 답했다. "문고가 어려운 시절 독서 문화 활동을 해온 노고와 공로를 인정하고, 그 바탕에서 구청과 손잡고 더욱 업그레이드된 도서관·독서 운동을 해 나갑시다." 몇 차례의 간담회를 통해 합의점을 도출하고 MOU를 체결했다. 그리하여 20개 새마을문고를 리모델링하고, 관악 도서관 통합전산망으로 연결하여 40여 개의 도서관 네트워크를 완성했다. '문고'에서 업그레이드된 20개의 '작은도서관'은 문고 회원들의 자원봉사로 운영된다. 새마을문고 관악지부는 대한민국 독서문화대전에서 대통령상을 받았다. 말 그대로 '새마을 성공 사례'가 되었다.

용꿈 꾸는 작은도서관

구청 청사 로비의 사무공간을 줄여서 '용꿈 꾸는 작은도서관'을 만들었다. 학교 교실만 한 좁은 공간이지만 복층으로 하고 카페 분위기로 꾸몄다. 아이들이 기어 다닐 수 있는 온돌방과 수유실을 설치하고 주민들의 모임 공간인 '도란도란방'도 두었다. 작가와의 대화나 북콘서트가 수시로 열리는 '핫'한 인기 공간이다. 하루 이용자가 1천 명 가까이 되는 데다 관악구내 40여 도서관과 연계되어 다른 도서관의 책까지 배달해주니 '작지만 큰 공간'이다. 밤이면 책 읽는 모습이 통유리를 통해 밖으로 비치면서 행인들을 도서관으로 유인하는 효과까지 있다.

구청에 일보러온 민원인들의 대기 장소로도 애용된다.

관악산 시도서관

관악산 매표소를 리모델링하여 '관악산 시(詩)도서관'을 설치하고, 국내외 시집 4천여 권을 비치했다. 등산객들이 오가며 시 한 수라도 읽게 하자는 취지이다. 산에 오르기 전 시집을 대출하여 읽고 하산 후 반납할 수 있다. 자필로 시구를 쓴 엽서를 가족 친지에게 부칠 수 있도록 준비되어 있다. 이곳에서 이해인 시인 등 유명 시인들의 친필 사인이 들어간 시집들을 보는 것은 특별한 의미를 선사한다. 도종환, 최영미 시인이 명예관장을 역임했다.

도림천에서 용 나는 작은도서관

신림역 근처 도림천변 자투리 공원에 컨테이너 두 개를 연결하여 만든 도서관. '개천에서 용 난다'는 메시지를 강조하는 뜻에서 작명을 하고, 용의 형상을 만들어서 붙였다. 옥상에 카페 분위기를 조성하여 주민들의 쉼터로도 이용되고 있다.

유비쿼터스 도서관

관내 5개 지하철역에 '관악 U-도서관'을 설치했다. 스마트폰 앱으로 도서 검색

과 신청을 하면 지하철 U-도서관으로 배달해준다. 출근길에 빌리고 퇴근길에 반납하는 시스템으로, 전철을 이용하는 직장인들에게 인기다.

책이랑놀이랑도서관 · 꿈나무영유아도서관

공부하는 도서관의 형식을 깨뜨린 도서관이다. 내부에 정글짐과 같은 조합 놀이대를 설치하여 아이들이 책과 놀이를 동시에 즐길 수 있도록 하여 엄마와 아이들의 사랑을 독차지하는 여가 문화 시설이 되었다. 어릴 때부터 도서관에 가는 습관을 들이기 위해 놀면서 책 읽는 공간으로 조성했다.

숲속도서관

관악산 입구에서 제1광장 쪽으로 가다보면 예쁜 통나무로 만든 '숲속도서관'이 있다. 등산을 하다 집처럼 아담한 방에서 자연을 벗 삼아 독서삼매경에 몰입할 수 있는 친환경 공간이다.

시와 음악이 흐르는 화장실

신림역과 신대방역 부근의 공중화장실에 시집을 비치했다. 화장실 이용자들이 클래식 음악이 흘러나오는 화장실에서 시집을 읽으며 일상에 지친 심신의 피로를 회복할 수 있도록 설치했다.

미니도서관
체육센터와 관악산 둘레길, 버스 정류장 등에도 미니도서관을 설치하는 등 언제 어디에서라도 책과 가까이 하는 환경을 조성했다.

4. 독서 문화 운동

관악책잔치는 민간 주도로 정착되어 매년 가을에 2만여 명의 주민이 참여하는 축제가 되었다. 북스타트 운동과 어르신 자서전 사업, 리빙 라이브러리, 이달의 책 등 다양한 독서 문화 운동이 전개되고 있다. 469개의 독서 동아리는 서울시 전체의 30퍼센트가 넘을 정도로 주민들의 독서 동아리 활동이 활발하다. 독서 동아리 등록제를 통해 지원한 결과다.

5. 행복한 에피소드

관악구청 근처에 부부가 운영하는 구두 수선방이 있다. 책이 많이 쌓여 있기에 물어보았다. 부부가 책을 좋아한다며 다음과 같이 대답했다. "구청 1층에 '용꿈 꾸는 작은도서관'이 생기기 전에는 우리 같은 서민들은 먹고살기 바빠 책을 빌리러 구립도서관까지 갈 시간이 없어서 도서관을 이용하지 못했는데, 가까운 곳에 도서관이 생기고, 다른 도서관에 있는 책까지 배달을 해주니까 참 좋아요. 구청 도서관이 우리 집 서재나 다름없어요." 이 말에 관악구 '걸어서 10분 거리 작은도서관' 사업의 의미가 고스란히 담겨 있다. 길에서 마주친 건강 음료 배달 여성도 비슷한 말을 했다.

우연히 만난 60대 여성이 "구청장님 덕에 시집간 딸을 자주 본다"라고 하기에 무슨 뜻인지 물어보았다. 딸이 인근 도시로 시집갔는데, 책 빌리기 편하다며 친정에 자주 온다는 것이다. 속으로 무릎을 쳤다. 아하, 전어 굽는 냄새가 집 나간 며느리를 부르고, 책의 향기가 시집간 딸을 부르는구나!

참고 문헌

이집트

알렉산드리아도서관 http://www.bialex.org

《고대 도서관의 역사: 수메르에서 로마까지》, 라이오넬 카슨, 김양진·이희영 공역, 르네상스, 2003

《Bibliotheca Alexandrina》, 3rd ed., English brochure, 2007

《Egypt, the Great Civilization》, 국립중앙박물관

《Much more than a Building…: Reclaiming the Legacy of the Bibliotheca Alexandria》, Isamil Serageldin, 2007

영국

대영도서관 http://www.bl.uk/

대영박물관 리딩룸 http://www.britishmuseum.org/the_museum/the_building/reading_room.aspx

영국 하원도서관 http://www.parliament.uk/

《공은 사람을 기다리지 않는다》, 최영미, 이순, 2011

《대처 리더십》, 구로이와 도루, 정인봉 역, 김영사, 2007

〈영국 국립도서관〉, 박은봉, 《도서관계》 143

《영국의 독서교육: 책읽기에 열광하는 아이들》, 김은하, 대교출판, 2009

《A Cabinet of Oriental Curiosities: an Album for Graham Shaw from His Colleagues》, British Library Board, 2006

〈Prime Ministers and the House of Commons Library〉, Richard Kelly, 《Ref. 2011/12/79-PCC》 (2011. 12. 질의에 대한 영국하원도서관 의회/헌법 센터 사서의 회답)

《Using the Library: Research, Information and Analysis to Meet Your Needs》, House of Commons Library, 2005

이탈리아
안젤리카수도원도서관 http://www.biblioangelic.it/angelica/Angelica/home.jsp

《서가에 꽂힌 책》, 헨리 페트로스키, 정영목 역, 지호, 2001
《수도원의 탄생: 유럽을 만든 은둔자들》, 크리스토퍼 브룩, 이한우 역, 청년사, 2005
《장미의 이름》, 움베르토 에코, 이윤기 역, 열린책들, 1992
《카사노바는 책을 더 사랑했다: 저술 출판 독서의 사회사》, 존 맥스웰 해밀턴, 승영조 역, 열린책들, 2005

오스트리아
《Benediktinerstift Admont Bibliothek & Museum》, English brochure, 2006
《Monastery Library Admont》, English brochure, 2012
《세상에서 가장 아름다운 도서관》, 자크 보세 외, 이섬민 역, 다빈치, 2012

독일
베를린국립도서관 http://www.staatsbibliothek-berlin.de
연방하원도서관 http://www.bundestag.de/dokumente/bibliothek/index.html
페르가몬박물관 http://www.smb.spk-berlin.de/smb/standorte/index

《고대 도서관의 역사: 수메르에서 로마까지》, 라이오넬 카슨, 김양진·이희영 공역, 르네상스, 2003
《세계에서 가장 아름다운 미술관 100: 인류의 가장 위대한 보물》, 만프레드 라이어 외, 신성림 역, 서강BOOKS, 2007
〈페터 바이스의 소설 '저항의 미학 Die Asthetik des Widerstands' 연구: 저항과 예술의 관계를 중심으로〉, 조한렬, 서강대대학원박사논문, 2006

프랑스
프랑스국립도서관 http://www.bnf.fr

〈시민문화공간으로서의 부르조아적 프랑스국립도서관 (BNF)〉, 유현영, 《국회도서관보》 290
〈고 박병선 박사님을 떠나보내며〉, 이용훈, 《라이브러리&리브로》 30

덴마크
덴마크 왕립도서관 http://www.kb.dk

《Skatte(Treasures)》, English brochure, 2003
《The Royal Library in Copenhagen》, English brochure
《Kierkegaard in Golden Age Copenhagen》, English brochure, 2004

러시아
고르바초프 재단 http://www.gorby.ru/
러시아 국립예술도서관 http://liart.ru/
러시아 과학아카데미도서관 http://www.rasl.ru/
러시아 국가도서관 http://www.rsl.ru/
러시아 국립도서관 http://www.nlr.ru/
러시아 의회도서관 http://parlib.duma.gov.ru/
모스크바대학도서관 http://www.nbmgu.ru/
사회과학연구소도서관 http://www.inion.ru
상트페테르부르크대학도서관 http://www.lib.pu.ru/about/
옐친대통령도서관 http://www.prlib.ru/

《도스토옙스키 판타스마고리아 상트페테르부르크: 도스토옙스키와 함께 환영의 도시를 거닐다》, 이덕형, 산책자, 2009
《도스토옙스키》, 얀코 라브린, 강홍주 역, 행림출판사, 1981
《러시아 문화예술의 천년: 웅장하고 화려한, 정적이고 고요한, 러시아 문화 예술 천년 역사의 집대성》, 이덕형, 생각의 나무, 2009
《러시아 문화와 예술》, 이영범·이명자·김성일, 보고사, 2008
〈러시아 국가도서관 현황〉, Sergei A. Kazantsev, Mary E. Tritonenko, 최경숙 역, 《국회도서관보》 제223호
《러시아와 한국: 잃어버린 백년의 기억을 찾아서》, 박종수, 백의, 2001
〈러시아의 도서관 소고〉, 김태승, 《국회도서관보》 255
〈러시아의 도서관 행정·법제에 관한 고찰〉, 윤희윤, 《한국도서관정보학회지》 35권 3호
《레닌소련국립도서관》, 오에스 츄바리안, 배영활 역, 《도서관》 311
《모스끄바가 사랑한 예술가들: 러시아 예술기행》, 이병훈, 한길사, 2007
《백야의 뻬쩨르부르그에서: 러시아 예술기행》, 이병훈, 한길사, 2009
《붉은 광장의 아이스링크: 문화로 읽는 오늘의 러시아》, 김현택 외, 한국외국어대학교출판부, 2008
《수도원의 탄생: 유럽을 만든 은둔자들》, 크리스토퍼 브룩, 이한우 역, 청년사, 2005

〈푸틴 대통령의 연례국정연설 (2007. 4. 26) 중 도서관 관련부분〉, 한종선, 국회도서관 입법참고질의 회답
《The Cambridge Companion to Dostoevskii》, W. J. Leatherbarrow, Cambridge: Cambridge University Press, 2009
《The Cambridge Companion to Modern Russian Culture》, Nicholas Rzhevsky, Cambridge: Cambridge University Press, 1998
《The Cambridge Companion to Pushkin》, Andrew Kahn, Cambridge: Cambridge University Press, 2007
《The Cambridge Companion to Russian Literature》, Caryl Emerson, Cambridge: Cambridge University Press, 2008
《The Cambridge Companion to Tolstoy》, Donna Tussing Orwin, Cambridge: Cambridge University Press, 2002
《275 ЛЕТ БИБЛИОТЕКЕ АКАДЕМИИ НАУК СССР》, 1989 (소련 과학아카데미 창설 275주년 기념 책자)
《90 ЛЕТ СЛУЖЕНИЯ НАУКЕ》, 2008 (러시아 과학아카데미 사회과학연구소 기초도서관 개관 90주년 기념 책자)
《Библиотека Вольтера в Санкт-Перербурге》, 2002 (러시아 국립도서관 내 볼테르의 방 소개 팸플릿)
《Большая Россий ская Энциклоедия》, С. О. Шмидт, М. И. Андреев, В. М. Карев, М. Москва, 1998 (러시아 대백과사전)
《ИНИОН РАН》, (러시아 과학아카데미 사회과학연구소 소개 팸플릿)
《Россий ская государственная библиотека》, 2006 (러시아 국가도서관 개관 175주년 기념 화보집)
《Россий ская государственная библиотека》, Отдел редких книг (러시아 국가도서관 희귀도서과 소개 팸플릿)
《Россия. Московский Университет. Высшая Школа》, В. А. Садовничий, М.: Издательство МГУ, 1999 (모스크바대학교 개교 250주년 기념 책자)

미국
뉴욕공공도서관 http://www.nypl.org/
로스앤젤레스공공도서관 http://www.lapl.org/
미국 의회도서관 http://www.loc.gov/index.html
보스턴공공도서관 http://www.bpl.org/
샌프란시스코공공도서관 http://www.sfpl.org/
케네디대통령도서관 http://www.jfklibrary.org
하버드 로스쿨도서관 http://www.law.harvard.edu/library/index.html
하버드 옌칭도서관 http://hcl.harvard.edu/libraries/harvard-yenching/

《내 아버지로부터의 꿈》, 버락 오바마, 이경식 역, 랜덤하우스, 2004
《담대한 희망》, 버락 오바마, 홍수원 역, 랜덤하우스, 2007
〈미국의회도서관〉, 김미해, 《도서관계》 140
《미래를 만드는 도서관》, 스가야 아키코, 이진영 · 이기숙 역, 지식여행, 2004
《워너비 재키》, 티나 산티 플래허티, 이은선 역, 웅진윙스, 2009
《하버드 옌칭도서관의 한국 고서들》, 허경진, 웅진북스, 2003
《하버드 한국학의 요람》, 윤충남 편, 을유문화사, 2001
《Quotations of John F. Kennedy》, Applewood Books

아르헨티나
아르헨티나국립도서관 http://www.bn.gov.ar

〈라틴 아메리카 환상(幻想)소설: 고갈에서 소생으로〉, 정경원 · 김태중 · 조구호, 성곡학술문화재단 《성곡논총》 제31집
《밤의 도서관》, 알베르토 망구엘, 강주헌 역, 세종서적, 2011
〈보르헤스의 삶과 문학 여정〉, 권수현, 2000
〈보르헤스 픽션의 전형, 『두 갈래로 갈라지는 오솔길이 있는 정원』의 서사구조〉, 김태중, 한국서어서문학회 《서어서문연구》 제20호
《픽션들 - 보르헤스 전집 2》, 호르헤 루이스 보르헤스, 황병하 역, 민음사, 1994

브라질
《꿈의 도시 꾸리찌바》, 박용남, 녹색평론사, 2009
《숨 쉬는 도시 꾸리찌바》, 안순혜, 파란자전거, 2004

우루과이
우루과이국립도서관 http://bibna.gub.uy

쿠바
《Biblioteca Nacional de Cuba José Martí》, Spanish brochure
《모터사이클 다이어리》, 체 게바라, 홍민표 역, 도서출판 황매, 2004
《The Old Man and the Sea》, Ernest Hemingway, Scribner Book Company, 1995
《이지 쿠바》, 김현각, 도서출판 피그마리온, 2016

중국
상해도서관 http://www.library.sh.cn
중국 국가도서관 http://www.nlc.gov.cn
북경대학도서관 http://www.lib.pku.edu.cn
청화대학도서관 http://www.lib.tsinghua.edu.cn

〈중국국가도서관〉, 김명희, 《도서관계》 141

일본
일본국립국회도서관 http://www.ndl.go.jp

《이토 히로부미: 알려지지 않은 이야기들》, 정일성, 지식산업사, 2002
〈일본국립국회도서관〉, 한숙희, 《도서관계》 139
《일본소재한국전적목록》, 문화재관리국 문화재연구소, 1991
《클레오파트라의 바늘》, 김경임, 홍익출판사, 2009
《한국과 이토 히로부미》, 이성환·이토 유키오 편, 선인, 2009
《해외소재한국문화재목록》, 문화재관리국 문화재연구소, 1986

북한
〈김일성종합대학도서관방문보고서〉, 노현자, 2009
《북한도서관의 이해》, 송승섭, 한국도서관협회, 2008
《북한문화시설에 관한 연구》, 한국문화관광정책연구원, 2002
《소련 군정기 북한의 교육》, 신효숙, 교육과학사, 2003

한국
LG 책 읽어주는 도서관 http://voice.lg.or.kr
LG상남도서관 사이언스랜드 http://www.lg-sl.net
관악구통합도서관 http://lib.gwanak.go.kr
국립중앙도서관 http://www.nl.go.kr
국회도서관 http://www.nanet.go.kr
규장각 http://e-kyujanggak.snu.ac.kr/
김대중도서관 http://www.kdjlibrary.org/
느티나무도서관 http://neutinamu.org/gnuboard4/

도서출판 각 http://gakbook.co.kr
아르코예술정보관 http://library.arco.or.kr
제주 바람도서관 http://www.nomoss.net
제주 우당도서관 http://woodang.jejusi.go.kr
제주 한라도서관 http://hallalib.jeju.go.kr
종달새전화도서관 http://www.jongdal.or.kr
한국점자도서관 http://www.kbll.or.kr

《2008 공공도서관 통계조사 결과 분석》, 한국문화관광연구원
《2011 관악북페스티벌 자료집》, 관악구청도서관과, 2011
《관악구 도서관 중장기 발전 기본계획》, 관악구, 2011
《국립중앙도서관 60년사》
《국립중앙도서관 연보》
《국회도서관 50년사》
〈국회도서관법〉
《국회도서관 연간보고서》
'국회도서실 설치에 관한 결의안', 《국회회의록》 (1951. 9. 10)
《규장각과 책의 문화사》, 서울대학교규장각한국학연구원, 2009
〈김대중도서관〉, 이충은, 《도서관계》 176
〈도서관법〉
《도서관법규총람》, 이병목 편, 구미무역, 2005
《명품도록》, 서울대학교규장각한국학연구원, 2006
《민선5기 구정운영 기본계획》, 관악구, 2010
《병인년 프랑스가 조선을 침노하다》, 박병선, 태학사, 2008
〈시각장애인과 독서장애인을 위한 지식 정보의 보고 한국점자도서관〉, 차지수, 《도서관계》 151
〈아름다운 숲 속, 제주지역 지식의 허브 한라도서관〉, 문경복, 《도서관계》 170
《왕조의 유산: 외규장각 도서를 찾아서 (증보 신판)》, 이태진, 지식산업사, 2010
《조선왕실 기록문화의 꽃 의궤》, 김문식·신병주, 돌베개, 2005
《파리 국립도서관 소장 외규장각 의궤조사연구》, 김문식 외, 외교통상부 편, 외교통상부, 2003
《한국의 도서관: 과거, 현재, 그리고 미래》, 서울세계도서관정보대회조직위원회, 2006
〈함께 읽고 삶을 나누는 느티나무도서관〉, 박영숙, 《국회도서관보》 367

이 밖에 참고한 책
《나의 서양미술 순례》, 서경식, 박이엽 역, 창작과 비평사, 2002
《도서관, 그 소란스러운 역사》, 매튜 배틀스, 강미경 역, 넥서스, 2004

《도서관론》, 남태우, 도서출판 태일사, 2011
《리딩으로 리드하라》, 이지성, 문학동네, 2011
《모든 도서관은 특별하다》, 심효정 · 이용훈 · 박효주, 경기도사이버도서관, 2009
《사라진 책들의 도서관》, 알렉산더 페히만, 김라합 역, 문학동네, 2008
《세계도서관학사상사》, 박상균 편, 민족문화사, 1991
《세계의 건축물 1: 역사를 넘나드는 불멸의 걸작》, 알렉산드라 카포디페로 편, 이순주 역, 뜨인돌, 2007
《세계의 건축물 2: 상상을 실현한 위대한 현대 건축》, M. 아그놀레토 외, 이미숙 역, 뜨인돌, 2007
《세계의 의회도서관》, 배용수 외, 논형, 2006
《유럽도서관에서 길을 묻다: 선생님들의 이유 있는 도서관 여행》, 전국학교도서관담당교사 서울모임, 우리교육, 2009
《위대한 도서관 사상가들》, 고인철 외, 한울, 2005
《지상의 아름다운 도서관》, 최정태, 한길사, 2009
《지식 도시락》, 한준섭, (주)지식을다함께, 2011
《지식의 재탄생: 공간으로 보는 지식의 역사》, 이언 F. 맥닐리 · 리사 울버턴, 채세진 역, 살림, 2009

사진 제공

이 책은 저자가 찍은 사진 외에, 아래의 도서관 및 저작권자의 도움을 받았습니다. 사진을 제공해주신 분들께 감사드립니다. 이름 뒤의 숫자는 해당 페이지를 말합니다.

Alain Goustard 108, 109
Bernd Thaller 70
LG상남도서관 446, 449
Martin Toedtling 74, 75
국립중앙도서관 477, 478
국회도서관 410, 411, 481, 484, 485
김대중도서관 435(위)
김예원 41, 457
뉴욕공공도서관 The New York Public Library 264
대영도서관 British Library 38, 39, 40, 42, 43, 45, 47
도영주 396, 397, 398, 400, 402, 403, 404, 405, 406, 409
미국 의회도서관 258, 259
상해도서관 379, 382, 383
알렉산드리아도서관 Library of Alexandria 22, 24, 25, 27
영국 하원도서관 British House of Commons Library 51, 52
일본 국회도서관 Japan National Diet Library 384, 385, 388, 389, 390
중국국가도서관 352, 361

* 저작권자를 찾지 못하여 게재 허락을 받지 못한 사진에 대해서는 저작권자가 확인되는 대로 게재 허락을 받고 통상의 기준에 따라 사용료를 지불하도록 하겠습니다.

세계 도서관 기행

초판 1쇄 발행 2010년 2월 25일
개정증보2판 1쇄 발행 2012년 2월 13일
개정증보3판 1쇄 발행 2018년 2월 23일
개정증보3판 5쇄 발행 2023년 8월 21일

지은이 유종필

발행인 이재진 **단행본사업본부장** 신동해 **편집장** 김경림
책임편집 이민경 **표지디자인** 이석운 **본문디자인** 이석운 최보나
마케팅 최혜진 이은미 **홍보** 반여진 허지호 정지연
국제업무 김은정 **제작** 정석훈

브랜드 웅진지식하우스
주소 경기도 파주시 회동길 20
문의전화 031-956-7430(편집) 02-3670-1123(마케팅)
홈페이지 www.wjbooks.co.kr
인스타그램 www.instagram.com/woongjin_readers
페이스북 https://www.facebook.com/woongjinreaders
블로그 blog.naver.com/wj_booking

발행처 ㈜웅진씽크빅
출판신고 1980년 3월 29일 제406-2007-000046호

ISBN 978-89-01-22191-5 03980

웅진지식하우스는 ㈜웅진씽크빅 단행본사업본부의 브랜드입니다.